高等职业教育在线开放课程配套教材

单片机应用技术

DANPIANJI YINGYONG JISHU

主　编　刘小平　冉　涌　唐利翰

副主编　谭　燕　秦风元　张南宾　郑雪娇　钱　庆

中国教育出版传媒集团

高等教育出版社·北京

新形态
教材

内容提要

本书围绕深化课堂革命和"互联网＋职业教育"的教改要求，基于企业真实产品，按照"以学生为中心、产品为导向、促进持续发展"的思路，对接职业技能等级证书和智能电子产品设计与制作技能大赛标准编写而成。

本书采用项目导向和工作页形式组织教学内容与实践过程，内容涉及 51 单片机系统结构、I/O 接口应用、定时与中断系统、显示与键盘接口技术、A/D 与 D/A 转换、串口通信等必备的单片机知识，共设置 11 个项目，遵循学生的认知规律和学习规律，项目由易到难、由简单到复杂，层层递进，具有开放性、应用性、拓展性，实现知识的掌握和能力的递进，强化学生职业素养养成和专业技术技能积累。

本书同步配套 PPT 课件、微课、动画等丰富数字资源，其中部分资源以二维码链接形式在书中呈现，同时本书配套省级精品在线开放课程。

本书可作为高等职业院校计算机应用技术、应用电子技术、电子信息工程技术、智能控制技术、机电一体化技术、工业机器人技术、嵌入式技术应用、电气自动化技术、物联网应用技术等电子信息类、计算机类或自动化类专业单片机应用技术课程的教学用书，也可作为企业员工学习单片机技术的培训用书，亦可作为广大电子制作爱好者的自学用书。

图书在版编目(CIP)数据

单片机应用技术 / 刘小平，冉涌，唐利翰主编. —
北京：高等教育出版社，2024.2
　　ISBN 978 - 7 - 04 - 061697 - 2

　　Ⅰ.①单… Ⅱ.①刘… ②冉… ③唐… Ⅲ.①微控制
器－高等职业教育－教材 Ⅳ.①TP368.1

中国国家版本馆 CIP 数据核字(2024)第 004253 号

策划编辑	谢永铭	责任编辑	谢永铭	封面设计	张文豪	责任印制	高忠富

出版发行	高等教育出版社	网　　址	http://www.hep.edu.cn	
社　　址	北京市西城区德外大街 4 号		http://www.hep.com.cn	
邮政编码	100120	网上订购	http://www.hepmall.com.cn	
印　　刷	江苏德埔印务有限公司		http://www.hepmall.com	
开　　本	787mm×1092mm　1/16		http://www.hepmall.cn	
印　　张	20.75			
字　　数	498 千字	版　　次	2024 年 2 月第 1 版	
购书热线	010-58581118	印　　次	2024 年 2 月第 1 次印刷	
咨询电话	400-810-0598	定　　价	48.00 元	

本书如有缺页、倒页、脱页等质量问题，请到所购图书销售部门联系调换

配套学习资源及教学服务指南

 ## 二维码链接资源

本书配套微课、动画、文本等学习资源，在书中以二维码链接形式呈现。手机扫描书中的二维码进行查看，随时随地获取学习内容，享受学习新体验。

打开书中附有二维码的页面　　　**扫描二维码**　　　**查看相应资源**

 ## 在线开放课程

本书配套在线开放课程"单片机应用技术"，可进行在线学习互动讨论。

学习方法：访问网址https://vocational.smartedu.cn/details/index.html?courseId=00bd9ef0ee375db349f1fb33839bb1f3。

 ## 教师教学资源索取

本书配有课程相关的教学资源，例如，教学课件、参考源代码等。选用教材的教师，可扫描以下二维码，关注微信公众号"高职智能制造教学研究"，点击"教学服务"中的"资源下载"，或电脑端访问地址（101.35.126.6），注册认证后下载相关资源。

★如您有任何问题，可加入工科类教学研究中心QQ群：243777153。

本书二维码资源列表

项目	页码	类型	说　明	项目	页码	类型	说　明
1	3	微课	单片机概述	4	126	文本	产品计数器参考源程序
	7	微课	51单片机系统结构		128	视频	产品计数器仿真效果
	17	微课	单片机最小系统		128	视频	产品计数器示例效果
	27	微课	Proteus仿真电路设计	5	137	微课	数码管动态显示工作原理
	30	微课	C语言程序组成		139	微课	数码管显示驱动技术
	33	微课	Keil项目创建		147	微课	局部变量和全局变量
	41	微课	开发板程序下载		152	文本	篮球计分器参考源程序
2	52	微课	并行输入输出（I/O）接口		154	视频	篮球计分器仿真效果
	56	微课	CPU时序		154	视频	篮球计分器示例效果
	65	微课	C语言基本语句	6	163	微课	矩阵式键盘结构
	67	微课	循环语句		173	微课	矩阵式键盘程序设计
	80	文本	LED动感灯箱参考源程序		175	文本	呼叫器参考源程序
	81	文本	PCB焊接流程规范		176	视频	呼叫器仿真效果
	82	视频	LED动感灯箱示例效果		176	视频	呼叫器示例效果
3	88	视频	汽车转向灯	7	185	微课	中断定义
	94	微课	独立式键盘		185	动画	中断
	104	文本	汽车转向灯参考源程序		185	微课	中断系统结构
	105	视频	汽车转向灯仿真效果		185	动画	中断系统工作过程
	105	视频	汽车转向灯示例效果		192	微课	中断控制寄存器
4	115	微课	数码管的结构和分类		195	微课	中断处理
	116	微课	数码管的静态显示方式		204	文本	声光报警器参考源程序
	122	微课	一维数组的基础知识		205	视频	声光报警器示例效果

项目	页码	类型	说　明	项目	页码	类型	说　明
8	210	微课	转速测量演示	10	282	文本	信号发生器参考源程序
	216	微课	51单片机定时器/计数器		283	视频	信号发生器仿真效果
	225	微课	定时器/计数器的工作方式		283	视频	信号发生器示例效果
	228	微课	定时器的应用——时钟	11	293	微课	串行通信分类
	231	文本	数字转速表参考源程序		296	微课	串行接口结构
	235	文本	带编码器的电机测速参考源程序		297	微课	51单片机串行接口工作方式
9	242	微课	MQ-2烟雾传感器的工作原理和使用方法		305	微课	串行接口的双机通信
	258	文本	烟雾报警器参考源程序		309	文本	远程灯光控制器参考源程序
	260	视频	烟雾报警器仿真效果		310	微课	远程灯光控制器调试与运行
	260	视频	烟雾报警器示例效果				

前 言

"单片机应用技术"是高等职业教育应用电子技术、物联网应用技术、智能控制技术、工业机器人技术、嵌入式技术应用、电气自动化技术等专业的核心课程。

本书围绕深化课堂革命和"互联网＋职业教育"的教改要求,由专业骨干教师、项目研发人员和企业工程师共同编写,基于企业真实产品,吸收行业新技术、新工艺、新规范,有机融入思政元素,扎实推进习近平新时代中国特色社会主义思想和党的二十大精神进教材,探索"岗课赛证"育人模式,按照"以学生为中心、产品为导向、促进持续发展"的思路,对接职业技能等级证书和智能电子产品设计与制作技能大赛标准,重构教学内容和实践过程。

本书具有以下特色:

（1）项目任务驱动,构知识建能力提素养

本书的项目实施采用工作页形式呈现,以若干个真实产品的设计与实现为原型构建学习项目,内容涉及51单片机系统结构、I/O接口应用、定时与中断系统、显示与键盘接口技术、A/D与D/A转换、串口通信等必备的单片机知识,共设置11个项目,由易到难、由简单到复杂,层层递进,遵循学生的认知规律、学习规律和职业成长规律,具有开放性、应用性、拓展性。本书基于工作情境及企业真实的产品开发过程展开任务驱动式教学,促进学生掌握专业知识及技能,将专业精神、职业精神和工匠精神、劳动意识和劳模精神融入教学内容,强化学生职业素养养成和专业技术技能积累。

（2）岗课赛证融合,五环五步综合育人

本书融合"岗课赛证"内容及要求,按照"项目导入→项目目标→项目实施→项目考核→项目拓展"五环节组织教学,基于企业真实的单片机应用产品开发过程,将学习过程分解为"需求分析→系统方案设计→硬件设计→软件设计→调试与运行"五环节驱动教学,培养工程思维,强化专业知识,提升实践技能。

（3）教学资源丰富,助力教学目标的达成

本书配套PPT课件、微课、动画、技术手册、参考源代码、示例效果、习题参考答案等丰富教学资源,引入Keil、Proteus仿真、天问Block等开发软件,配套省级精品在线开放课程,拓展教学时间与空间,助力教学目标的达成。

本书编写团队由高等职业院校的一线教师和企业技术人员组成,具有广泛的视角、丰富的实践经验、教学设计和创新能力。本书由重庆水利电力职业技术学院刘小平、重庆三峡职业学院冉涌、重庆水利电力职业技术学院唐利翰担任主编,由重庆三峡职业学院谭燕、秦凤元,重庆水利电力职业技术学院张南宾、郑雪娇,中国电子科技集团普天和平科技有限公司钱庆担任副主编,具体分工如下:刘小平编写项目1和项目2,并负责统稿;冉涌编写项目8和项目11;唐利翰编写项目9和项目10;谭燕编写项目4和项目5;秦凤元编写项目3和项目6;张南宾编写项目7;郑雪娇负责校对;钱庆针对典型应用项目的构建与工作任务设计提供了宝贵的经验和建议。

　　本书可作为高等职业院校计算机应用技术、应用电子技术、电子信息工程技术、智能控制技术、机电一体化技术、工业机器人技术、嵌入式技术应用、电气自动化技术、物联网应用技术等电子信息类、计算类或自动化类专业单片机应用技术课程的教学用书，也可作为企业员工学习单片机技术的培训用书，亦可作为广大电子制作爱好者的自学用书。

　　由于编者水平有限，不足之处在所难免，欢迎广大读者批评指正。

编　者

目　录

项目1　LED指示灯设计与实现 / 1

项目导入 / 1

项目目标 / 2

项目实施 / 3

　任务1　单片机调查 / 3

　　知识点1　单片机概述 / 3

　　知识点2　单片机选型 / 4

　任务2　LED指示灯系统方案设计 / 6

　　知识点3　51单片机系统结构 / 7

　任务3　LED指示灯电路设计 / 17

　　知识点4　单片机最小系统 / 17

　　知识点5　单片机应用系统 / 21

　　知识点6　Proteus仿真软件 / 22

　任务4　LED指示灯软件设计 / 30

　　知识点7　C语言程序组成 / 30

　　知识点8　算法与流程图 / 32

　任务5　LED指示灯调试与运行 / 40

项目考核 / 47

项目拓展 / 48

　拓展视角　国产芯片与民族自信 / 49

项目2　LED动感灯箱设计与实现 / 50

项目导入 / 50

项目目标 / 51

项目实施 / 52

　任务1　LED动感灯箱需求分析 / 52

　　知识点1　并行输入输出(I/O)接口 / 52

　任务2　LED动感灯箱系统方案设计 / 56

　　知识点2　CPU时序 / 56

　任务3　LED动感灯箱电路设计 / 59

　　知识点3　LED电路设计 / 59

　　知识点4　电路图设计规范 / 60

　任务4　LED动感灯箱软件设计 / 64

　　知识点5　C语言基本语句 / 65

　　知识点6　C语言程序的基本结构 / 66

　　知识点7　循环语句 / 67

　　知识点8　数据类型 / 71

　　知识点9　基本运算符 / 72

　　知识点10　常量和变量 / 73

　　知识点11　函数 / 74

　任务5　LED动感灯箱调试与运行 / 81

项目考核 / 83

项目拓展 / 84

　拓展视角　单片机产品开发过程与工程思维 / 85

项目3　汽车转向灯设计与实现 / 86

项目导入 / 86

项目目标 / 87

项目实施 / 88

　任务1　汽车转向灯需求分析 / 88

　　知识点1　汽车信号灯的分类 / 88

　　知识点2　汽车信号灯的功能 / 88

　任务2　汽车转向灯系统方案设计 / 90

　　知识点3　按键与键盘 / 90

　任务3　汽车转向灯电路设计 / 93

　　知识点4　独立式键盘与矩阵式键盘 / 93

　任务4　汽车转向灯软件设计 / 97

　　知识点5　运算符及表达式 / 97

　　知识点6　C语言选择语句 / 98

　　知识点7　键盘的工作方式 / 101

　任务5　汽车转向灯调试与运行 / 105

项目考核 / 107

项目拓展 / 108

　拓展视角　国产软件与中国科技 / 109

项目4 产品计数器设计与实现 / 110

项目导入 / 110

项目目标 / 111

项目实施 / 112

 任务1 产品计数器需求分析 / 112

  知识点1 产品计数器简介 / 112

  知识点2 数码管简介 / 112

 任务2 产品计数器系统方案设计 / 114

  知识点3 数码管的结构和分类 / 115

  知识点4 数码管字形编码和显示方式 / 116

 任务3 产品计数器电路设计 / 119

  知识点5 红外线光电传感器 / 119

 任务4 产品计数器软件设计 / 121

  知识点6 数组 / 122

 任务5 产品计数器调试与运行 / 127

项目考核 / 130

项目拓展 / 131

 拓展视角 数码管选择与节约意识 / 131

项目5 篮球计分器设计与实现 / 133

项目导入 / 133

项目目标 / 134

项目实施 / 135

 任务1 篮球计分器需求分析 / 135

  知识点1 篮球计分器的作用及原理 / 135

 任务2 篮球计分器系统方案设计 / 136

  知识点2 数码管动态显示工作原理 / 137

 任务3 篮球计分器电路设计 / 139

  知识点3 数码管显示驱动技术 / 139

 任务4 篮球计分器软件设计 / 145

  知识点4 变量类型 / 145

 任务5 篮球计分器调试与运行 / 152

项目考核 / 156

项目拓展 / 157

 拓展视角 国产显示器件与自主创新 / 158

项目6 呼叫器设计与实现 / 159

项目导入 / 159

项目目标 / 160

项目实施 / 161

 任务1 呼叫器需求分析 / 161

  知识点1 呼叫器分类及应用 / 161

 任务2 呼叫器系统方案设计 / 162

  知识点2 矩阵式键盘结构 / 163

 任务3 呼叫器电路设计 / 165

  知识点3 矩阵式键盘接口电路 / 165

 任务4 呼叫器软件设计 / 167

  知识点4 switch-case多分支选择语句 / 167

  知识点5 return、break、continue 语句的作用 / 168

  知识点6 矩阵式键盘的按键识别方法 / 169

 任务5 呼叫器调试与运行 / 175

项目考核 / 177

项目拓展 / 178

 拓展视角 键盘技术与人工智能 / 178

项目7 声光报警器设计与实现 / 180

项目导入 / 180

项目目标 / 181

项目实施 / 182

 任务1 声光报警器需求分析 / 182

  知识点1 声光报警器及其工作原理 / 182

  知识点2 51单片机 I/O 接口数据传送方式 / 182

 任务2 声光报警器系统方案设计 / 184

  知识点3 中断的基本概念 / 185

  知识点4 中断系统结构 / 185

 任务3 声光报警器电路设计 / 188

  知识点5 传感技术与传感器 / 188

  知识点6 OLED 显示屏 / 188

  知识点7 声光报警电路 / 189

 任务4 声光报警器软件设计 / 191

知识点 8　中断控制寄存器 / 192

知识点 9　中断处理 / 195

知识点 10　中断源扩展方法 / 197

任务 5　声光报警器调试与运行 / 204

项目考核 / 207

项目拓展 / 208

　　拓展视角　时栅角度测量传感器与"中国精度" / 209

项目 8　数字式转速表设计与实现 / 210

项目导入 / 210

项目目标 / 211

项目实施 / 212

任务 1　数字式转速表需求分析 / 212

知识点 1　转速概念 / 212

知识点 2　数字式转速表 / 213

任务 2　数字式转速表系统方案设计 / 214

知识点 3　霍尔传感器 / 214

知识点 4　光电式传感器 / 215

知识点 5　转速测量原理 / 215

知识点 6　51 单片机定时器/计数器 / 216

任务 3　数字式转速表电路设计 / 220

知识点 7　光电对管接口电路 / 221

知识点 8　Proteus 仿真软件中的信号源与示波器 / 221

任务 4　数字式转速表软件设计 / 224

知识点 9　定时器/计数器的工作方式 / 225

知识点 10　定时器/计数器的初步应用举例 / 228

任务 5　数字式转速表调试与运行 / 231

项目考核 / 233

项目拓展 / 234

　　拓展视角　定时器与社会责任 / 236

项目 9　烟雾报警器设计与实现 / 237

项目导入 / 237

项目目标 / 238

项目实施 / 239

任务 1　烟雾报警器需求分析 / 239

知识点 1　烟雾报警器 / 239

知识点 2　A/D 转换 / 240

任务 2　烟雾报警器系统方案设计 / 242

知识点 3　MQ-2 烟雾传感器的工作原理和使用方法 / 242

任务 3　烟雾报警器电路设计 / 246

知识点 4　STC12C5A60S2 单片机 A/D 转换接口 / 246

任务 4　烟雾报警器软件设计 / 251

知识点 5　STC12C5A60S2 单片机 A/D 转换器的寄存器 / 252

知识点 6　STC12C5A60S2 单片机 A/D 转换结果换算 / 254

知识点 7　STC12C5A60S2 单片机 A/D 转换使用流程 / 255

任务 5　烟雾报警器调试与运行 / 258

项目考核 / 261

项目拓展 / 262

　　拓展视角　A/D 转换与规则意识 / 263

项目 10　信号发生器设计与实现 / 264

项目导入 / 264

项目目标 / 265

项目实施 / 266

任务 1　信号发生器需求分析 / 266

知识点 1　信号发生器 / 266

知识点 2　D/A 转换的概念和典型 D/A 转换器 / 267

知识点 3　DAC0832 芯片的硬件结构和特点 / 267

任务 2　信号发生器系统方案设计 / 271

知识点 4　基于 DAC0832 芯片的信号发生器原理 / 271

任务 3　信号发生器电路设计 / 274

知识点 5　DAC0832 芯片的外接电路 / 274

任务 4　信号发生器软件设计 / 279

知识点 6　D/A 转换器模拟量波形生成
　　方法 / 279
任务 5　信号发生器调试与运行 / 282
项目考核 / 284
项目拓展 / 285
拓展视角　信号发生器与尖端科技 / 286

项目 11　远程灯光控制器设计与实现 / 288
项目导入 / 288
项目目标 / 289
项目实施 / 290
任务 1　远程灯光控制器需求分析 / 290
知识点 1　远程数据采集系统 / 290
知识点 2　智能远程照明集中控制系统 /
　　290
任务 2　远程灯光控制器系统方案设计 /
　　292
知识点 3　数据通信基础 / 292

知识点 4　串行通信分类 / 293
任务 3　远程灯光控制器电路设计 / 295
知识点 5　单片机的异步串行接口 / 296
知识点 6　RS-485 接口和 RS-232 接口
　　比较 / 300
知识点 7　串口转 USB 控制器 / 301
任务 4　远程灯光控制器软件设计 / 304
知识点 8　串行接口通信的基本程序模块 /
　　305
知识点 9　字符串与字符数组 / 306
任务 5　远程灯光控制器调试与运行 /
　　309
项目考核 / 311
项目拓展 / 312
拓展视角　北斗卫星导航系统与通信 /
　　315

主要参考文献 / 316

项目1 LED 指示灯设计与实现

项目导入

你知道吗？我们已经被单片机包围了。单片机就是一种集成电路芯片，是采用超大规模集成电路技术，把各个功能集成到一块硅片上，构成的一个小而完善的微型计算机系统。从数字闹钟到微波炉、洗衣机、电子血压计、体脂秤、电子测温仪、智能音箱，再到电子门锁、智能报警器、交通灯、智能汽车、无人驾驶等，都是以单片机实现智能控制。单片机已广泛应用于智能仪器仪表、家用电器、医疗设备、汽车电子、航空航天、工业控制、安防系统等领域，如图 1-1 所示。随着 32 位、64 位单片机的开发，单片机的运算效能得到了大幅的提升，在未来，单片机的应用领域还将继续扩大！那么，单片机究竟是怎么工作的？接下来我们从点亮一个 LED 开启神奇单片机的学习之旅。

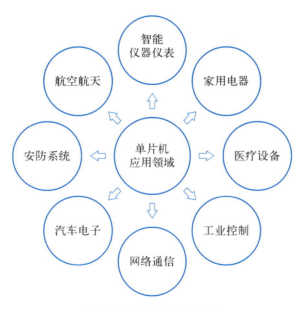

图 1-1　单片机应用领域

本项目具体任务是设计并制作以 51 单片机为主控芯片，外接 LED 电路，通过编程实现 LED 点亮与熄灭的 LED 指示灯系统。

项目目标

素质目标

1. 通过了解单片机应用和国产芯片现状,激发民族自信,厚植爱国情怀、责任感和使命感。
2. 通过项目实施过程,培养自主学习及团队协作意识,提高合作探究、解决问题的能力。
3. 通过软硬件设计,培养标准意识,规范意识,勇于创新的劳模精神和精益求精的工匠精神。

知识目标

1. 能解释 51 单片机的内部结构与主要型号。
2. 能说出 51 单片机系统构成。
3. 能运用 51 单片机最小系统进行电路设计。
4. 能概述单片机应用系统的组成。
5. 能运用 C 语言程序结构。

能力目标

1. 能根据设计要求,选择参数、性能合理的电子元器件,使用 Proteus 仿真软件进行硬件电路仿真设计。
2. 能根据项目和产品对微控制器的性能要求,进行单片机选型。
3. 能使用 Keil 软件创建、编译、配置工程项目。
4. 能根据芯片类型,选择和配置程序下载与调试工具。

项目实施

任务 1　单片机调查

项目名称	LED 指示灯设计与实现	任务名称	单片机调查

任务目标

1. 能概述单片机的发展及单片机应用领域。
2. 能说明单片机的定义、分类及选型要点。
3. 培养自主学习及团队协作意识,提高 Office 办公软件的应用能力。
4. 激发民族自信,培养节约和科技创新意识。

任务要求

1. 分组收集并整理单片机应用资料,撰写调查报告,制作汇报 PPT。
2. 查阅资料,调研单片机系列产品,填写调查表。

知识链接

知识点 1　单片机概述

一、单片机的定义

单片机,也被称为微控制器(microcontroller unit,MCU),如图 1 - 2 所示,是指采用超大规模集成电路技术,把具有数据处理能力的中央处理器(CPU)、存储器、基本输入/输出(I/O)接口电路和中断系统、定时器/计时器等功能集成在一块芯片上的微型计算机,全称为单片微型计算机。

微课:单片机概述

二、单片机的特点

1. 高集成度,体积小,高可靠性,单片机把各功能部件集成在一块芯片上,内部采用总线结构,减少了各芯片之间的连线,大大提高了单片机的可靠性与抗干扰能力。

2. 控制功能强,单片机指令丰富,能充分满足控制类产品的各种要求。

3. 低电压,低功耗,便于生产便携式产品。

4. 易扩展,有众多外围接口,可根据需要并行或串行扩展,构成各种不同应用规模的智能控制系统。

图 1 - 2　单片机

三、单片机的发展简史

单片机的发展先后经历了4位、8位、16位和32位等阶段,如图1-3所示。

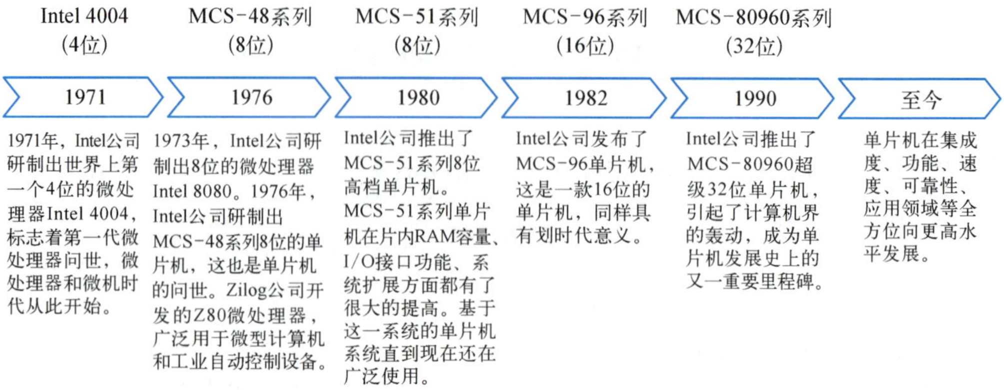

Intel 4004 (4位)	MCS-48系列 (8位)	MCS-51系列 (8位)	MCS-96系列 (16位)	MCS-80960系列 (32位)	
1971	1976	1980	1982	1990	至今
1971年,Intel公司研制出世界上第一个4位的微处理器Intel 4004,标志着第一代微处理器问世,微处理器和微机时代从此开始。	1973年,Intel公司研制出8位的微处理器Intel 8080。1976年,Intel公司研制出MCS-48系列8位的单片机的问世。Zilog公司开发的Z80微处理器,广泛用于微型计算机和工业自动控制设备。	Intel公司推出了MCS-51系列8位高档单片机。MCS-51系列单片机在片内RAM容量、I/O接口功能、系统扩展方面都有了很大的提高。基于这一系统的单片机系统直到现在还在广泛使用。	Intel公司发布了MCS-96单片机,这是一款16位的单片机,同样具有划时代意义。	Intel公司推出了MCS-80960超级32位单片机,引起了计算机界的轰动,成为单片机发展史上的又一重要里程碑。	单片机在集成度、功能、速度、可靠性、应用领域等全方位向更高水平发展。

图1-3　单片机的发展简史

四、单片机的分类及应用

单片机按其存储器类型可分为无片内 ROM 型和带片内 ROM 型两种。对于无片内 ROM 型的芯片,必须外接 EPROM 才能应用(典型芯片为 8031);带片内 ROM 型的芯片又分为片内 EPROM 型(典型芯片为 87C51)、MASK 片内掩模 ROM 型(典型芯片为 8051)、片内 Flash 型(典型芯片为 89C51)等类型。

单片机按用途可分为通用型和专用型;根据数据总线的宽度和一次可处理的数据字节长度可分为 8 位、16 位、32 位单片机。

目前,国内单片机应用最广泛的市场是消费电子领域,其次是工业领域和汽车领域。消费电子领域包括家用电器、游戏机和音视频系统等;工业领域包括智能家居、自动化、医疗应用及新能源生成与分配等;汽车领域包括汽车动力总成和安全控制系统等。

知识点 2　单片机选型

单片机的种类繁多,目前单片机产品有 60 多个系列,1 000 多种型号,流行体系结构有 30 多个系列,门类齐全,能满足各种应用需求。那么,选择单片机型号的标准是什么呢?

1. 微控制器,根据产品需求选择更高性能或更低功耗的 8 位、16 位、32 位的微控制器。

2. 封装,根据产品需求采用 40 引脚 DIP(双列直插封装)、QFP(四方扁平封装)或其他封装形式。

3. RAM 和 ROM 的大小。

4. I/O 引脚数和定时器、中断、ADC 集成功能等。

在选择单片机型号时,可从上面不同角度进行考虑,具体型号查阅单片机器件手册。

小提示 🔍

本书选用 STC12C5A60S2 单片机(PDIP40 封装)为载体,学习 51 单片机(8 位)的应用。STC12C5A60S2 单片机是 STC 公司(宏晶科技)生产的单时钟/机器周期的单片机。它是高速、低功耗、超强抗干扰的新一代 8051 单片机,指令代码完全兼容传统8051,但速度快 8～12 倍。

测一测

单选题:

以下不是 51 单片机的芯片是(　　　)。

A. AT89S5X 系列单片机 　　　　B. PIC16F 系列单片机

C. STC89 系列单片机 　　　　D. STC12 系列单片机

多选题:

1. 单片机的应用领域有(　　　)。

A. 家用电器 　　　　B. 汽车电子

C. 医疗设备 　　　　D. 计算机外设

2. 51 单片机的共同特点是(　　　)。

A. 外部接口相同 　　　　B. 封装相同

C. CPU 和内部控制器相同 　　　　D. 功耗相同

3. 单片机的特点是(　　　)。

A. 体积小 　　　　B. 实时性好

C. 功耗低 　　　　D. 控制简单

E. 运算能力强大

任务实施

一、查阅资料,填写调查表

通过网络信息查询、智能产品手册查阅等方式,完成经典单片机产品调查,填写到表 1-1 中。

表 1-1　经典单片机产品调查表(国产芯片不少于 3 个产品)

序号	产品系列名称	经典型号	CPU 位数	生产厂商
1	AT89	AT89C52	8	Atmel
2				
3				
4				
5				

二、查阅手册,填写参数

查阅 STC12C5A60S2(PDIP40 封装)器件手册,填写参数到表 1-2 中。

表 1-2   STC12C5A60S2(PDIP40 封装)参数表

工作 电压	程序 存储器	数据 存储器	EEPROM	串行 接口	定时器	外部 中断	AD/8 路

三、完成调研报告及汇报 PPT

1. 调研内容：

① 什么是单片机？

② 单片机的发展史。

③ 单片机的类型。

④ 国产单片机有哪些？

⑤ 单片机的应用领域。

⑥ 单片机的未来发展趋势。

2. 调研方法：

问卷调查法、资料搜索、访谈、统计分析等。

3. 实施方式：

分组完成调查内容，编写调查报告，制作汇报 PPT。

四、搜索国产芯片相关专题视频 * 并观看，写观后感

关键核心技术是国之重器，"中国芯"再也不能受制于人，芯片产业需要自立自强，摆脱"卡脖子"。

总结与反思

任务 2   LED 指示灯系统方案设计

项目名称	LED 指示灯设计与实现	任务名称	LED 指示灯系统方案设计
任务目标			

1. 能解释 51 单片机的内部结构与主要型号。

2. 能运用典型 51 单片机的内部逻辑结构、引脚功能。

3. 培养自主学习及团队协作意识，提高合作探究、解决问题的能力。

---

* 参考视频：《面对面》国之重器·总师访谈录② 胡伟武：研制自己的芯片。

设计一个控制 LED 点亮与熄灭的单片机应用系统,即单片机的 I/O 接口作输出口,接 1 个 LED(发光二极管),通过编程实现 LED 的点亮与熄灭控制。

知识点 3　51 单片机系统结构

一、51 单片机内部结构

微课:51单片机系统结构

51 单片机包含中央处理器(CPU)、程序存储器(ROM)、数据存储器(RAM)、定时器/计数器、并行接口、串行接口和中断系统等单元,以及数据、地址和控制等三大总线,其内部结构框图如图 1-4 所示。

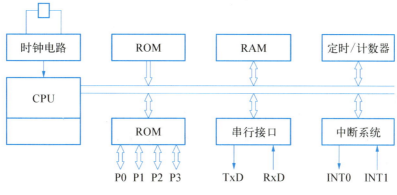

图 1-4　51 单片机内部结构框图

下面分别加以说明:

1. 中央处理器

中央处理器(CPU)是 51 单片机的核心部件,是 8 位数据宽度的处理器,能处理 8 位二进制数据或代码,负责控制、指挥和调度整个单元系统协调工作,完成运算和控制输入/输出功能等操作。其内部结构如图 1-5 所示。8 位的 51 单片机的 CPU 内部有算术逻辑单元 ALU(arithmetic and logic unit)、累加器 A(8 位)、寄存器 B(8 位)、程序状态字 PSW(8 位)、程序计数器 PC(16 位,有时也称为指令指针,即 IP)、地址寄存器 AR(16 位)、数据寄存器 DR(8 位)、指令寄存器 IR(8 位)、指令译码器 ID、控制器等部件组成。

(1) 算术逻辑单元 ALU

ALU 的主要功能是执行算术和逻辑运算。由于 ALU 内部没有寄存器,参加运算的操作数必须放在累加器 A 中。累加器 A 也用于存放运算结果。

(2) 程序计数器 PC

PC 的作用是用来存放将要执行的指令地址,共 16 位。PC 具有自动加 1 的功能,即从存储器中读出一个字节的指令码后,PC 自动加 1,指向下一条将要执行的指令。

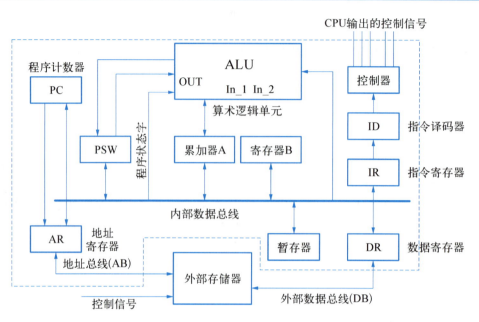

图 1-5 51 单片机的 CPU 内部结构

（3）指令寄存器 IR

IR 的作用就是用来存放即将执行的指令代码。CPU 执行指令时，首先从程序存储器（ROM）读取指令代码送入 IR，经指令译码器译码后再由定时与控制电路发出相应的控制信号，从而完成指令的功能。

（4）指令译码器 ID

所谓译码就是把指令转变成执行此指令所需要的电信号。当指令送入 ID 后，由 ID 对该指令进行译码，根据 ID 输出的信号，CPU 控制电路定时地产生执行该指令所需的各种控制信号，使单片机正确地执行程序所需要的各种操作。

（5）地址寄存器 AR

AR 的作用是用来存放将要寻址的外部存储器单元的地址信息。指令码所在存储单元的地址编码，由程序计数器 PC 产生；而指令中操作数所在的存储单元地址码，由指令的操作数给定。从上图 1-5 可以看到，AR 通过地址总线（AB）与外部存储器相连。

（6）数据寄存器 DR

DR 用于存放写入外部存储器或 I/O 接口的数据信息。DR 对输出数据具有锁存功能，与外部数据总线（DB）直接相连。

（7）程序状态字 PSW

PSW 用于记录运算过程中的状态，如是否溢出、进位等。

（8）时序部件

时序部件由时钟电路和脉冲分配器组成，用于产生微操作控制部件所需的定时脉冲信号。

2．程序存储器

单片机的存储器包括两大类：程序存储器（ROM）和数据存储器（RAM）。51 单片机在物理结构上有 4 个存储空间：片内数据存储器（IDATA 区）、片外数据存储器（XDATA 区）、片内程序存储器和片外程序存储器（片内、片外程序存储器合称为 CODE 区）；但在逻辑上，即从用户的角度上，51 单片机有 3 个存储空间：片内外统一编址的 64 KB 的程序存储器的地址空间、256 B 的片内数据存储器的地址空间，以及 64 KB 的片外数据存储器的地址空间，在访问 3 个不同的逻辑空间时，应采用不同形式的指令，以产生不同的存储器空间的选通信号。

51 单片机具有 64 KB 程序存储器地址空间，它用于存放用户程序、数据和表格等信息，如图 1-6 所示。对于内部无 ROM 的 8031 单片机，它的程序存储器必须外接，地址空间容量为 64 KB，此时单片机 $\overline{EA}$ 端必须接地，强制 CPU 从外部程序存储器读取程序。对于内部有 ROM 的 51 单片机等，正常运行时，$\overline{EA}$ 则须接高电平，使 CPU 先从内部程序存储器读取程序，当 PC 值超过内部程序存储器的容量时，才会转向外部程序存储器读取程序。

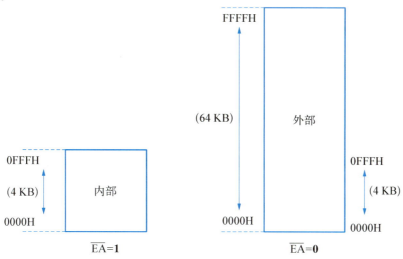

图 1-6　程序存储器

51 单片机片内具有 4 KB 的程序存储单元，其地址为 0000H—0FFFH，在程序存储中有些特殊单元，在使用中应加以注意：

① 0000H—0002H 单元，系统复位后，PC 为 0000H，单片机从 0000H 单元开始执行程序。

② 0003H—002AH 单元，专门用于存放中断处理程序的入口地址单元。中断响应后，按中断的类型，自动转到各自的中断区去执行程序。

a. 0003H—000AH：外部中断 0 中断地址区。

b. 000BH—0012H：定时器/计数器 0 中断地址区。

c. 0013H—001AH：外部中断 1 中断地址区。

d. 001BH—0022H：定时器/计数器 1 中断地址区。

e. 0023H—002AH：串行中断地址区。

3. 数据存储器

数据存储器，也称为随机存取数据存储器。51 单片机的数据存储器在物理上和逻辑上都分为两个地址空间：一个内部数据存储区和一个外部数据存储区，如图 1-7 所示。51 单片机内部 RAM 有 128 B 或 256 B 的用户数据存储空间（不同型号有区别），用于存放执行的中间结果和过程数据。

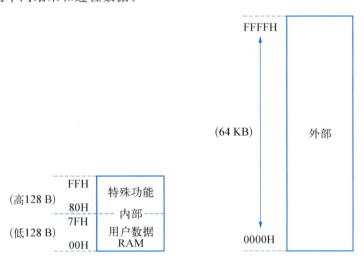

图 1-7 数据存储器

51 单片机内部 RAM 共有 256 个单元，它们是统一编址的。这 256 个单元共分为两部分：00H—7FH 单元（128 B）为用户数据 RAM，可存放读写的数据、运算的中间结果或用户定义的字形表；80H—FFH 单元（128 B）为特殊功能寄存器（SFR）单元，只能用于存放控制指令数据，而不能用于存放用户数据，用户只能访问。从表 1-3 中可清楚地看出它们的结构分布。

表 1-3 内部 RAM 结构分布

单元地址	功　能	寻址方式
80H—FFH	特殊功能寄存器（SFR）	可字节寻址，部分也可位寻址
30H—7FH	数据缓冲区、堆栈区、工作单元	只能字节寻址
20H—2FH	可位寻址区	全部可位寻址
18H—1FH	工作寄存器 3 区	
10H—17H	工作寄存器 2 区	4 组工作寄存器
08H—0FH	工作寄存器 1 区	
00H—07H	工作寄存器 0 区	

（1）工作寄存器组 00H—1FH

00H—1FH 共 32 个单元被均匀地分为 4 块,每块包含 8 个 8 位寄存器,均以 R0—R7 来命名,称这些寄存器为工作寄存器组(也称通用寄存器组),在程序中由程序状态字(PSW)来管理,CPU 只要定义这个寄存器的 PSW 的第 3 位和第 4 位(RS0 和 RS1),即可选中这 4 组工作寄存器。程序状态字与工作寄存器组对应关系见表 1-4。

表 1-4　程序状态字与工作寄存器组对应关系

PSW.4(RS1)	PSW.3(RS0)	工作寄存器组
0	**0**	0 组:00H—07H
0	**1**	1 组:08H—0FH
1	**0**	2 组:10H—17H
1	**1**	3 组:18H—1FH

（2）可位寻址区 20H—2FH

内部 RAM 的 20H—2FH 单元为可位寻址区,既可作为一般单元用字节寻址,也可对它们的位进行寻址。可位寻址区共有 16 B,即 128 bit,位地址为 00H—7FH。内部 RAM 可位寻址区地址表见表 1-5,CPU 能直接寻址这些位,执行置"**1**"、清"**0**"、求"**反**"、位移、传送和逻辑运算等操作。常称 51 单片机具有布尔处理功能,布尔处理的存储空间指的就是位寻址区。

表 1-5　内部 RAM 位寻址区地址表

单元地址	MSB			位　地　址				LSB
2FH	7FH	7EH	7DH	7CH	7BH	7AH	79H	78H
2EH	77H	76H	75H	74H	73H	72H	71H	70H
2DH	6FH	6EH	6DH	6CH	6BH	6AH	69H	68H
2CH	67H	66H	65H	64H	63H	62H	61H	60H
2BH	5FH	5EH	5DH	5CH	5BH	5AH	59H	58H
2AH	57H	56H	55H	54H	53H	52H	51H	50H
29H	4FH	4EH	4DH	4CH	4BH	4AH	49H	48H
28H	47H	46H	45H	44H	43H	42H	41H	40H
27H	3FH	3EH	3DH	3CH	3BH	3AH	39H	38H
26H	37H	36H	35H	34H	33H	32H	31H	30H
25H	2FH	2EH	2DH	2CH	2BH	2AH	29H	28H

续　表

单元地址	MSB			位　地　址				LSB
24H	27H	26H	25H	24H	23H	22H	21H	20H
23H	1FH	1EH	1DH	1CH	1BH	1AH	19H	18H
22H	17H	16H	15H	14H	13H	12H	11H	10H
21H	0FH	0EH	0DH	0CH	0BH	0AH	09H	08H
20H	07H	06H	05H	04H	03H	02H	01H	00H

（3）一般用户区 30H—7FH

30H—7FH 单元在 51 单片机中并未加以定义，由使用者自由使用，可以用来存放程序变量，在程序执行时，得设定堆栈，堆栈的大小由使用者自行设定，是一个"后进先出"的主存区域。它只有一个出入口，即栈顶，栈顶用堆栈指针 SP 指定。堆栈有进栈和出栈两种以字为单位的基本操作。堆栈结构及进出栈操作如图 1-8 所示。

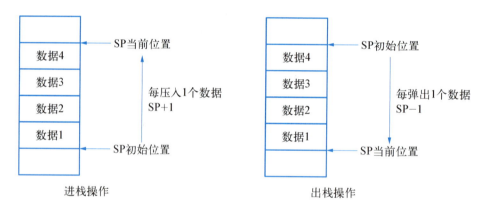

图 1-8　堆栈结构及进出栈操作

（4）特殊功能寄存器

特殊功能寄存器（SFR）也称为专用寄存器，它反映了 51 单片机的运行状态，很多功能也要通过特殊功能寄存器来实现。51 单片机有 21 个特殊功能寄存器，它们被离散地分布在内部 RAM 的 80H—FFH 地址中，寄存器功能已作了专门的规定，用户不能修改其结构，见表 1-6。

表 1-6　特殊功能寄存器

标识符号	地　址	寄　存　器　名　称
ACC	E0H	累加器
B	F0H	B 寄存器

续　表

标识符号	地　址	寄 存 器 名 称
PSW	D0H	程序状态字
SP	81H	堆栈指针
DPTR	82H、83H	数据指针(16 位),含 DPL(低 8 位)和 DPH(高 8 位)
IE	A8H	中断允许控制寄存器
IP	B8H	中断优先级控制寄存器
P0	80H	I/O 接口 0 寄存器
P1	90H	I/O 接口 1 寄存器
P2	A0H	I/O 接口 2 寄存器
P3	B0H	I/O 接口 3 寄存器
PCON	87H	电源控制及波特率选择寄存器
SCON	98H	串行接口控制寄存器
SBUF	99H	串行数据缓冲寄存器
TCON	88H	定时器/计数器控制寄存器
TMOD	89H	定时器/计数器工作方式选择寄存器
TL0	8AH	定时器/计数器 0(T0)低 8 位
TH0	8CH	定时器/计数器 0(T0)高 8 位
TL1	8BH	定时器/计数器 1(T1)低 8 位
TH1	8DH	定时器/计数器 1(T1)高 8 位

下面对部分常用特殊功能寄存器作简单介绍。

① 累加器 ACC

累加器通常用 A 表示,是一个最常用的特殊功能寄存器,大部分指令运算结果都存放于累加器 A 中。

② 程序状态字 PSW

程序状态字 PSW 是一个 8 位寄存器,用于存放程序运行的状态信息,这个寄存器的一些位可由软件设置,有些位则由硬件运行时自动设置。

③ 堆栈指针 SP

堆栈指针 SP 是一个 8 位寄存器,系统复位后,SP 的初始值为 07H。51 单片机的堆栈是在内部 RAM 中开辟的,即堆栈要占据一定的内部 RAM 存储单元。51 单片机的堆栈可以由用户设置 SP 的初始值及要求的容量。堆栈的操作有进栈和出栈两种,进栈向堆栈写入数据,出栈从堆栈中读出数据,进栈和出栈都是对栈顶单元进行的,SP 值就是栈顶单元地址。堆栈通常在中断服务程序响应或功能函数调用时使用。

④ I/O 接口专用寄存器(P0、P1、P2、P3)

I/O 接口寄存器 P0、P1、P2 和 P3 分别是 51 单片机的四组 I/O 接口寄存器。

⑤ 定时器/计数器(TL0、TH0、TL1 和 TH1)

51 单片机中有 2 个 16 位的定时器/计数器 T0 和 T1,它们由 4 个 8 位寄存器组成,可以单独对这 4 个寄存器进行寻址,但不能把 T0 和 T1 当作 16 位寄存器来使用。

⑥ 串行数据缓冲寄存器 SBUF

串行数据缓冲寄存器 SBUF 用于存放需发送和接收的数据,它由 2 个独立的寄存器组成,一个是发送缓冲器,另一个是接收缓冲器。发送和接收的操作其实都是对串行数据缓冲寄存器进行的。

此外,IP、IE、TMOD、TCON、SCON、PCON 等几个寄存器,主要用于中断系统、定时器/计数器及串口通信等,将在后续项目中详细学习。

4. 定时器/计数器

51 单片机有 2 个 16 位的可编程定时器/计数器,以实现定时或计数功能,用于定时控制、延时、对外部计数和检测等应用场合。

5. 并行输入输出(I/O)接口

51 单片机共有 4 组 8 位并行 I/O 接口(P0、P1、P2 和 P3),用于对外部数据的传输。

6. 全双工串行接口

51 单片机内置 1 个全双工串行接口,用于与其他设备间的串行数据传送,该串行接口既可以用作异步通信收发器,也可以当同步移位器使用。

7. 中断系统

51 单片机具备较完善的中断功能,有 2 个外部中断、2 个定时器/计数器中断和一个串行中断,可满足不同的控制要求,并具有 2 级的优先级别选择。

8. 时钟电路

51 单片机内置最高频率达 12 MHz 的时钟电路,用于产生整个单片机运行的脉冲时序,但 51 单片机需外置振荡电路。

二、51 单片机外部引脚

常见的 51 单片机中一般采用双列直插封装(DIP),共 40 个引脚。图 1−9 为 AT 89C52 引脚排列。其中的 40 个引脚大致可以分为 4 类:电源、时钟、控制和 I/O 接口引脚。

1. 电源引脚(2 个)

(1) VCC(引脚 40):芯片电源,接+5 V。

(2) GND(引脚 20):接地端。

2. 时钟引脚(2 个)

(1) XTAL1(引脚 19):振荡电路反相放大器的输入端。

(2) XTAL2(引脚 18):振荡电路反相放大器的输出端。

3. 控制引脚(4 个)

(1) RST(引脚 9):复位/备用电源。

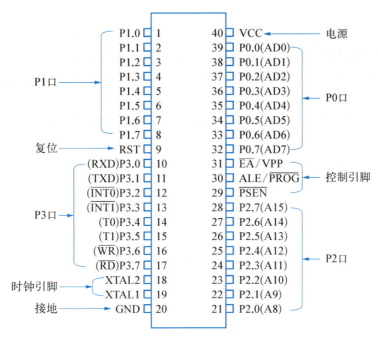

图 1 - 9   AT89C52 引脚排列

(2) ALE/$\overline{\text{PROG}}$(引脚 30)：地址锁存允许/片内 EPROM 编程脉冲。

① ALE 功能：用来锁存 P0 口送出的低 8 位地址，当 51 单片机不执行外部数据存储器读/写操作时，ALE 的频率为单片机时钟频率的 1/6。

② $\overline{\text{PROG}}$功能：片内有 EPROM 的芯片，在 EPROM 编程期间，访问片外程序存储器时，此引脚输入编程脉冲。

(3) $\overline{\text{PSEN}}$(引脚 29)：外部程序存储器读选通信号。在访问片外程序存储器时，此引脚输出负脉冲作为存储器读选通信号。

(4) $\overline{\text{EA}}$/VPP(引脚 31)：内外 ROM 选择/片内 EPROM 编程电源。

① $\overline{\text{EA}}$功能：内外 ROM 选择端。当$\overline{\text{EA}}$端输入高电平时，CPU 从片内程序存储器 0000H 单元开始执行程序。当地址超出 4 KB 时，将自动执行片外程序存储器的程序。当$\overline{\text{EA}}$端输入低电平时，CPU 仅访问片外程序存储器。

② VPP 功能：片内有 EPROM 的芯片，在 EPROM 编程期间，施加编程电源 VPP。

5. I/O 接口引脚(32 个)

51 单片机共有 4 个 8 位并行 I/O 接口：P0、P1、P2、P3 口，共 32 个引脚。

测一测

填空题：

1. 51 单片机内部结构由 _____ 、_____ 、_____ 、_____ 、_____ 、串行接口和中断系统等单元组成，这些单元通过 _____ 相连接。

2. 计算机的系统总线有 _____ 、_____ 、_____ 。

单选题：

1. 以下关于 51 单片机存储器的描述错误的是(　　)。

A. 采用哈佛结构，程序存储器和数据存储器分开，各自编址

B. 51 单片机片内有 4 KB 的程序存储单元(52 单片机有 8 KB)，地址为 0000H—0FFFH(52 单片机为 0000H—1FFFH)

C. 51 单片机内部 RAM 中，00H—7FH 单元为用户数据 RAM，80H—FFH 单元为特殊功能寄存器(SFR)

D. 数据存储器的高 32 字节单元为 4 组通用寄存器

2. 51 单片机(　　)选定外部 ROM。

A. 通过 PC   B. 通过 PSW

C. 通过 EA＝0   D. 通过 EA＝1

任务实施

一、根据产品设计要求，绘制硬件和软件系统设计框图

1. 硬件系统设计框图

2. 软件系统设计框图

二、填写系统资源 I/O 接口分配表

结合系统方案，完成系统资源 I/O 接口分配，填写到表 1－7 中。

表 1－7　系统资源 I/O 接口分配表

I/O 接口	引脚模式	使用功能	网络标号

总结与反思

任务 3 LED 指示灯电路设计

项目名称	LED 指示灯设计与实现	任务名称	LED 指示灯电路设计
任务目标			
1. 学会 LED 的电路设计和单片机最小应用系统设计。 2. 熟悉 Proteus 仿真软件的安装和使用。 3. 培养勇于创新的劳模精神和精益求精的工匠精神。			
任务要求			
设计 LED 指示灯电路,并使用 Proteus 仿真软件绘制仿真电路图。			
知识链接			

知识点 4 单片机最小系统

单片机最小系统,是指能让单片机运行起来的最少硬件连接的系统。对于 51 单片机,最小系统一般应该包括:单片机、电源电路、时钟电路、复位电路等几部分,其中,时钟电路为单片机工作提供基本时钟,复位电路用于将单片机内部各电路的状态恢复到初始值。单片机最小系统电路如图 1 - 10 所示。

微课:单片机
最小系统

一、电源电路

电源的稳定可靠是系统平稳运行的前提和基础。此最小系统中的电源供电可以通过计算机的 USB 接口供给,也可使用外部稳定的 5 V 电源供电模块供给,电源电路中接入了电源指示 LED,图 1 - 11 中,R_1 为 LED 的限流电阻,K1 为电源开关。

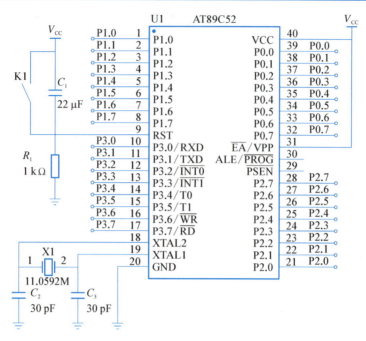

图 1-10 单片机最小系统电路

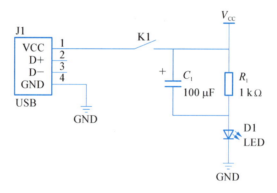

图 1-11 电源电路

二、时钟电路

单片机工作时,是在统一的时钟信号控制下一拍一拍地进行的。单片机的时序是 CPU 在执行指令时所需控制信号的时间顺序,为了保证各部件间的同步工作,单片机内部电路应在唯一的时钟信号下严格地按时序进行工作。时钟电路用于产生单片机工作时需要的时钟信号。

51 单片机内部有一个高增益反相放大器,其输入端引脚为 XTAL1(引脚 19),输出端引脚为 XTAL2(引脚 18)。51 单片机的时钟信号产生有以下两种方式:

1. 内部时钟方式

内部时钟方式是利用单片机内部的振荡器,在 XTAL1 和 XTAL2 两端跨接晶振和电容,构成稳定的自激振荡器,如图 1-12(a)所示,其发出的脉冲直接送入内部时钟电路。外接晶振时,晶振两端的电容 C_1 和 C_2 一般选择 30 pF 左右,这 2 个电容对频率有微调的作用,晶振的频率范围可在 1.2～12 MHz 之间选择。为了减少寄生电容,更好地保证振荡器稳定、可靠地工作,振荡器和电容应尽可能靠近单片机芯片安装。

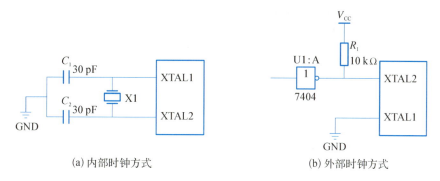

(a) 内部时钟方式   (b) 外部时钟方式

图 1 - 12 时钟电路

小提示 🔍

　　检测晶振是否起振可以用示波器观察 XTAL2 端是否输出正弦波,也可以用万用表测量(切换到直流挡)XTAL2 和地(GND)之间的电压是否为 2 V 左右。

　　2. 外部时钟方式

　　外部时钟方式是利用外部时钟信号接入 XTAL1 或 XTAL2 端。HMOS 型和 CHMOS 型单片机的接入方式不同,HMOS 型单片机(如 8051)的外部时钟信号由 XTAL2 端送入内部时钟电路,输入端 XTAL1 应接地。由于 XTAL2 端的逻辑电平不是 TTL 的,故建议外接一个上接电阻,如图 1 - 12(b)所示。对于 CHMOS 型单片机(如 80C51),因内部时钟发生器的信号取自反相器的输入端,故采用外部时钟信号时,接线方式为外部时钟信号接到 XTAL1 端,而 XTAL2 端悬空。

小提示 🔍

　　STC12C5A60S2 单片机有 2 个时钟源:内部 R/C 振荡时钟和外部晶体时钟。标准配置是使用外部晶体时钟。芯片内部的 R/C 振荡器在常温 5 V 工作电压下,频率为 11～17 MHz;在常温 3 V 工作电压下,频率为 8～12 MHz。

三、复位电路

　　在单片机系统中,复位电路是非常关键的,当程序运行不正常或停止运行时,就需要进行复位。51 单片机的复位引脚为 RST(引脚 9)。RST 出现 2 个机器周期以上的持续高电平时,单片机就执行复位操作。如果 RST 持续为高电平,单片机就处于循环复位状态。

　　复位操作通常有两种基本形式:上电复位和按键复位,如图 1 - 13 所示。图 1 - 13(a)所示为上电复位,利用电容充放电过程实现复位。在通电瞬间,RST 端的电位与 V_{CC} 相同,随着充电电流的减少,RST 端的电位逐渐下降。只要保证 RST 端为高电平的时间大于 2 个机器周期,就能正常复位。图 1 - 13(b)所示为按键复位,需复位时,按下 RESET 键,此时电源 V_{CC} 经电阻 R_1、R_2 分压,在 RST 端产生复位高电平使单片机复位。图中所示的复位电阻和电容为经典值,实际制作中,可以用同一数量级的电阻和电容代替,读者也可自行计算 *RC* 充电时间或在工作环境中实际测量,以确保单片机复位电路的可靠性。

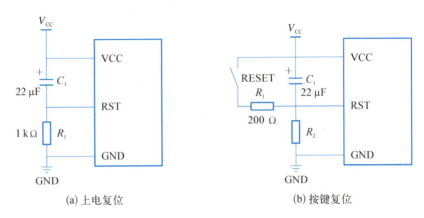

(a) 上电复位　　　　　　　　　　(b) 按键复位

图 1 - 13　复位电路

🔍 **小提示**

在后面的项目中,如无特殊说明,主控模块的设计均按此方式设计,不再赘述。

复位后的内部各寄存器状态见表 1 - 8。

表 1 - 8　复位后的内部各寄存器状态

寄 存 器	复 位 状 态	寄 存 器	复 位 状 态
PC	0000H	A	00H
B	00H	PSW	00H
SP	07H	DPTR	0000H
P0～P3	0FFH	IP	×××00000B
IE	0××00000B	TMOD	00H
TCON	00H	TL0、TL1	00H
TH0、TH1	00H	SCON	00H
SBUF	不定	PCON	0×××0000B

注:× 表示无关位。

1. 复位后的 PC 值为 0000H,表明复位后程序从 0000H 开始执行。

2. A＝00H,表明累加器被清零。

3. PSW＝00H,表明当前工作寄存器为第 0 组工作寄存器。

4. SP＝07H,表明堆栈底部在 07H。一般需重新设置 SP 值。

5. P0～P3 口值为 FFH。P0～P3 口用作输入口时,必须先写入"1"。单片机在复位后,已使 P0～P3 口的每一端线为"1",为这些端线用作输入口做好准备。

6. IP＝×××00000B,表明各个中断源均处于低优先级。

7. IE＝0××00000B,表明各个中断源均处于关断状态。

知识点 5　单片机应用系统

　　单片机应用系统是为完成某一特定任务而设计的用户系统。单片机应用系统由硬件和软件两部分组成。硬件系统一般以单片机最小系统为核心,配以输入、输出、通信、显示等外围接口电路构成,如图 1-14 所示。软件系统是在硬件基础上,对其资源进行合理调配和使用,完成各种控制功能,从而实现应用系统所要求的任务。

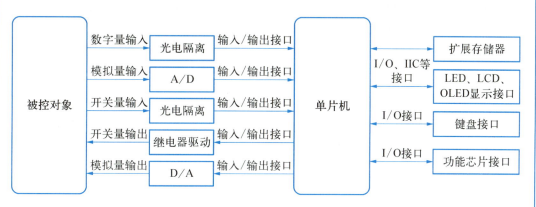

图 1-14　单片机应用系统硬件扩展

　　下面对 51 单片机常用输出接口电路作简要介绍,具体应用见后续项目。

1. LED 接口电路

LED 接口电路如图 1-15 所示,可分为低电平点亮和高电平点亮两种。

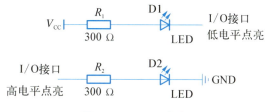

图 1-15　LED 电路

　　不同 LED 的工作电压和工作电流不同,一般而言,红色或绿色 LED 的工作电压为 1.7~2.4 V,蓝色或白色 LED 的工作电压为 2.7~4.2 V,直径为 3 mm 的 LED 的工作电流为 2~10 mA。高电平点亮的 LED 通过限流电阻 R 与单片机的 I/O 接口连接,LED 的阳极连接 +5 V 电源。若 LED 串接的电阻为 1 kΩ,LED 的工作电压为 2.0 V,那么此时通过 LED 的电流为 (5 V−2 V)/1000 Ω=3 mA。如果需要提高亮度,电流一般会控制在 10 mA 左右,则此时电阻应该选择 (5 V−2 V)/10 mA=300 Ω。

　　2. 继电器接口电路

　　继电器通常用于驱动大功率电器并起到隔离作用,由于继电器所需的驱动电流较大,一般都要由三极管驱动电路驱动,如图 1-16 所示。

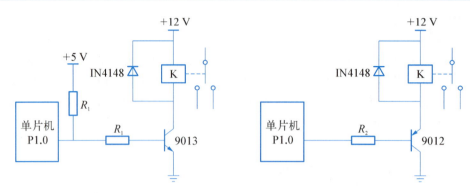

图 1－16　继电器接口电路

3．光电耦合器接口电路

光电耦合器接口电路在单片机驱动强电系统的大功率电器时，能有效起到电气隔离、提高抗干扰能力、保障电器和人身安全的作用，如图 1－17 所示。

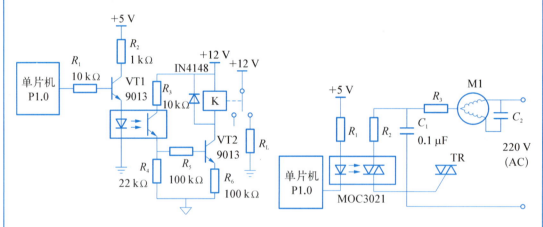

图 1－17　光电隔离接口电路

知识点 6　Proteus 仿真软件

Proteus 是英国 Labcenter Electronics 公司开发的 EDA 仿真软件，具有以下功能模块：

1．ProSPICE 混合仿真：基于 SPICE 3F5，实现数字/模拟电路的混合仿真。

2．超过 27 000 个仿真器件：可以通过内部原型或使用厂家的 SPICE 文件自行设计仿真器件，还可导入第三方发布的仿真器件，Labcenter Electronics 公司也在不断地发布新的仿真器件。

3．多样的激励源：包括直流、正弦、脉冲、分段线性脉冲、音频（使用 wav 格式文件）、指数信号、单频 FM、数字时钟和码流，还支持文件形式的信号输入。

4．丰富的虚拟仪器：13 种虚拟仪器，面板操作逼真，如示波器、逻辑分析仪、信号发生器、直流电压表/电流表、交流电压表/电流表、数字图案发生器、频率计/计数器、逻辑探头、虚拟终端、SPI 调试器、I²C 调试器等。

5. 生动的仿真显示：用色点显示引脚的数字电平，导线以不同颜色表示其对地电压大小，结合动态器件（如电机、显示器件、按钮）的使用可以使仿真更加直观、生动。

6. 高级图形仿真功能（ASF）：基于图标的分析可以精确分析电路的多项指标，包括工作点、瞬态特性、频率特性、传输特性、噪声、失真、傅立叶频谱分析等，还可以进行一致性分析。

7. 单片机协同仿真功能：支持主流的 CPU 类型，如 ARM7、8051/52、AVR、PIC10/12、PIC16、PIC18、PIC24、dsPIC33、HC11、BasicStamp、8086、MSP430 等，CPU 类型随着版本升级还在继续增加，如即将支持 Cortex、DSP 处理器。

8. 支持通用外设模型：如字符 LCD 模块、图形 LCD 模块、LED 点阵、LED 七段显示模块、键盘/按键、直流/步进/伺服电机、RS-232 虚拟终端、电子温度计，其 COMPIM（COM 口物理接口模型）还可以使仿真电路通过计算机串口和外部电路实现双向异步串行通信。

9. 实时仿真：支持 UART/USART/EUSARTS 仿真、中断仿真、SPI/I²C 仿真、MSSP 仿真、PSP 仿真、RTC 仿真、ADC 仿真、CCP/ECCP 仿真。

10. 编译及调试：支持单片机汇编语言的编辑/编译/源码级仿真，内带 8051、AVR、PIC 的汇编编译器，也可以与第三方集成编译环境（如 IAR、Keil 和 Hitech）结合，进行高级语言的源码级仿真和调试。

测一测

填空题：

1. 单片机内部时钟工作方式是利用单片机内部的_____，在_____和_____两端跨接晶振和电容，构成稳定的自激振荡器，其发出的脉冲直接送入内部时钟电路。

2. 51 单片机复位的条件是使_____引脚保持_____个机器周期以上的持续_____电平；复位后：PC=_____；SP=_____；P0～P3=_____。

3. 51 单片机的堆栈是在_____内开辟的区域。

4. 51 单片机内部的 SFR 共有_____个，凡字节地址能被_____整除的特殊功能寄存器均能寻址。

任务实施

一、仿真电路设计

LED 指示灯参考仿真电路图如图 1-18 所示，包括最小系统及 LED 驱动显示电路。单片机最小系统电路包括+5 V 电源电路、晶体振荡时钟电路、复位电路，同时要求单片机的引脚 31（$\overline{EA}$）接高电平。单片机的引脚 21（P2.0）与 LED 的阴极连接，当 P2 口对应引脚输出低电平时，LED 点亮；当 P2 口对应引脚输出高电平时，LED 熄灭。

LED 指示灯参考仿真电路元件清单见表 1-9。

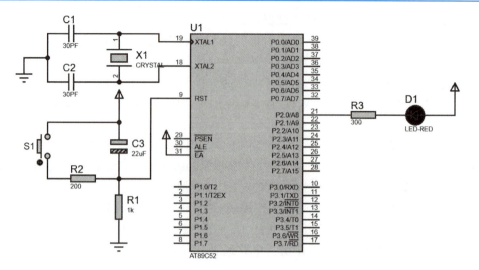

图 1-18　LED 指示灯参考仿真电路图

表 1-9　LED 指示灯参考仿真电路元件清单

元件名称	元件位号	参　数	规　格	Proteus 库元件名	作　用
单片机	U1	AT89C52	DIP40	AT89C52	核心芯片
电容器	C1	30 pF	独石电容器	CAP	振荡
电容器	C2	30 pF	独石电容器	CAP	振荡
电容器	C3	22 μF	电解电容器	CAP - ELEC	复位
晶振	X1	12 MHz	S 型	CRYSTAL	振荡
电阻器	R1	1 kΩ	1/4 W,金属膜电阻器	RES	电容器 C3 放电电阻
电阻器	R2	1 kΩ	1/4 W,金属膜电阻器	RES	限流电阻
电阻器	R3	330 Ω	1/4 W,金属膜电阻器	RES	限流电阻
发光二极管	D1		红色高亮	LED - RED	显示
按钮	S1		6×6×8	BUTTON	按键复位

二、Proteus 仿真电路图绘制

参考图 1-18,结合系统方案设计中的接口分配,完成仿真电路图绘制。

(一)创建设计文件

1. 新建项目

启动 Proteus 仿真软件[*],执行"File"→"New Project"命令,出现"New Project Wizard:Start"对话框,设置文件名和保存路径,如图 1-19 所示,单击"Next"按钮。

---

[*]　本书采用 Proteus 8 Professional 版本。

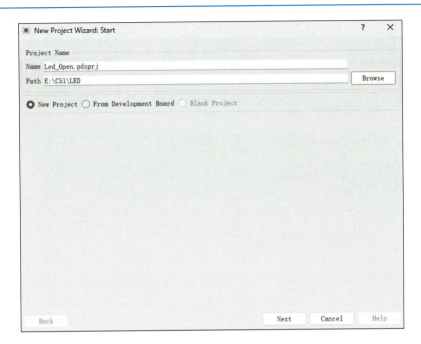

图 1-19　设置文件名和保存路径

2. 创建原理图

设置文件名和保存路径后,单击"New Project Wizard:Schematic Design",在弹出的对话框中选择"Create a schematic from the selected template."(从选中的模板中创建原理图),如图 1-20 所示。

图 1-20　从选中的模板中创建原理图

单击"Next"按钮,弹出"New Project Wizard:PCB Layout"对话框,选择"Do not create a PCB layout."(不创建 PCB 设计),如图 1-21 所示,单击"Next"按钮。

图 1-21　不创建 PCB 设计

3. 创建项目

在弹出的"New Project Wizard:Firmware"对话框中选择"No Firmware Project"(无固件项目),如图 1-22 所示。单击"Next"按钮,弹出"New Project Wizard:Summary"对话框,单击"Finish"按钮,完成项目创建,如图 1-23 所示。

图 1-22　无固件项目

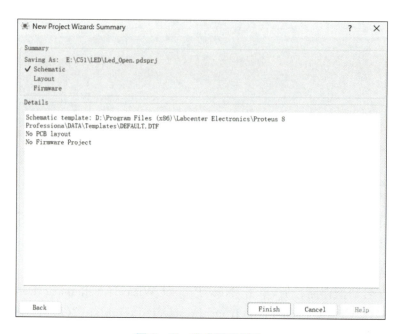

图 1-23　完成项目创建

进入 Proteus 仿真软件主界面。主界面分为菜单栏、标准工具栏、绘图工具栏、预览窗口、元件列表区、方向工具栏、仿真运行控制按钮及电路编辑区等，如图 1-24 所示。

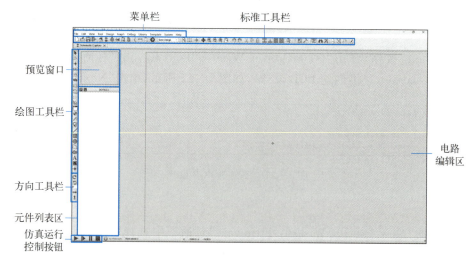

图 1-24　Proteus 仿真软件界面

（二）绘制仿真电路图

1. 选择元件

参考图 1－18 及表 1－9，将所需元件添加至元件列表区。单击元件模式按钮""，在元件模式下，单击元件选择器按钮"P"，弹出"Pick Devices"对话框，在"Keywords"栏中输入"AT89C52"，系统在元件库中进行搜索，并将搜索结果显示在"Showing local results"栏中，如图 1－25 所示，在"Showing local results"栏中，双击"AT89C52"，即可将"AT89C52"添加至元件列表区。

微课：Proteus
仿真电路设计

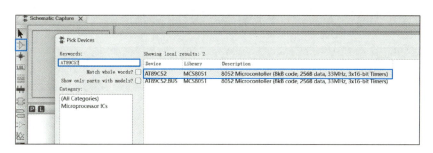

图 1－25　元件选择

小提示 🔍

在 Proteus 仿真软件中，元件库中无 STC12C5A60S2 单片机，STC12C5A60S2 系列是 1T 的 8051 单片机，兼容传统 8051，故在本书中以 AT89C52 替代。

同前面步骤，依次将电路中 CRYSTAL、CAP、CAP－ELEC、RES、LED－RED 等元件添加至元件列表区，单击"OK"按钮。若在元件列表区中单击"AT89C52"，在预览窗口中，将见到 AT89C52 的实物图，如图 1－26 所示，此时在绘图工具栏中的元件模式按钮""处于选中状态。

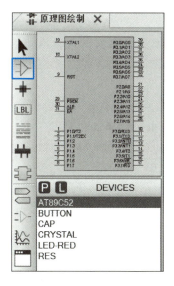

图 1－26　元件预览

2. 放置元件

放置元件至电路编辑区,在元件列表区中,选中"AT89C52",将鼠标置于电路编辑区合适位置并单击,完成元件放置。同理,将其他元件放置至电路编辑区中,如图 1 - 27 所示。

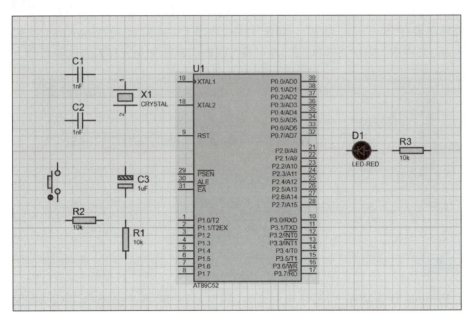

图 1 - 27　元件放置

小提示

删除元件:右击元件一次表示选中(被选中的元件呈红色),选中后再一次右击则是删除。

移动元件:右击选中元件,然后按住鼠标左键拖动。

旋转元件:右击选中元件,然后单击左下角方向工具栏" "相应按钮。

3. 设置元件位号及参数

所有放置的元件都有一个唯一的元件位号。元件位号是把元件放置至电路编辑区时,系统自动分配的,如果需要,也可以手动修改。

双击元件,在弹出的"编辑元件"对话框中,设置元件位号及参数,选择显示或隐藏位号及参数,如图 1 - 28 所示。

4. 添加电源和地

单击终端模式按钮" ",选择添加"POWER"和"GROUND",并放置至电路编辑区,如图 1 - 29 所示。

5. 连线

放置好元件后,即可连线。连线过程中,光标样式会随不同动作而变化。起始点是绿色铅笔,过程是白色铅笔,结束点是绿色铅笔。单击以完成连线。需要注意不可以从导线的任意位置开始连线,而只能从芯片的引脚开始连线,连接到另一根导线。最终完成仿真电路图绘制。

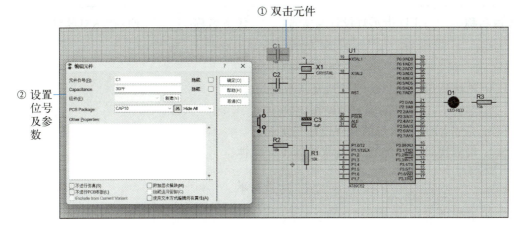

图 1–28 设置元件位号及参数

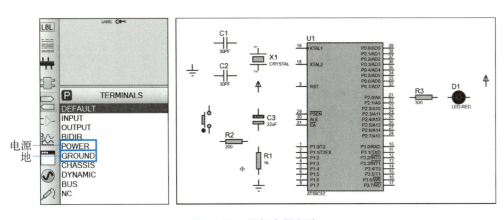

图 1–29 添加电源和地

总结与反思

任务 4　LED 指示灯软件设计

项目名称	LED 指示灯设计与实现	任务名称	LED 指示灯软件设计
任务目标			
1. 熟练使用 C 语言程序结构及基本语句。 2. 学会 Keil 软件的安装和使用。 3. 完成 LED 指示灯的软件设计与实现。 4. 培养代码编写规范、精益求精的工匠精神。			
任务要求			
使用 Keil 软件创建工程项目，通过 C 语言编程，实现对 LED 指示灯的控制。			
知识链接			

知识点 7　C 语言程序组成

一、C 语言程序结构

微课：C 语言
程序组成

简单来说，一个 C 语言程序就是由程序说明、若干头文件和函数三部分组成。

C 语言程序结构示例如下：

```
/*****************************************************************
版权和版本声明
* 文件标识：*.c
* 摘要：简要描述文件的内容
* 版本：1.1


******************************************************************/
#include <STC12C5A60S2.h>        // 引用标准库的头文件
#include "myheader.h"            // 引用用户自定义头文件


/***********************************************
* 函数名称：
* 函数功能：
* 输入/输出参数：
* 返回值：
```

```
    ***************************************/
    void main()                    //主函数
    {                              //函数体
        while（1）
        {                          //复合语句
         …；                       //基本语句
        }
    }
```

程序结构说明如下：

1. 每个 C 语言程序通常分为两个文件：一个文件用于保存程序的声明，称为头文件；另一个文件用于保存程序的实现，称为定义文件。头文件以".h"为后缀，定义文件以".c"为后缀。

2. 通过头文件来调用库功能。在很多场合，源代码不便（或不准）向用户公布，只要向用户提供头文件和二进制的库即可。用户只需要按照头文件中的接口声明来调用库功能，而不必关心接口是怎么实现的。编译器会从库中提取相应的代码。

小提示 🔍

程序编写一定要注意代码的规范性，以使代码尽可能清晰，这是一项非常重要的技能。

1. 成对对齐：函数中用"{ }"表示程序的结构层次范围。注意"{ }"必须配对使用，"{"和"}"独占一行且位于同一列，同时与引用它们的语句左对齐。

2. 代码行：一行代码只做一件事情，如只定义一个变量，或只写一条语句。这样的代码容易阅读，并且便于写注释。if、else、for、while、do 等语句自占一行，执行语句不得紧跟其后。此外，非常重要的一点是，不论执行语句有多少行，就算只有一行也要加"{ }"，并且遵循对齐的原则，这样可以防止书写失误。

3. 空格：标识符、关键字、函数名后至少加一个空格以示间隔。

4. 缩进：缩进是通过键盘上的 Tab 键实现的，缩进可以使程序更有层次感。原则是：如果地位相等，则不需要缩进；如果属于某一个代码的内部代码就需要缩进。

5. 注释：C 语言中，单行注释一般采用"//"，多行注释必须采用"/* */"。注释通常用于重要的代码行或段落提示。在一般情况下，源程序有效注释量必须在 20% 以上。虽然注释有助于理解代码，但注意不可过多地使用注释。

6. 空行：空行起着分隔程序段落的作用。空行使用适当，将使程序的布局更加清晰，在每个类声明之后、每个函数定义结束之后都要加空行；在一个函数体内，逻辑上密切相关的语句之间不加空行，其他地方应加空行分隔。

二、C 语言程序主函数

C 语言程序是由函数构成的，一个 C 语言程序至少包含一个函数，有且只有一个主函数 main()，也可能包含其他函数。因此，函数是 C 语言程序的基本单位。

一个函数由两部分组成：函数首部和函数体。函数结构示例如下：

```
void main ()            //函数首部
{                       //函数体
    while (1)
    {                   //复合语句
      …;                //基本语句
    }
}
```

函数各部分具体说明如下：

1. 函数首部，即函数的第一行，为函数说明部分，包括函数名、函数参数（形式参数）等，函数名后面必须跟一对圆括号"()"，即便没有任何参数也是如此。

2. 函数体，即函数首部下面大括号"{ }"内的部分。如果一个函数内有多对"{ }"，则最外层的一对"{ }"为函数体的范围，其余的为复合语句。

3. C 语言程序主函数中，无限循环语句 while(1)是单片机程序必不可少的部分。

知识点 8   算法与流程图

算法就是一组明确的解决问题的步骤，它产生结果并可在有限的时间内终止，可以用流程图表示算法。流程图用规定的一系列符号及文字说明来表示算法中的基本操作和控制流程。常用流程图符号见表 1-10。

表 1-10   常用流程图符号

序号	名　　称	流程图符号	说　　　明
1	开始符/结束符		表示本段算法的开始或结束
2	流程线		有向线段，指出流程控制方向
3	处理框		框中指出要处理的内容。通常有一个入口和一个出口
4	判断框		表示分支情况。通常上顶点表示入口，视需要用其余顶点表示出口
5	连接框		连接因写不下而断开的流程线

测一测

填空题：

1. C 语言程序是由_____构成的，一个 C 语言程序至少包含_____。因此，_____是 C 语言程序的基本单位。

2. 函数体一般包含_____和_____。

3. C 语言中，程序块的注释常采用"_____"，行注释一般采用"_____"。

4. 代码规范化主要体现在_____、_____、_____、_____、_____、_____六个方面的书写规范。

任务实施

一、算法分析

根据图 1-18 可知，当 P2.0 端口输出高电平，即 P2.0＝**1** 时，根据发光二极管的单向导电性可知，这时发光二极管 D1 熄灭；当 P2.0 端口输出低电平，即 P2.0＝**0** 时，发光二极管 D1 点亮。

二、程序流程图绘制

根据算法分析绘制程序流程图。

三、项目创建及源程序编写

Keil 软件是英国 ARM 公司旗下的单片机开发工具软件，主要分为 C51 版本和 MDK 版本，分别对应 8 位单片机和 32 位 ARM 单片机的开发。Keil C51 是集成了 C 语言编译器、宏汇编、连接器、库管理和仿真调试等功能的集成开发环境。Keil 软件可在 Keil 官网下载。

微课：Keil
项目创建

1. 添加 STC 芯片库

打开 STC 单片机下载编程烧录软件 STC - ISP，单击"Keil 仿真设置"选项卡，单击选项卡中"添加型号和头文件到 Keil 中/添加 STC 仿真器驱动到 Keil 中"按钮，如图 1-30 所示。

在弹出的对话框中选择 Keil 软件的安装目录，单击"确定"按钮，即在 Keil 软件中添加 STC 芯片库成功，如图 1-31 所示。

2. 创建 Keil 项目

（1）新建项目

双击桌面上的 Keil μVision5 图标，启动 Keil 软件。执行"Project"→"New μVision Project"命令，在弹出的对话框中设置保存路径和文件名，如图 1-32 所示，单击"保存"按钮。

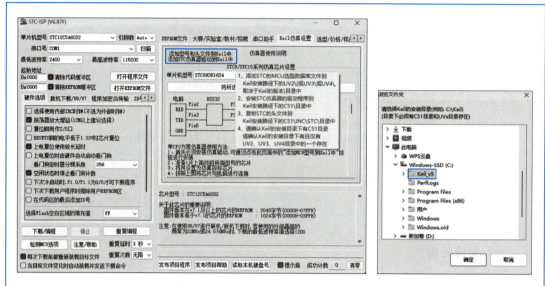

图 1 - 30　Keil 仿真设置　　　　　　　　　　　图 1 - 31　添加 STC 芯片库

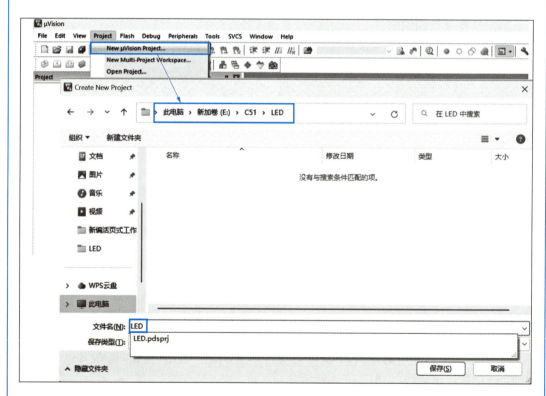

图 1 - 32　新建项目

（2）选择单片机型号

在弹出的对话框中选择"STC MCU Database"，如图 1 - 33 所示。

在 STC 系列中选择"STC12C5A60S2"，如图 1 - 34 所示。

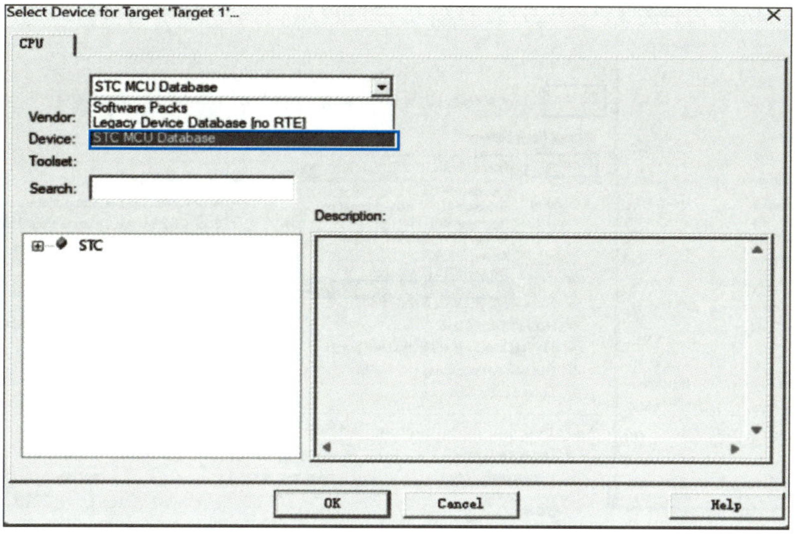

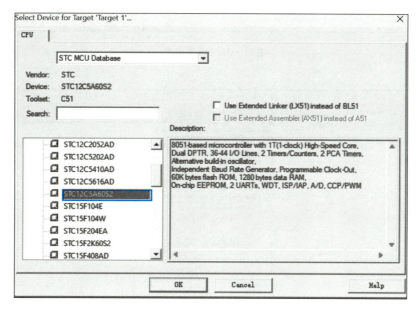

图 1-33 选择"STC MCU Database"

图 1-34 选择单片机型号

（3）设置编码

编码需设置为 GB2312，否则中文注释会有乱码。执行"Edit"→"Configuration"命令，在"Editor"选项卡中，设置"Encoding"为"Chinese GB2312（Simplified）"，如图 1-35 所示。

（4）设置参数

在窗口工具栏中单击"魔法棒"按钮，在弹出的对话框中，单击"Target"选项卡，设置"Xtal（MHz）"参数为"12"，如图 1-36 所示。

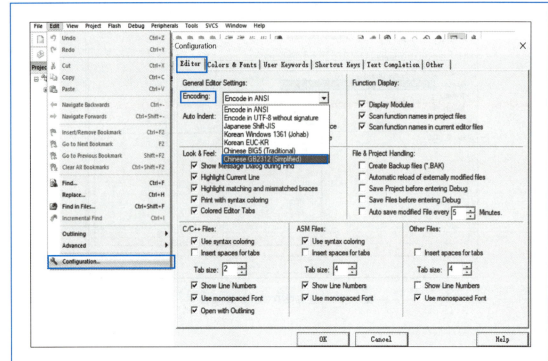

图 1 - 35　设置编码

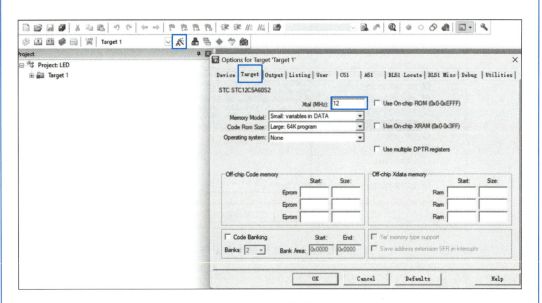

图 1 - 36　设置晶振

单击"Output"选项卡，勾选"Create HEX File"复选框，创建 HEX 文件，如图 1 - 37 所示。

（5）新建源程序文件

执行"File"→"New"命令，新建文件，如图 1 - 38 所示。

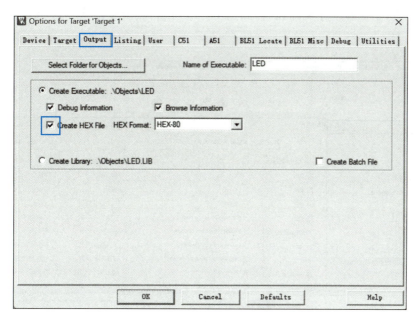

图 1‑37　创建 HEX 文件

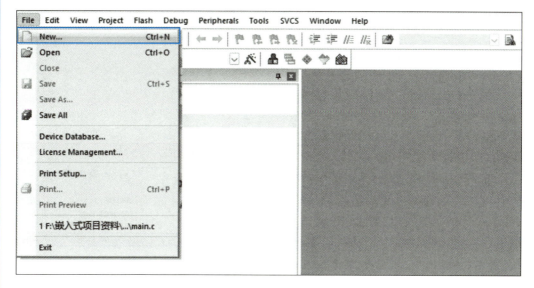

图 1‑38　新建文件

（6）保存源程序文件

执行"File"→"Save"命令，保存文件，文件名为"LED.c"，扩展名".c"一定要添加，如图 1‑39 所示。

（7）添加源程序文件到组

在"Project"列表区中，右击"Source Group"，选择"Add Existing Files to Group 'Source Group 1'"，或双击"Source Group"，在弹出的对话框中选择"LED.c"文件，单

击"Add"按钮,添加源程序文件到组,如图 1 - 40 所示,然后单击"Close"按钮,关闭对话框即可。

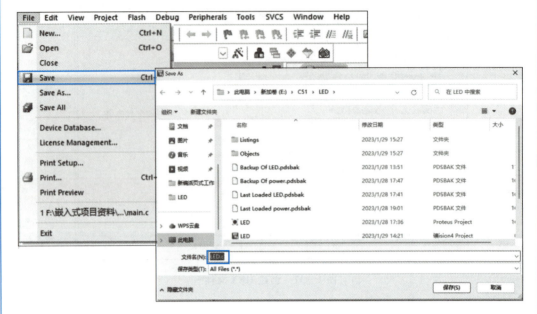

图 1 - 39　保存源程序文件

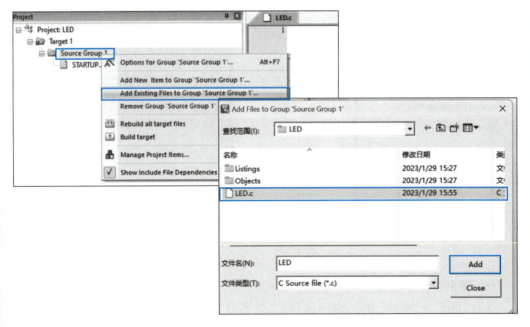

图 1 - 40　添加源程序文件到组

（8）编写源程序

在"LED.c"文件代码编辑区中编写源程序,如图 1 - 41 所示。

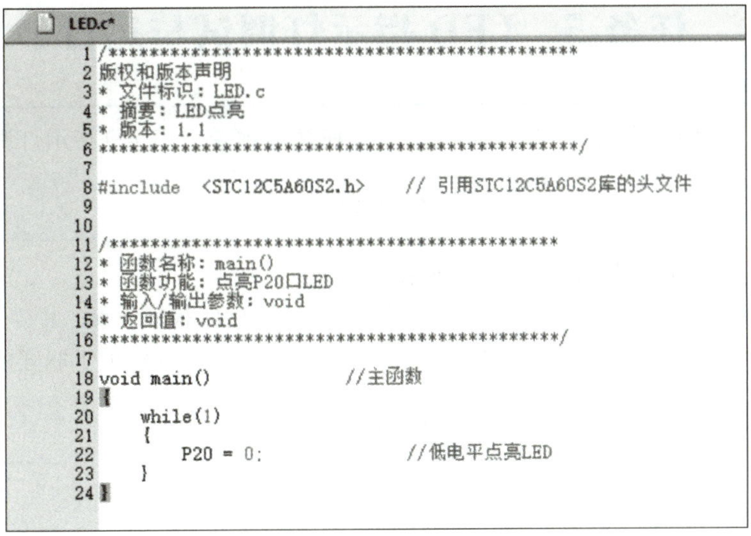

```
LED.c*
/*************************************************
版权和版本声明
* 文件标识: LED.c
* 摘要: LED点亮
* 版本: 1.1
*************************************************/

#include  <STC12C5A60S2.h>     // 引用STC12C5A60S2库的头文件


/**********************************************
* 函数名称: main()
* 函数功能: 点亮P20口LED
* 输入/输出参数: void
* 返回值: void
**********************************************/

void main()              //主函数
{
    while(1)
    {
        P20 = 0;             //低电平点亮LED
    }
}
```

图 1－41　编写源程序

(9) 编译，生成 HEX 文件

在窗口工具栏中单击编译按钮“ ”，进行编译，生成 HEX 文件，如图 1－42 所示。

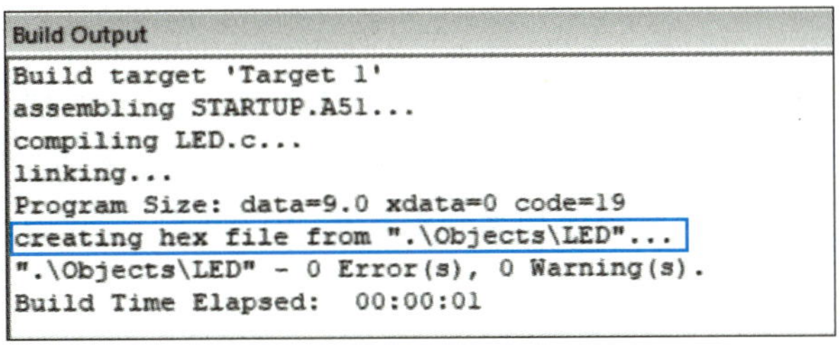

```
Build Output
Build target 'Target 1'
assembling STARTUP.A51...
compiling LED.c...
linking...
Program Size: data=9.0 xdata=0 code=19
creating hex file from ".\Objects\LED"...
".\Objects\LED" - 0 Error(s), 0 Warning(s).
Build Time Elapsed:  00:00:01
```

图 1－42　编译，生成 HEX 文件

四、绘制项目创建流程

根据前面的操作过程，总结归纳并绘制 Keil 软件项目创建流程。

总结与反思

任务5   LED 指示灯调试与运行

项目名称	LED 指示灯设计与实现	任务名称	LED 指示灯调试与运行

任务目标

1. 能使用常用仪器工具进行电路调试。
2. 能利用程序下载器、集成开发环境完成 51 单片机的程序下载。
3. 培养爱护设备、安全操作、遵守规程、执行工艺、认真严谨、忠于职守的职业操守。

任务要求

1. 使用 Keil 软件与 Proteus 仿真软件完成联合仿真调试。
2. 使用开发板完成硬件调试。
3. 使用 Keil 软件完成软件调试。

任务实施

一、联合仿真调试

1. 程序加载

打开用 Proteus 仿真软件绘制的仿真电路图,右击图中元件"U1"(单片机),弹出"Edit Component"对话框,在对话框中,单击"Program File"选项右侧的打开按钮"🖼",打开 Keil 软件产生的 HEX 文件,将程序加载到单片机 AT89C52 芯片中,如图 1-43 所示。

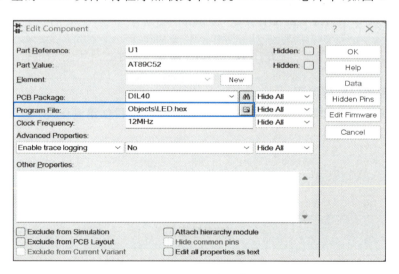

图 1-43   程序加载

2. 仿真运行

单击仿真运行开始按钮"▐▶",发光二极管将按照程序的设定点亮。观察到 P2.0 端口的电平变化,红色代表高电平,蓝色代表低电平,如图 1 - 44 所示。

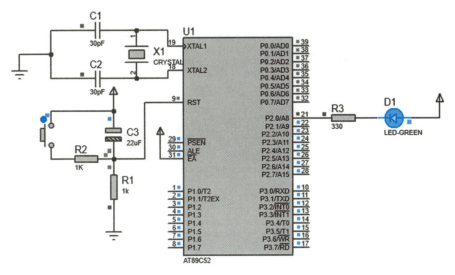

图 1 - 44 仿真运行效果

二、硬件调试

1. 在 STC 数据官网下载 STC - ISP 软件。

2. 将开发板用 USB 数据线连接到计算机。

3. 将程序下载到开发板,具体步骤如下:

(1) 启动 STC - ISP 软件,在 STC - ISP 软件窗口中选择"单片机型号"为"STC12C5A60S2",如图 1 - 45 所示。

微课:开发板
程序下载

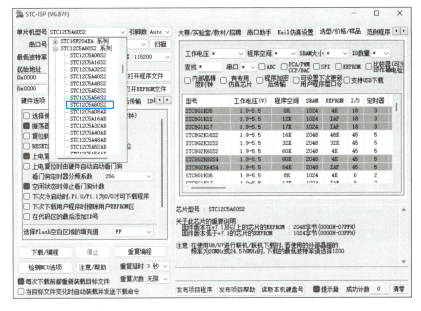

图 1 - 45 选择"单片机型号"

（2）选择"串口号"，如图 1-46 所示。

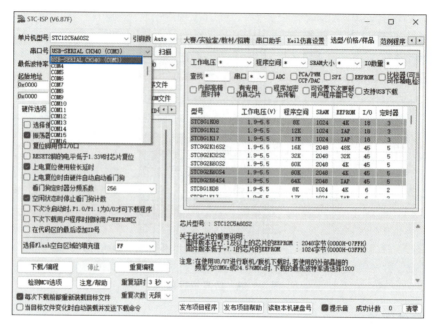

图 1-46　选择"串口号"

（3）单击"打开程序文件"按钮，加载 HEX 文件，如图 1-47 所示。

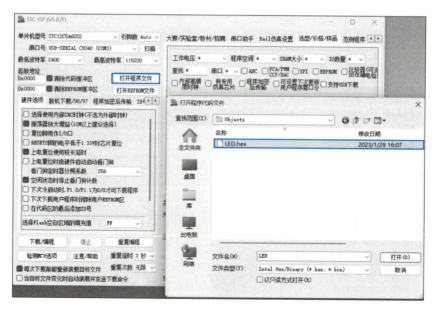

图 1-47　打开 HEX 文件

（4）单击"下载/编程"按钮，进入"正在检测目标单片机"状态，此时进行冷启动，即电源开关断电再上电，系统进入程序下载，如图 1-48 所示。

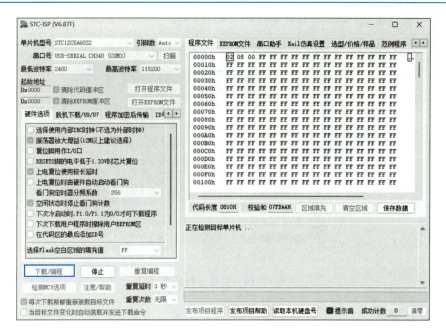

图 1-48　程序下载

程序下载信息提示如图 1-49 所示。

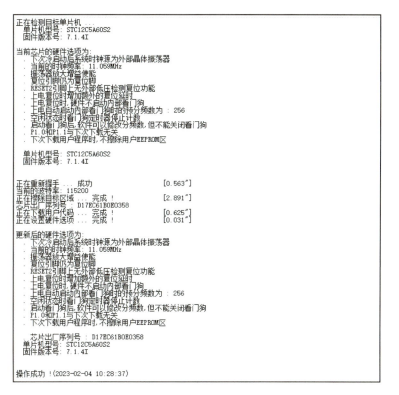

图 1-49　程序下载信息提示

程序下载完成后,实物运行效果如图 1 - 50 所示。

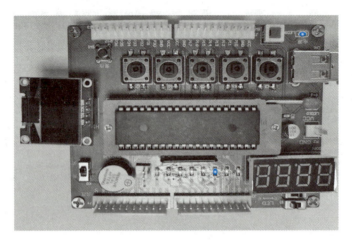

图 1 - 50   实物运行效果

三、软件调试

程序仿真是单片机编程中的重要手段,通过 Keil 软件仿真,可以观察单片机内寄存器值的变化,输入/输出端口的变化,串口、定时器/计数器的情况以及中断状态等。

1. 设置仿真参数

单击"魔术棒"按钮,选择"Debug"选项卡,选中"Use Simulator",如图 1 - 51 所示。

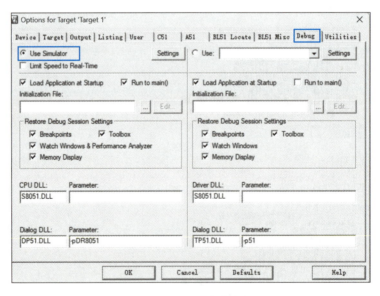

图 1 - 51   设置仿真参数

2. 进入调试窗口

执行"Debug"→"Start/Stop Debug"→"Session"命令或单击窗口工具栏的仿真调试按钮"🔍",Keil 软件调试界面如图 1 - 52 所示。

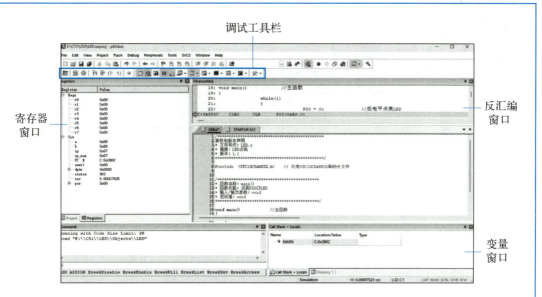

图 1 - 52　Keil 软件调试界面

调试选项功能见表 1-11。

表 1 - 11　调试选项功能表

调试选项	名　　称	功　　能
RST	Reset	程序复位,重新运行
	Run	运行程序
	Stop	停止运行
	Step	单步运行:运行当前行代码(若为函数进入函数)
	Step Over	运行至下一行代码(若为函数会将函数执行完毕)
	Step Out	运行到当前函数退出
	Run to Cursor Line	运行到光标所在行
	Show Next Statement	跳转到当前代码

3. 单步调试,观察 I/O 接口状态

执行"Peripherals"→"I/O - Ports"命令,选择"Port 2",打开"Parallel Port 2"端口面板,如图 1-53 所示,面板中端口(位)为"√"的为高电平(**1**),否则为低电平(**0**)。

单击调试工具栏中的单步运行按钮" 　 ",执行"P20=0;"语句,可观察到 P2.0 端口的变化,由高电平变到低电平,如图 1-54 所示。

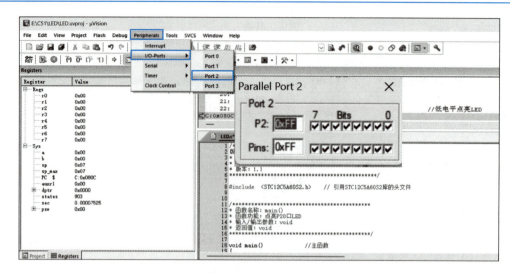

图 1-53 打开"Parallel Port 2"端口面板

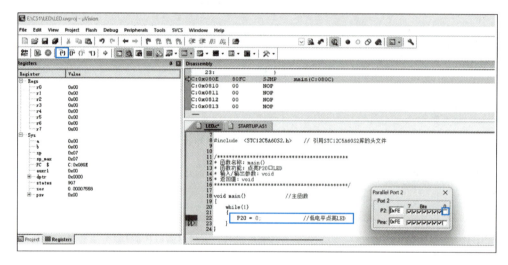

图 1-54 观察 I/O 接口状态

调试记录

总结与反思

项目考核

项目名称	LED 指示灯设计与实现			
考核方式	过程＋结果评价			
考核内容与评价标准				
序号	评分项目	评 分 细 则	分值	得分	评分方式
1	职业素养	安全用电	2		过程评分
		环境清洁	2		
		操作规范	3		
		团队合作与职业岗位要求	3		
2	电路图设计	电路图符合设计要求	20		结果评分
3	程序设计与开发	开发环境搭建	10		过程评分
		项目工程创建	10		
		源代码编写	20		
		程序编译与下载	10		
		仿真联调与运行	10		
4	任务与功能验证	LED 点亮与熄灭控制	10		结果评分
总结与反思				

项目拓展

项目名称	LED 指示灯设计与实现

拓展应用

1. 修改源程序,使 8 个发光二极管按照下面的形式发光。

   P1 口引脚:　　　　P1.7　P1.6　P1.5　P1.4　P1.3　P1.2　P1.1　P1.0

   对应灯的状态:　　 ○　　●　　○　　●　　●　　○　　●　　●

   注:●表示熄灭,○表示点亮。

2. 若发光二极管接成共阴极型,试修改程序并调试。

习题

单选题:

1. 单片机是将( )做到一块集成电路芯片中。

A. CPU、RAM、ROM   　　　　　　　B. CPU、I/O 设备

C. CPU、RAM   　　　　　D. CPU、RAM、ROM、I/O 设备

2. 51 单片机的 CPU 是( )位。

A. 16　　　　　　　B. 4　　　　　　　　C. 8　　　　　　　　D. 准 16

3. 51 单片机如果晶体振荡频率为 6 MHz,则时钟周期为( )。

A. 1/6 μs　　　　　B. 1 μs　　　　　　C. 1/3 μs　　　　　D. 2 μs

4. 51 单片机地址总线的位数是( )。

A. 8 位　　　　　　B. 10 位　　　　　　C. 12 位　　　　　　D. 16 位

5. 访问外部存储器或其他接口芯片时,用作数据线和低 8 位地址线的是( )。

A. P0 口　　　　　　B. P1 口　　　　　　C. P2 口　　　　　　D. P0 口和 P2 口

6. 51 单片机的 P3 口可以用作( )。

A. 输出　　　　　　B. 输入　　　　　　C. 地址、数据　　　　D. 第二功能

7. 使用 C 语言开发时,为了提高程序可读性,重要和难懂的地方都应( )。

A. /*注释*/　　　　B. /*大写*/　　　　C. /*注释//　　　　D. /*大写//

8. 51 单片机的内部位寻址区的 RAM 单元是( )。

A. 00H—7FH   　　　　　B. 80H—FFH

C. 00H—1FH   　　　　　D. 20H—2FH

9. 当 80C51 不执行外部数据存储器读/写操作时,ALE 端的频率为单片机时钟频率的( )。

A. 1/1　　　　　　B. 1/4　　　　　　C. 1/6　　　　　　D. 1/12

10. 一个现代编译器的主要工作流程如下:源程序→预处理器→( )→汇编程序→( )→连接器→( )。( )

(1) 编译器;(2) 可执行程序;(3) 目标程序

A. (2)(3)(1)   B. (1)(3)(2)   C. (3)(2)(1)   D. (3)(1)(2)

拓展视角

国产芯片与民族自信

国产芯片是指由中国公司研发和生产的芯片,包括集成电路芯片、微处理器、存储器芯片等各种类型。近年来,中国在技术创新和产业升级方面取得了显著的进展,其中包括了自主研发和生产国产芯片。由于芯片是现代科技产业中的关键元件,因此国产芯片的发展被视为中国科技实力的重要体现,也是国家实现科技自主创新和经济发展的关键之一。

发展国产芯片不仅有利于提升中国在技术创新和产业升级方面的地位,也能够提高中国企业在全球市场中的竞争力,同时也有利于缓解中国对外国芯片的依赖程度,确保国家的信息安全和经济安全。近年来,中国政府和企业大力发展国产芯片产业,旨在提高国家自主创新能力和核心竞争力,减少对进口芯片的依赖。国产芯片,如华为自主研发的麒麟芯片、紫光展锐的手机芯片等,在技术水平和市场份额方面已经取得了一定的进展。然而,与国际领先企业相比,中国的芯片产业还存在技术水平相对较弱、生产能力不足、市场占有率较低等问题,需要继续努力和发展。随着中国经济的快速发展和国家对高科技产业的重视,中国的芯片产业将会得到更多的政策支持和投资。同时,随着人工智能、物联网、5G 等技术的迅速发展,对芯片的需求也将越来越大。中国的芯片产业会在未来发挥越来越重要的作用,成为支撑国家经济发展和国际竞争力的重要产业之一,国产芯片在未来会有很大的发展潜力。

国产芯片的发展不仅是技术进步的体现,也是民族自信的表现。在未来的发展中,需要继续加强科技创新和人才培养,推动国产芯片向更高水平迈进,为中国科技创新和产业升级做出更大的贡献。

项目2 LED 动感灯箱设计与实现

项目导入

在日常生活中处处可见形式多样的 LED 动感灯箱,与传统广告灯箱相比,LED 动感灯箱具有灵活编辑、个性化动态显示等优点。LED 动感灯箱可用多个 LED 在物理空间上排布成各种形状,再由单片机编程控制灯光变化的快慢、强弱等,使灯箱画面产生个性化的动态效果。动感灯箱广泛应用于大型展览项目或展览活动,商场、银行、酒店等的墙面装饰、宣传,以及机场、地铁、车站、公交车站等的广告,如图 2−1 所示。

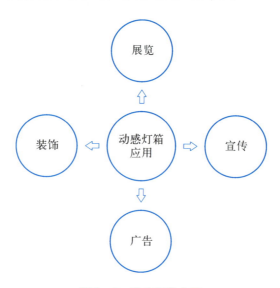

图 2−1　动感灯箱应用

本项目具体任务是 LED 动感灯箱控制系统的设计与实现,以 51 单片机为主控芯片,外接多个 LED 组成创意动感灯箱电路,通过编程实现多个 LED 的动态、个性化显示。

项目目标

素质目标

1. 通过需求分析、设计与制作等任务,培养学生自主学习能力、规范意识、安全意识。
2. 通过动感灯箱的创意设计,培养勇于探索和开拓创新的科学精神。

知识目标

1. 能说出 51 单片机并行输入输出(I/O)接口的结构和功能。
2. 能解释单片机的时钟和时序。
3. 能运用 C 语言基本语句,以及循环语句 while、do-while、for 的语法特点和区别。
4. 能编写延时程序设计。

能力目标

1. 能应用 51 单片机的并行输入输出(I/O)接口。
2. 能编写 51 单片机控制多路 LED 灯组合的驱动程序。
3. 能设计、制作与调试 LED 动感灯箱控制系统。

项目实施

任务 1   LED 动感灯箱需求分析

项目名称	LED 动感灯箱设计与实现	任务名称	LED 动感灯箱需求分析

任务目标
1. 能概述 LED 产品的应用领域及产品特点、工作原理。 2. 能应用 51 单片机并行输入输出(I/O)接口。 3. 培养自主学习能力,激发科技创新意识。

任务要求
1. 分组收集并整理 LED 动感灯箱应用资料,撰写调查报告,制作汇报 PPT。 2. 自主学习 51 单片机并行输入输出(I/O)接口。

知识链接

知识点 1   并行输入输出(I/O)接口

微课:并行输入输出(I/O)接口

并行输入输出接口,简称 I/O 接口,又称为 I/O 端口,是单片机与其他外围设备和电路进行信息交换和控制的桥梁。I/O 接口可以实现和不同外设的速度匹配,以提高 CPU 的工作效率,可以改变数据的传送方式。I/O 接口是单片机与外界的接口,可以作为数据口,对外部存储器进行读写;可以作为控制口,输出控制指令,如电机控制、继电器控制等;可以作为人机交互,如液晶显示、键盘输入、传感器采集输入等。典型的 51 单片机有 4 个双向 8 位 I/O 接口,分别记作 P0、P1、P2、P3,均由锁存器、输入缓冲器/输出驱动器所组成。P0、P1、P2、P3 口的位结构如图 2-2 所示。

1. P0 口

P0 口是一个 8 位(P0.0～P0.7)漏极开路型双向三态 I/O 接口,内部不带上拉电阻,通常作输出使用时,需要外接上拉电阻。在访问外部程序和外部数据存储器时,P0 口是分时转换的地址(低 8 位)/数据总线。其位结构如图 2-2(a)所示,其中包含 1 个输出锁存器、2 个三态缓冲器、1 个输出驱动电路和 1 个输出控制电路。输出驱动电路由 2 个场效应晶体管 VT1 和 VT2 组成,其工作状态受输出控制电路的控制。输出控制电路包括一个与门、一个反相器和模拟转换开关 MUX。模拟转换开关的位置由来自 CPU 的控制信号决定。当控制信号为低电平时,它把输出级与锁存器的 Q 端接通。同时,因为与门输出为低电平,输出级中的场效应晶体管 VT1 处于截止状态,输出数据可以得到锁

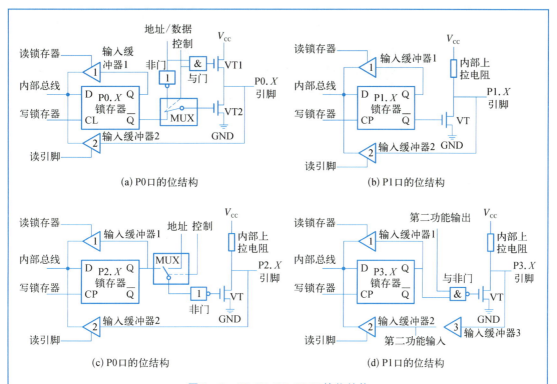

(a) P0 口的位结构

(b) P1 口的位结构

(c) P0 口的位结构

(d) P1 口的位结构

图 2－2　P0、P1、P2、P3 口的位结构

存,不需外接专用锁存器;输入数据可以得到缓冲,增加了数据输入的可靠性。每个引脚可驱动 8 个 TTL 负载。

当 P0 口作为地址/数据总线分时使用时,由控制信号控制模拟转换开关来实现。当模拟转换开关置于下方时,P0 口作通用的 I/O 接口使用,作用和 P1 口相同;当 P0 口作为地址总线口使用时,模拟转换开关在 CPU 的控制下置于上方,从而在 P0 口的引脚上输出地址(A0~A3/D0~D3)。

2. P1 口

P1 口是一个带内部上拉电阻的 8 位准双向通用 I/O 接口,通常在使用时不需要外接上拉电阻,能驱动 4 个 TTL 负载,作输入口用时须先将端口置 **1**。其位结构如图 2-2(b)所示。

3. P2 口

P2 口是一个带内部上拉电阻的 8 位准双向 I/O 接口,能驱动 4 个 TTL 负载,作输入口用时须先将端口置 **1**。在访问外部程序和 16 位外部数据存储器时,P2 口输出高 8 位地址。其位结构如图 2-2(c)所示。P2 口可以作为通用 I/O 接口使用,外接 I/O 设备;也可以作为扩展系统时的地址总线口(输出高 8 位地址),由控制信号控制模拟转换开关来实现。

4. P3 口

P3 口是一个带内部上拉电阻的 8 位双功能 I/O 口,能驱动 4 个 TTL 负载,作输入用时须先将端口置 **1**。P3 口还具有第二功能,见表 2-1,用于特殊信号输入/输出和控制信号,具体应用将在后续项目中详细说明。其位结构如图 2-2(d)所示。当它作为第一功能口(通用的 I/O 接口)使用时,工作原理与 P1 口和 P2 口类似,但第二输出功能端保持为高电平,使与非门对锁存器输出端(Q 端)是畅通的(与非门的输出只取决于 Q 端的状态)。

表 2-1　P3 口的第二功能

引　脚	第　二　功　能	引　脚	第　二　功　能
P3.0	RXD 串行输入口	P3.4	T0 定时计数器 0
P3.1	TXD 串行输出口	P3.5	T1 定时计数器 1
P3.2	$\overline{\text{INT0}}$外部中断 0(低电平有效)	P3.6	$\overline{\text{WR}}$外部数据存储器写选通(低电平有效)
P3.3	$\overline{\text{INT1}}$外部中断 1(低电平有效)	P3.7	$\overline{\text{RD}}$外部数据存储器读选通(低电平有效)

不管是作通用输入口还是第二功能输入口,P3 口相应位的锁存器和第二输出功能端都必须为 1。

小提示

1. 三态:三态指高电平状态、低电平状态、高阻状态(即悬空)。

2. 上拉电阻和下拉电阻:上拉电阻简单来说就是把电平拉高,通常用 $1\sim10$ kΩ 的电阻接到电源 V_{CC},上拉是对器件注入电流,即灌电流;下拉电阻则是把电平拉低,电阻接到地线 GND 上,下拉是从器件输出电流,即拉电流。

3. 准双向口:准双向口是指 P1、P2、P3 口有固定的内部上拉电阻,当用作输入口时电平被拉高,当外部电平拉低时(低电平),会拉电流(拉电流是电流从单片机往外输出),而 P0 口则是真双向口,因为作为输入口时,它是悬浮的。因此,P1、P2、P3 口作输入口用时须先将端口置 1。

4. 电平:数字电路中只有两种电平:高(1)和低(0)。电平高低取值与系统工作电压有关。

RS-232 电平:计算机的 RS-232C 串口采用的是负逻辑,即逻辑"1"为 -15 V$\sim$$-5$ V,逻辑"0"为 $5\sim15$ V。

CMOS 电平:逻辑"1"为 4.99 V,逻辑"0"为 0.01 V。

TTL 电平:逻辑"1"为 $3.5\sim5$ V,逻辑"0"为 $0\sim0.2$ V。

测一测

填空题:

1. P0~P3 口用作输入口时,均须先_____;用作输出口时,P0 口应_____。

2. 51 单片机的 P0~P3 口均是_____I/O 接口,其中的 P0 口和 P2 口除了可以进行数据的输入、输出外,通常还可以用来构建系统的_____和_____。

3. 三态缓冲寄存器输出端的"三态"是指_____状态、_____状态和_____状态。

任务实施

一、查阅资料,填写表 2-2

表 2-2　LED 动感灯箱产品调查表(不少于 5 个产品)

序号	产品名称	应用场景	产品特点	备　注
1				
2				
3				
4				
5				

二、查阅器件手册,填写表 2-3

表 2-3　STC12C5A60S2(PDIP40 封装)I/O 接口工作模式及适用 I/O 接口

序号	I/O 接口工作模式	适用 I/O 接口
1		
2		
3		
4		

三、完成调研报告及汇报 PPT

1. 调研内容:

LED 动感灯箱的应用场景及产品特点。

2. 调研方法:

问卷调查法、资料搜索、访谈、统计分析等。

3. 实施方式:

分组完成调查内容,编写调查报告,制作汇报 PPT。

总结与反思

任务2　LED动感灯箱系统方案设计

项目名称	LED动感灯箱设计与实现	任务名称	LED动感灯箱系统方案设计
任务目标			

1. 能应用51单片机的I/O接口。
2. 能应用CPU时序中的时钟周期、机器周期和指令周期。
3. 培养自主学习及团队协作意识,提高合作探究、解决问题的能力。

任务要求

设计个性化的LED动感灯箱,运用单片机的I/O接口作输出口,外接多个LED构成动感灯箱电路,通过编程实现动感灯箱效果。

知识链接

知识点2　CPU时序

微课:CPU
时序

CPU总是按照一定的时钟节拍与时序工作。CPU的时序是指CPU在执行指令过程中,CPU的控制器所发出的一系列特定的控制信号在时间上的相互关系。时序是用定时单位来说明的。常用的时序定时单位有时钟周期、状态周期、机器周期和指令周期。

一、时钟周期

时钟周期,也称为振荡周期,定义为时钟脉冲的倒数$\left(\text{可以这样来理解,时钟周期就}\right.$是单片机外接晶振的频率的倒数,例如,12 MHz的晶振的时间周期就是$\left.\dfrac{1}{12}\ \mu s\right)$,是51单片机中最基本的、最小的时间单位。

在51单片机中,把1个时钟周期定义为1个节拍(用P表示),2个节拍定义为1个状态周期(用S表示),如图2-3所示。

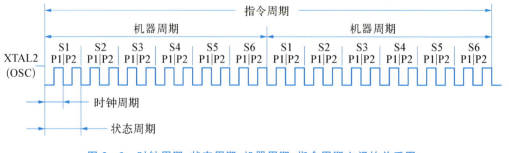

图2-3　时钟周期、状态周期、机器周期、指令周期之间的关系图

二、机器周期

在计算机中,为了便于管理,常把一条指令的执行过程划分为若干个阶段,每一阶段完成一项工作。例如,取指令、存储器读、存储器写等,这每一项工作称为一个基本操作。完成一个基本操作所需要的时间称为机器周期。一般情况下,51单片机采用定时控制方式,因此,它有固定的机器周期。51单片机的机器周期由6个状态周期组成,也就是说1个机器周期＝6个状态周期＝12个时钟周期。如图2-3所示,1个机器周期的宽度为6个状态周期,并依次表示为S1,S2,…,S6。由于1个状态周期又包括2个节拍,因此,1个机器周期总共有12个节拍,分别记作S1P1,S1P2,…,S6P2。由于1个机器周期共有12个振荡脉冲周期,因此机器周期就是振荡脉冲的12分频。当时钟频率为12 MHz时,机器周期为1 μs;当时钟频率为6 MHz时,机器周期为2 μs。

三、指令周期

执行一条指令所需要的时间称为指令周期。它一般由1～4个机器周期组成。不同的指令,所需要的机器周期数也不相同。通常分为3类:单机器周期指令、双机器周期指令和四机器周期指令。指令的运算速度与指令所包含的机器周期有关,机器周期数越少的指令执行速度越快。

例　51单片机的状态周期、机器周期、指令周期是如何分配的? 当晶振频率分别为6 MHz和12 MHz时,机器周期为多少?

解: 51单片机每个状态周期包含2个时钟周期,1个机器周期有6个状态周期,每条指令的执行时间(即指令周期)为1～4个机器周期。

当 $f=6$ MHz 时,时钟周期 $=\dfrac{1}{f}=\dfrac{1}{6}$ μs,机器周期 $=\dfrac{1}{6}\times 12$ μs $=2$ μs。

当 $f=12$ MHz 时,时钟周期 $=\dfrac{1}{f}=\dfrac{1}{12}$ μs,机器周期 $\dfrac{1}{12}\times 12$ μs $=1$ μs。

测一测

判断题:

(　　)1. 单片机的一个机器周期是指完成某一个规定操作所需的时间,一般情况下,一个机器周期等于一个时钟周期。

(　　)2. 单片机的指令周期是执行一条指令所需要的时间,一般由若干个机器周期组成。

(　　)3. CPU 的时钟周期为振荡器频率的倒数。

(　　)4. 当 8051 单片机的晶振频率为 12 MHz 时,ALE 地址锁存信号端输出的方脉冲的频率为 2 MHz。

(　　)5. 若单片机的晶振频率为 12 MHz,则 1 个机器周期等于 1 μs。

任务实施

一、根据产品设计要求,绘制硬件和软件系统设计框图

1. 硬件系统设计框图

2. 软件系统设计框图

二、填写系统资源 I/O 接口分配表

结合系统方案,完成系统资源 I/O 接口分配,填写到表 2-4 中。

表 2-4　系统资源 I/O 接口分配表

I/O 接口	引脚模式	使用功能	网络标号

总结与反思

任务 3 LED 动感灯箱电路设计

项目名称	LED 动感灯箱设计与实现	任务名称	LED 动感灯箱电路设计

任务目标

1. 学会多个 LED 的接口电路设计和单片机应用系统设计。
2. 能设计和应用 LED 接口驱动电路。
3. 培养勇于实践和勇于创新的科学精神。

任务要求

设计 LED 动感灯箱控制电路并使用 Proteus 仿真软件绘制仿真电路图。

知识链接

知识点 3 **LED 电路设计**

1. LED 阵列方式

动感灯箱中常常会使用多个 LED 组成不同的阵列，LED 阵列可采用串联、并联和串联、并联组合等方式，如图 2-4 所示。

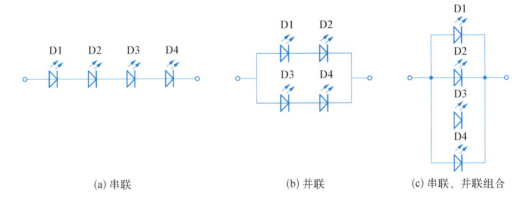

(a) 串联   (b) 并联   (c) 串联、并联组合

图 2-4 LED 阵列方式

实际应用时，需根据应用场景，综合考虑 LED 数量、LED 故障的影响、工作电压、LED 亮度，以及物理布局等因素，设计多个 LED 的最佳布局。

2. LED 驱动电路

LED 是电流驱动的非线性负载，使用单片机时，单片机引脚输出电流能力有限。一般 I/O 接口的电流不超过 20 mA，而 LED 正常工作时的电流一般为 10～20 mA，如果需要多个 LED 同时点亮，为保证其正常工作，需要外部驱动电路。

大多数 LED 所需的电流通常为 10～20 mA，每个 LED 发光（导通）时，都有正向压降约 1.8~2 V(红色)或 4 V(绿色),这是选择驱动源时要考虑的重要因素。通常可以使用电压源驱动 LED,使用限流电阻将电流保持在所需值;而更有效的方法是使用电流源,电流源类似于电压源,它输出电流而不是将电压调节到一个固定值,构建电流源其实并不比构建电压源更难,并且也有许多标准电流源芯片和模块可供选择。

（1）74HC245

74HC245 是一款常用的驱动芯片,主要作用是提高单片机 I/O 接口的驱动能力,主要应用于大屏显示及其他消费类电子产品中,增加驱动能力。74HC245 引脚排列如图 2-5 所示,74HC245 的引脚包括:输出使能端($\overline{OE}$),低电平有效;方向控制端(DIR),若 DIR=**1**,则 A→B,若 DIR=**1**,B→A;A 组输入输出接口(A0~A7),B 组输入输出接口(B0~B7);电源(VDD)和地(GND)。

（2）ULN2003

ULN2003 是大电流驱动阵列,其外形如图 2-6(a)所示。输入 5 V TTL 电平,输出可达 500 mA/50 V,可直接驱动 LED 灯、继电器、大数码管、电磁阀、伺服电机、步进电机等负载。

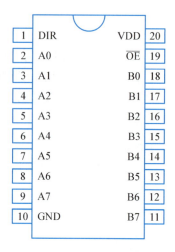

图 2-5　74HC245 引脚排列

(a) 外形

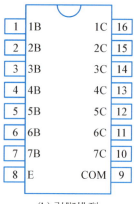

(b) 引脚排列

图 2-6　ULN2003

ULN2003 引脚排列如图 2-6(b)所示,其引脚 1—7 为信号输入端,依次对应的输出端为引脚 16—10,脚 8 为接地端,COM 引脚应该悬空或接驱动电源。在驱动继电器这种装置时,COM 引脚最好接上电源,以用来泄放继电器线圈的反向电动势。ULN2003 的输出结构是集电极开路的,通常单片机驱动 ULN2003 时,上拉 2 kΩ 的电阻较为合适。

知识点 4　电路图设计规范

1. 电路图设计的基本要求是:图纸清晰、准确、规范、易读。

2. 按统一的要求选择图纸幅面、图框格式,电路图中的图形符号、文字符号遵循国家标准。

3. 各功能块布局要合理,整个电路图要布局均衡。

4. 将各功能部分模块化(如单片机最小系统、电源、LED、键盘、A/D 转换、D/A 转换、显示等),各功能模块界线要清晰,便于读图。

5. 元件标号按功能块进行标记,元件明细表中不允许出现无型号的器件,相同型号的元件不允许采用不同的表示方法,元件参数要准确标记。

测一测

填空题:

1. 多个 LED 组成不同的阵列可采用_____、_____和_____组合方式。

2. 在使用 74HC245 时,_____引脚可以控制输出状态,_____引脚可以控制信号传输方向。

任务实施

一、仿真电路设计

自行设计 LED 创意图案,在 Proteus 仿真软件中绘制仿真电路图,单片机最小系统可省略。LED 动感灯箱参考仿真电路图如图 2-7 所示,由单片机最小系统、74HC245 及 LED 构成。单片机的 P0 口引脚 P0.0—P0.7 与 7 组 LED 的阳极连接,P1 口连接 74HC245 输入端,74HC245 输出端与 7 组 LED 的阴极连接。

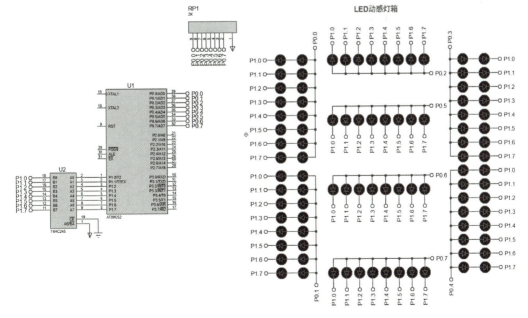

图 2-7　LED 动感灯箱参考仿真电路图

LED 动感灯箱参考仿真电路元件清单见表 2-5。

表 2-5　LED 动感灯箱参考仿真电路元件清单

元件名称	元件位号	参　数	规　格	Proteus 库元件名	作　用
单片机	U1	AT89C52	DIP40	AT89C52	核心芯片
发光二极管	D1		红色高亮	LED-RED	显示部件
总线驱动芯片	U2	74HC245		74HC245	LED 驱动
电阻器	R3	330 Ω	1/4W,金属膜电阻器		限流电阻
电阻器	RP1	2 kΩ		RESPACK8	上拉电阻

二、Proteus 仿真电路图绘制

1. 元件选择与放置

参考图 2-7,将各种需要的元件放置到电路编辑区适当的位置。

2. 元件连线

前面已经学习了在 Proteus 仿真软件中绘制仿真电路图的时候元件直接连线的方法,但是部分仿真电路图绘制时,常常会遇到元件的连线比较繁杂的情形,此种情形可采用快速标号连线,更简单、方便且直观。下面以本项目中 AT89C52 单片机与多个 LED 的连线为例,学习利用标签连线的方法。

(1) 放置终端标签

单击终端模式按钮,选择"DEFAULT"终端标签,放置到引脚旁,用线连接,如图 2-8 所示。

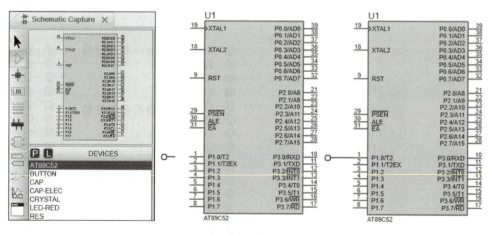

图 2-8　放置终端标签

(2) 编辑终端标签

双击添加的终端标签,弹出"Edit Terminal Label"(编辑终端标签)对话框,在"String"栏中编辑终端标签内容,单击"OK"按钮,如图 2-9 所示。

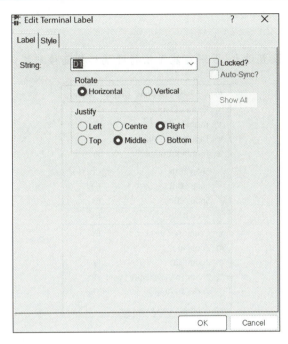

图 2-9　编辑终端标签

（3）批量添加标签

若需要放置的标签较多，且具有一定规律，可利用工具批量添加。方法是批量选择后，按快捷键 A，弹出"Property Assignment Tool"（属性赋值工具）对话框，更改字符串（String），并设置初值（Count）和增量（Increment）。

例如，对各个 LED 的引脚批量添加标签：在"String"栏中输入"NET=D#"，设置初"Count"为"1"（表示从 1 开始），"Increment"为"1"（表示递增量为 1），单击"OK"按钮，自动将多个引脚同时添加标签，如图 2-10 所示。

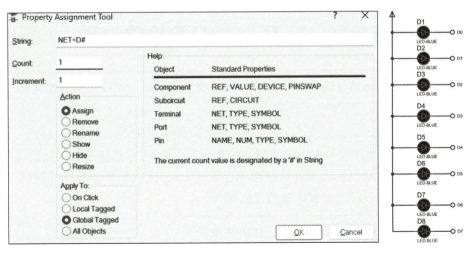

图 2-10　批量添加标签

小提示 🔍

不要把自动捕捉设置过大,否则可能无法将终端标签连接到端口上,如图2-11所示。

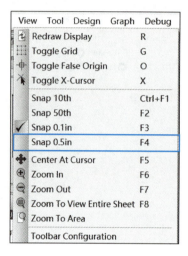

图 2-11　自动捕捉设置

总结与反思

任务4　LED动感灯箱软件设计

项目名称	LED动感灯箱设计与实现	任务名称	LED动感灯箱软件设计
任务目标			

1. 熟练应用C语言基本语句、数据类型、常量与变量、程序结构等基础知识。
2. 能够基于C语言的51单片机应用程序设计方法,完成单片机I/O外设的编程。
3. 培养代码编写规范、精益求精的工匠精神。

任务要求

根据LED动感灯箱的功能设计要求,设计程序流程图,编程实现动态变换效果。

知识链接

知识点 5　C 语言基本语句

微课：C 语言
基本语句

　　C 语言程序的执行部分由语句组成。语句是组成程序的基本单位,语句的有机组合能实现指定的计算处理功能。所有程序设计语言都提供了满足编写程序要求的一系列语句,它们都有确定的形式和功能。C 语言提供了丰富的程序控制语句,这些语句主要包括表达式语句、空语句、复合语句、控制语句和函数调用语句等。

　　1. 表达式语句

　　表达式语句是最基本的 C 语言语句。表达式语句由表达式加上分号";"组成,其一般形式如下:

　　　表达式;

　　执行表达式语句就是计算表达式的值。

　　2. 空语句

　　在 C 语言中,有一个特殊的表达式语句,称为空语句。空语句中只有一个分号";",其一般形式如下:

　　　;

　　程序执行空语句时需要占用一条指令的执行时间,但是什么也不做。在 C 语言程序中,常常把空语句作为循环体,用于消耗 CPU 时间以等待事件发生的场合。但是,在程序中随意加分号也会导致逻辑上的错误,需要慎用。

　　3. 复合语句

　　在 C 语言中,把多条语句用一对大括号括起来组成的语句称为复合语句。复合语句又称为"语句块",其一般形式如下:

```
{
    语句 1;
    语句 2;
    …;
    语句 n;
}
```

　　复合语句在程序运行时,"{}"中的各行单语句是顺序执行的。在 C 语言的函数中,函数体就是一个复合语句。复合语句虽然可由多条语句组成,但它是一个整体,相当于一条语句,凡可以使用单一语句的位置都可以使用复合语句。在复合语句内,不仅可以有执行语句,还可以有变量定义(或说明)语句。

4. 控制语句

控制语句用于控制程序的流程,以实现程序的各种结构方式。它们由特定的语句定义符组成。C 语言中有 9 种控制语句,可分成以下三类:

① 条件判断语句:if 语句、switch-case 语句;

② 循环执行语句:do-while 语句、while 语句、for 语句;

③ 转向语句:break 语句、continue 语句、return 语句等。

控制语句使用将在后续项目详细学习。

5. 函数调用语句

由函数名、实际参数加上分号";"组成。其一般形式为:

函数名(实际参数表);

例如:

```
delay(100);          //延时函数调用
```

知识点 6　C 语言程序的基本结构

"结构化程序设计"思想规定了一套方法,使程序具有合理的结构,以保证和验证程序的正确性。这种方法要求程序设计者要按照一定的结构形式来设计和编写程序。C 语言是一种结构化的编程语言,使程序具有良好的结构,使程序易于设计、易于理解、易于调试及修改,以提高设计和维护程序的效率。C 语言的基本单元是模块,它一般只有一个入口和一个出口。结构化语言是由若干模块组成的,每个模块中包含有若干的结构,按照"结构化程序设计"思想规定了以下 3 种基本结构作为程序的基本单元:顺序结构、选择结构(分支结构)和循环结构,如图 2-12 所示,组成各种复杂程序。

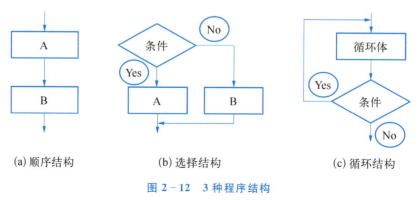

(a)顺序结构　　　(b)选择结构　　　(c)循环结构

图 2-12　3 种程序结构

1. 顺序结构

顺序结构中的各块是只能顺序执行的,如图 2 - 12(a)所示。

2. 选择结构

在处理实际问题时,顺序结构的程序虽然能解决计算、输出等问题,但不能判断后再选择。对于要先判断再选择的问题就要使用选择结构。选择结构的执行是依据一定的条件选择执行路径,而不是严格按照语句出现的物理顺序。选择结构程序设计方法的关键在于构造合适的分支条件和分析程序流程,根据不同的程序流程选择适当的分支语句。如图 2 - 12(b)所示,根据给定的条件是否满足执行 A 块或 B 块。C 语言的选择语句主要有 if 语句和 switch-case 语句。

3. 循环结构

在不少实际问题中,有许多具有规律性的重复操作,在程序中就需要重复执行某些语句,采用循环结构可以减少源程序中重复书写的工作量。循环结构用来描述重复执行某段算法的问题,一组被重复执行的语句称之为循环体,能否继续重复,决定于循环的终止条件。循环结构是由循环体及循环的条件两部分组成的,如图 2 - 12(c)所示。

循环结构分当型循环和直到型循环。当型循环在每次执行循环体前先对条件进行判断,当条件满足时,再执行循环体,不满足时则停止,如图 2 - 13(a)所示。直到型循环则先在执行了一次循环体之后,再对条件进行判断,当条件满足时执行循环体,不满足时则停止,如图 2 - 13(b)所示。

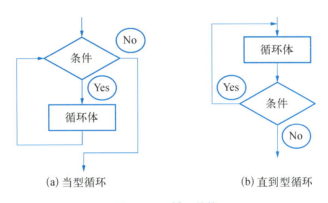

(a) 当型循环　　　　　　　　(b) 直到型循环

图 2 - 13　循环结构

两种循环结构的区别就在于当型循环是先判断,后执行循环体,直到型循环是先执行一次循环体,然后再判断是否继续循环;当型循环是在条件满足时才执行循环体,而直到型循环是在条件不满足时才执行循环体。

知识点 7　循环语句

C 语言常用的有 for 循环语句、while 循环语句和 do-while 循环语句 3 种循环语句。

1. for 循环语句

在 C 语言中,for 循环是当型循环,for 循环可以用于循环次数已定的情

微课:循环
语句

况,也可以用于循环次数不定的情况。for 循环语句的一般形式为:

```
for([循环变量赋初值表达式];[循环条件表达式];[循环变量增值表达式])
{
    循环体语句组;
}
```

for 循环语句执行过程如图 2-14 所示。

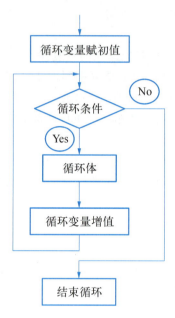

图 2-14 for 循环语句执行过程

执行步骤如下:

(1) 求解循环变量赋初值表达式。

(2) 求解循环条件表达式。如果其值非 **0**,执行(3);否则,转至(4)。

(3) 执行循环体语句组,并求解循环变量增值表达式,然后转向(2)。

(4) 执行 for 循环语句的下一条语句。

例 用 for 循环语句实现执行 255 次空操作。

```
void Delay()                 //延时函数
{
    unsigned char i;         //定义变量
    for(i=0;i<255;i++)       //给定循环变量初值;循环条件;循环变量增值
                             //表达式

    {
```

```
            ;              //空操作
        }                  //循环体
    }
```

小提示 🔍

（1）"循环变量赋初值""循环条件"和"循环变量增值"部分均可缺省，甚至可以全部缺省，但其间的分号不能省略。全部缺省时，即 for(;;)，为无限循环。

（2）当循环体语句组仅由一条语句构成时，可以不使用复合语句形式，如上例所示。

（3）循环变量赋初值表达式，既可以是给循环变量赋初值的赋值表达式，也可以是与此无关的其他表达式（如逗号表达式）。

（4）循环条件部分是一个逻辑量，除一般的关系（或逻辑）表达式外，也允许是数值（或字符）表达式。

（5）对于要求循环次数超过变量定义的数据范围，这时就要采用多重循环嵌套的方法来实现，因此，循环嵌套的方法常用于达到任意次的循环次数。

例　用 for 循环语句实现执行 10 000 次空操作。

```
void Delay()                //延时函数
{
    unsigned char i,j;
    for(i=250;i>0;i——)      //外循环
    for(j=20;j>0;j——)       //内循环
    ;                       //空语句,空操作
}
```

2. while 循环语句

while 循环是当型循环。while 循环语句由循环条件、循环体 2 个部分组成。while 循环语句的一般形式为：

```
while(循环条件表达式)
{
    循环体语句组；
}
```

while 循环语句的特点是，循环条件处于循环体的开头，要想执行重复操作，必须进行循环条件测试，如果循环条件不成立，则循环体内的语句一次也不被执行。

while 循环语句执行过程如图 2-15 所示。首先判断循环条件表达式，当表达式的值为真（非 **0**）时，反复执行循环体；为假（**0**）时，则会退出循环，执行循环体外面的语句。

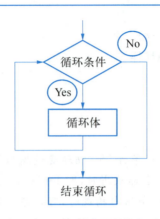

图 2 - 15　while 循环语句执行过程

小提示 🔍

（1）while 循环语句是先判断，后执行循环体。如果循环条件一开始不成立（循环条件表达式为假），则循环体一次都不执行。

（2）循环体中必须有改变循环条件的语句，否则循环不能终止，形成无限循环。

（3）循环体为多条语句时，必须采用复合语句。

（4）当循环条件总为真时，如 while(1)，循环语句的循环条件表达式为常量 1，非 **0** 即为"真"，因此一直执行循环体，无法跳出，为无限循环。

例　用 while 循环语句实现执行 255 次空操作。

```
void Delay()              //延时函数
{
    unsigned char i=255;    //定义变量
    while(i！=0)             //循环条件
    {
        i－－;                //循环体
    }
}
```

3. do-while 循环语句

在程序当中，有时需要循环条件不为真时也执行一次语句。这样就不能用 while 循环语句了。C 语言中为了应对这种要求而提供了 do-while 循环语句。do-while 循环是直到型循环。do-while 循环语句的一般形式如下：

```
do
{
```

```
        循环体语句组;
    }
    while(循环条件表达式);
```

　　do-while 循环语句执行过程如图 2-16 所示。首先执行循环体内语句,再执行循环条件表达式。如果表达式结果为真(**1**),则继续循环,并再一次执行循环体内语句。只有当表达式为假时,才会终止循环。

图 2-16 do-while 循环语句过程

　　例 用 do-while 循环语句实现执行 255 次空操作。

```
void Delay()                    //延时函数
{
    unsigned char i=255;        //定义变量
    do
    {
        i——;
    }
    while(i! =0);               //循环
}
```

知识点 8　**数据类型**

　　数据是计算机操作的对象,具有一定格式的数字或数值称为数据,数据的不同格式称为数据类型。C 语言的数据类型可以分为基本数据类型、构造数据类型、指针类型和空类型 4 类,见表 2-6。

表 2 - 6　数据类型

数据类型	名　　称	长　度	取　值　范　围
unsigned char	无符号字符型	8 位	0～255
signed char	有符号字符型	8 位	-128～127
unsigned int	无符号整型	16 位	0～65 535
signed int	有符号整型	16 位	-32 768～32 767
unsigned long	无符号长整型	32 位	0～4 294 967 295
signed long	有符号长整型	32 位	-2 147 483 648～2 147 483 648
float	浮点型	32 位	±1.175 494E-38～±3.402 823E+38
*	指针型	8～24 位	对象的地址
bit	位类型	1 位	**0 或 1**
sfr	特殊功能寄存器	8 位	0～255
sfr16	16 位特殊功能寄存器	16 位	0～65 535

知识点 9　基本运算符

　　运算符就是完成某种特定运算的符号。表达式则是由运算符及运算对象所组成的具有特定含义的式子。C 语言是一种表达式语言,表达式后面加分号";"就构成了一个表达式语句。C 语言的基本运算符包括算术运算、关系运算、逻辑运算、位运算、赋值运算等,见表 2 - 7。

表 2 - 7　基本运算符

运　算　符　名　称	运　　算　　符
算术运算符	+、-、*、/、%、++、--
关系运算符	<、<=、>、>=、==、!=
逻辑运算符	&&、||、!
位运算符	&、|、^、~、<<、>>
赋值运算符与复合赋值运算符	=、+=、-=、*=、/=、%=、&=、^=、|=、<<=、>>=
强制类型转换运算符	(类型标识符)
特殊运算符	[ ]、()、.、->
逗号运算符	,

知识点 10 **常量和变量**

1. 常量

常量是一种标识符,它的值在运行期间恒定不变。常量可以是数值型常量,也可以是符号常量。

数值型常量,即常说的常数,是在程序中直接引用的数据,如 0x8f、23、'a'、'good!'等。

符号常量是指用标识符来代表一个数据,符号常量在使用之前必须用编译预处理命令"♯ define"先进行宏定义。符号常量的定义形式为:

♯define 符号常量标识符 常量数据

例如:

```
♯define  LED  P0      //用 LED 表示 P0 口
♯define False 0x0;    //用预定义语句可以定义常量
♯define True 0x1;     //这里定义 False 为 0,True 为 1
```

尽量使用含义直观的常量来表示那些将在程序中多次出现的数字或字符串。常量的合理使用可以提高程序的可读性、可维护性。

2. 变量

变量就是一种在程序执行过程中其值能不断变化的量。使用变量时必须遵循"先定义,后使用"的原则。要在程序中使用变量必须先用标识符作为变量名,并指出所用的数据类型和存储模式,这样编译系统才能为变量分配相应的存储空间。定义一个变量的形式为:

[存储种类] 数据类型标识符 [存储器类型] 变量名表

除了数据类型标识符和变量名表是必要的,其他都是可选项。变量定义形式可简化为:

数据类型标识符 变量名 1[,变量名 2,变量名 3...];

例如:

```
unsigned int i,j ;
char c1,c2;
```

数据类型标识符为定义变量的数据类型,数据类型分为整型、实型、字符型等。存储类型有 4 种：自动(auto)、外部(extern)、静态(static)和寄存器(register)，缺省类型为自动(auto)。这些存储类型的具体含义和用法，将在后续项目中学习。

知识点 11　函数

一、函数的分类与定义

每一个 C 语言程序都是一系列函数的集合。每个函数完成一定的功能。从 C 语言程序的结构上划分，C 语言的函数可以分为主函数 main() 和普通函数 2 种，而对于普通函数，又可以分为标准库函数和用户自定义函数。

1. 标准库函数

标准库函数是由 C 语言编译系统提供的库函数，在 C 语言编译系统中，将一些独立的功能模块编写成公用函数，并将它们集中存放在系统的函数库中，供程序设计时使用，称之为标准库函数。C 语言的强大功能及高效率的重要体现之一就在于其丰富的可直接调用的标准库函数，多使用标准库函数可以使程序代码简单、结构清晰、易于调试和维护。在 C 语言编译系统中，标准库函数存放在不同的头文件(也称标题文件)中，头文件中存放了关于这些函数的说明、类型和宏定义，而对应的功能函数则存放在运行库(lib 文件)中。例如：

absacc.h——包含允许直接访问 51 单片机不同存储区的宏定义。

assert.h——定义 assert 宏，可以用来建立程序的测试条件。

ctype.h——字符转换和分类程序。

intins.h——包含指示编译器产生嵌入式固有代码的程序原型。

math.h——数学程序。

at89x51.h——定义 51 单片机的特殊寄存器。

at89x52.h——定义 52 单片机的特殊寄存器。

setjmp.h——定义 jmp_buf 类型和 setjmp、longjmp 程序原型。

stdarg.h——可变长度参数列表程序。

stdlib.h——存储器分配程序。

stdio.h——输入和输出程序。

string.h——字符转操作程序，缓冲区操作程序。

标准库函数是 C 语言编译系统中一种重要的软件资源，在程序设计中充分利用这些函数，常常会收到事半功倍的效果。所以，在学习 C 语言本身的同时，应逐步了解标准库中各种常用函数的功能和用法，避免重复编制这些函数。

使用时，在程序中用预编译指令定义与该函数相关的头文件就可以直接调用相应的标准库函数了，即在程序开始部分用如下形式定义：

```
＃include ＜头文件名＞          //引用标准头文件
```

或者

```
＃include "头文件名"            //用户自定义头文件
```

头文件中一般放一些重复使用的代码,如函数声明、变量声明、常数定义、宏定义等。头文件后缀为".h",当使用♯include 语句引用头文件时,相当于将头文件中的所有内容复制到♯include 处。为了避免因为重复引用而导致的编译错误,头文件常具有如下形式定义:

```
♯ifndef LABEL
♯define LABEL
        //代码部分
♯endif
```

其中,LABEL 为一个唯一的标识符,命名规则跟变量的命名规则一样。常根据它所在头文件的文件名来命名,例如,如果头文件的文件名叫作"hardware.h",那么可以使用如下定义:

```
♯ifndef _HARDWARE_H_
♯define _HARDWARE_H_
        //代码部分
♯endif
```

这样写的意思就是,如果没有定义_HARDWARE_H_,则定义_HARDWARE_H_,并编译下面的代码部分,直到遇到♯endif。这样,当重复引用时,由于_HARDWARE_H_已经被定义,则下面的代码部分就不会被编译了,这样就避免了重复定义。

2. 用户自定义函数

用户自定义函数是用户根据自己的需要而编写的函数。从函数定义的形式上可以将其分为无参数函数、有参数函数和空函数。函数定义部分包括函数名、函数类型、函数属性、函数参数(形式参数)名、参数类型等。函数体由 2 部分组成:函数内部变量定义和函数体其他语句。各函数的定义是独立的,函数的定义不能在另一个函数的内部。

下面以实现延时功能为例学习无参数函数和有参数函数的定义和调用。

(1)无参数函数

无参数函数被调用时,既无参数输入,也不返回结果给调用函数,它是为完成某种操作而编写的函数。无参函数的定义形式为:

```
函数类型标识符　函数名()
{
    变量类型说明;
    函数体;
}
```

函数类型标识符是指函数返回值的类型。如果函数的类型是 int 型,可以不写 int,int 为默认的函数返回值类型;如果函数没有返回值,应该将函数类型定义为 void 型(空类型)。大括号"{}"中的内容为函数体,在函数体中也有类型说明,是对函数体内部所用到的变量的类型说明。

例如:

```
void delay()                          //延时 1 s 程序
{
    unsigned int i,j;                 //定义变量
      for(i=1000;i>0;i——)
        for(j=115;j>0;j——);          //此处分号不可少,表示是一个空语句
}
```

每次调用 delay()函数,延时 1 s 时间。

(2) 有参数函数

有参数函数在被调用时,必须提供实际的输入参数,必须说明与实际参数一一对应的形式参数,并在函数结束时返回结果供调用它的函数使用。有参数函数的定义形式为:

```
函数类型标识符  函数名(形式参数表)
{
  变量类型说明;
  函数体;
}
```

在定义一个有参数函数时,函数名后面圆括号"()"中的变量名为形式参数,各参数之间用逗号间隔。在调用一个有参数函数时,函数名后面圆括号"()"中的表达式为实际参数。

例如:

```
/********************************
* 延时函数:delay(unsigned int xms)
* 函数功能:延时任意秒(xms)
* 输入/输出参数:xms(根据需要时间设定)
* 返回值:无
*********************************/
void delay( unsigned int xms)          //延时子函数,xms 是形式参数
{
```

```
        unsigned int i,j;              //定义变量
        for(i=xms;i>0;i——)            //i=xms,即延时 xms,xms 由实际参数
                                       //传入一个值
            for(j=115;j>0;j——);       //此处分号不可少,表示是一个空语句
    }


    /*******************************
    * 主函数：main(void)
    * 函数功能：闪烁灯
    * 输入/输出参数：无
    * 返回值：无
    *******************************/
    void main(void)                    //主函数
    {
        while(1)                       //死循环,无限循环
        {
            P1=0x00;                   //执行语句
            delay(1000);               //调用延时函数,调用时,实际参数 1000
                                       //传递给形式参数 xms

            P1=0xff;
            delay(1000);
        }
    }
```

小提示 🔍

(1) 函数名后必须跟一对圆括号"()",里面是函数的形式参数定义,这里 main()没有形式参数。delay(unsigned int xms)函数圆括号中的变量 xms 是这个函数的形式参数,其类型为 unsigned int。当这个函数被调用时,delay(1000)函数将实际参数 1000 传递给形式参数 xms,从而达到延时 1 s 的效果。

(2) 参数的书写要完整,不要贪图省事只写参数的类型而省略参数名。如果函数没有参数,则用 void 填充。例如:

```
    void SetValue(int width, int height);
```

(3) 函数名前面的函数类型是指函数返回值的类型。规定任何 C 语言函数都必须有类型。如果函数没有返回值,那么应声明为 void 型。

（4）由 C 语言编译器提供的函数一般称为标准函数，调用标准函数前，必须先在程序开始用文件包含命令"♯include"，将包含该标准函数说明的头文件包含进来。

（5）用户根据自己的需要编写的函数称为用户自定义函数。定义一个函数时，位于函数名后面圆括号中的变量名为形式参数，而在函数调用时，函数名后面圆括号中的表达式为实际参数，在没有调用函数时，函数的形式参数和函数内部的变量未被分配内存单元，即它们是不存在的。只有在发生函数调用时它才被分配内存单元，同时获得从实际参数传递过来的值。函数调用结束后，它所占用的内存单元也被释放。

（6）进行函数调用时，是将实际参数的值传递给被调用函数中的形式参数。为了完成正确的参数传递，实际参数的类型必须与形式参数的类型一致。

（7）函数只有两种传递方式：值传递和地址传递。值传递，又称单向传递，只能把实际参数值传给形式参数，形式参数最后的结果不影响实际参数（形式参数改变大小时，实际参数大小不变）；地址传递，是通过指针变量，把实际参数的地址给形式参数，形式参数的大小变化可以影响实际参数。

二、函数的调用

1. 函数调用的形式

函数调用的一般形式为：

> 函数名（实际参数列表）；

在一个函数中需要用到某个函数的功能时，就调用该函数。调用者称为主调函数，被调用者称为被调函数。

若被调函数是有参数函数，则主调函数必须把被调函数所需的参数传递给被调函数。传递给被调函数的数据称为实际参数（简称实参），必须与形式参数（简称形参）在数量、类型和顺序上都一致。实参可以是常量、变量和表达式，实参对形参的数据传递是单向的，即只能将实参传递给形参。

无参数函数调用时，实际参数列表可省略，但函数名后面必须有一对圆括号，圆括号内为空。

2. 对被调函数的声明

在一个函数中调用另一个函数必须具有以下条件：

（1）被调函数必须是已经存在的函数（标准库函数或用户自定义函数）。

（2）如果程序中使用了标准库函数，或使用了不在同一文件中另外的用户自定义函数，必须在程序的开头处使用♯include 语句，将相关函数信息包含到程序中。例如：

```
♯include〈stdio.h〉      //将标准输入输出头文件包含到程序中
♯include "delay.h"     //将用户自定义头文件包含到程序中
```

程序在编译时，系统自动将头文件中有关函数调入到程序中，编译出完善的程序代码。

（3）如果被调函数出现在主调函数之后，在调用被调函数之前，应对被调用函数进行声明。函数声明的一般形式有 2 种：

```
float add(float x, float y);
float add(float，float);
```

函数声明可以放在文件的开头，这时所有函数都可以使用此函数。
例如：

```
#include〈at89x52.h〉              //头文件
void delay( unsigned int xms);    //被调函数声明，xms 是形式参数
/**********************************************************/
void main(void)                   //主函数
{
        while(1)                  //无限循环
        {
          P1=0x00;                //执行语句
          delay(1000);            //主调函数，调用时，实际参数 1 000
                                  //传递给形式参数 xms
          P1=0xff;
          delay(1000);
        }
}
/**********************************************************/
void delay( unsigned int xms)     //延时子函数，xms 是形式参数
{
        unsigned int i,j;         //定义变量
        for(i=xms;i>0;i——)        //i=xms，即延时 xms，xms 由实际
                                  //参数传入一个值
                for(j=115;j>0;j——);  //此处分号不可少，表示是一个空语句
}
```

（4）如果被调函数出现在主调函数之前，不用对被调函数加以声明。因为 C 语言编译器在编译主调函数之前，已经预先知道已定义了被调函数的类型，并自动加以处理。这种函数调用方式存在的问题是，当程序中编写的函数较多时，若被调函数的位置放置不正确，则容易引起编译错误。

测一测

填空题：

1. C 语言程序有 3 种基本程序结构：顺序、_____、_____。

2. C 语言语句可以分为_____、_____、_____、_____和_____等 5 种类型。

3. 一个表达式要构成一个 C 语言语句，必须_____；复合语句是用一对_____ 界定的语句块。

4. C 语言中，3 种循环语句分别是_____语句、_____语句和_____语句。 至少执行一次循环体的循环语句是_____。

5. unsigned int 定义的变量取值范围是_____，unsigned char 定义的变量取值范围是_____。

任务实施

一、算法分析

（1）实现 LED 跑马灯效果

LED 跑马灯是一种常见的单片机应用，通过编程控制单片机 I/O 接口的状态，使 LED 按一定规律亮灭，形成流动的视觉效果。实现 LED 跑马灯效果的关键在于控制 I/O 接口的输出状态，使 LED 按一定规律亮灭。按图 2−7 所示仿真电路中的端口连接，可编程控制 P0.0—P0.7 输出高电平，P1.0—P1.7 轮流输出低电平即可。

（2）实现 LED 闪烁效果

发光二极管闪烁过程实际上就是发光二极管交替亮、灭的过程，单片机运行一条指令的时间只有几微秒，时间太短，眼睛无法分辨，看不到闪烁的效果。用单片机控制发光二极管闪烁时，需要增加一定的延时时间。实现 LED 闪烁效果首先要按 LED 的连接方式，确定是高电平点亮还是低电平点亮，然后延时控制 LED 的闪烁频率。在 51 单片机中，通常可以通过使用 delay 函数来实现延时。在每次延时后，改变 LED 的状态（即从亮变暗，或从暗变亮）。最后将上述步骤放入一个无限循环中，这样 LED 就会一直闪烁。

二、程序流程图绘制

根据算法分析绘制程序流程图。

三、项目创建及源程序编写

1. 启动 Keil 软件，创建项目：Lamphouse_学号.UVPROJ。

2. 对项目的属性进行设置：目标属性中，在"Output"选项卡勾选 "Create HEX File"复选框。

3. 编写源程序，文件命名为"Lamphouse_学号.c"，保存在项目文件夹中。

4. 编译，生成 HEX 文件。

文本：LED 动感灯箱参 考源程序

总结与反思

任务 5　LED 动感灯箱调试与运行

项目名称	LED 动感灯箱设计与实现	任务名称	LED 动感灯箱调试与运行
任务目标			
1.通过项目开发实践,能设计 LED 应用系统,了解及体验真实项目开发过程。 2.熟练使用常用仪器、工具,完成电路的焊接与调试。 3.培养爱护设备、安全操作、遵守规程、执行工艺、认真严谨、忠于职守的职业操守。			
任务要求			
1.使用 Keil 软件与 Proteus 仿真软件完成联合仿真调试。 2.焊接开发板并完成硬件调试。 3.制作 LED 动感灯箱。 4.完成软硬件联合调试。			
任务实施			

一、联合仿真调试

1.将 Keil 软件中编译程序产生的 HEX 文件加载到 Proteus 仿真软件的仿真电路图的单片机 AT89C52 芯片中。

2.单击仿真运行开始按钮“ ▶ ”,观察 LED 动感灯箱仿真效果。

二、开发板焊接与调试

1.焊接单片机最小系统。

2.焊接下载电路 CH341A 电路,然后进行下载测试。

3.焊接 LED 显示电路并测试。

4.依次焊接其余功能电路并测试。

文本:PCB 焊接流程规范

小提示 🔍

1. 通电之前,先用万用表检查各种电源线与地线之间是否有短路现象。

2. 然后给硬件系统通电,检查所有插座或器件的电源端电压是否为 5 V、接地端电压是否为 0 V。

3. 测试电路功能是否正常。

三、LED 动感灯箱电路焊接与调试

根据设计方案,使用万能板或定制的 PCB,按电路图及元件清单,完成电路焊接与调试。

四、软硬件联合调试

视频：LED
动感灯箱
示例效果

1. 将开发板与焊接完成的 LED 动感灯箱产品进行端口连接,并完成电路检测。

2. 下载产品功能程序到开发板。

3. 运行调试程序,呈现 LED 动感灯箱效果。

调试记录

总结与反思

项目考核

项目名称	LED 动感灯箱设计与实现				
考核方式	过程＋结果评价				
考核内容与评价标准					
序号	评分项目	评 分 细 则	分值	得分	评分方式
1	职业素养	安全用电	2		过程评分
		环境清洁	2		
		操作规范	3		
		团队合作与职业岗位要求	3		
2	方案设计	方案设计准确	10		结果评分
3	电路图设计	电路图符合设计要求	10		
4	程序设计与开发	流程图绘制	5		
		LED 动感灯箱仿真效果	30		
		仿真联调与运行（调试记录）	5		
5	实物焊接与调试	元件摆放、焊点质量、焊接完成度	15		
6	任务与功能验证	功能完成度	10		
7	作品创意与创新	作品创意与创新度	5		
总结与反思					

项目拓展

项目名称	LED 动感灯箱设计与实现

拓展应用

　　请自行设计开发、制作个性化的动感灯箱,按照单片机产品开发流程完成需求分析、系统方案设计、电路设计、程序编写及实物制作与调试,撰写需求分析和设计报告。

习题

单选题:

1. 51 单片机外扩存储器芯片时,4 个 I/O 接口中,用作地址总线的是(　　　)。

A. P0 口和 P2 口
B. P0 口

C. P1 口和 P3 口
D. P2 口

2. 8031 单片机的(　　　)口的引脚,还具有外中断、串行通信等第二功能。

A. P0
B. P1
C. P2
D. P3

3. 8031 单片机的 P0 口,当使用外部存储器时,它是一个(　　　)。

A. 传输高 8 位地址口
B. 传输低 8 位地址口

C. 传输高 8 位数据口
D. 传输低 8 位地址/数据口

4. P0 口作数据线和低 8 位地址线时,(　　　)。

A. 应外接上拉电阻
B. 不能作 I/O 接口

C. 能作 I/O 接口
D. 应外接高电平

5. 若 8031 单片机的晶振频率为 $f_{osc} = 12$ MHz,则一个机器周期等于 (　　　) μs。

A. 1/12
B. 1/2
C. 1
D. 2

6. 8051 单片机的(　　　)口是一个 8 位漏极开路型双向 I/O 接口。

A. P0
B. P1
C. P2
D. P3

7. 下列语句运行结束后,i 的值是(　　　)。

for(i=0;i<10;i++);

A. 9
B. 10
C. 11
D. 12

8. 若 k 为整型变量,则下列 while 循环语句执行的次数为(　　　)。

k=10;

while(k==0)

k=k−1;

A. 0
B. 1
C. 10
D. 无限次

9. 以下说法正确的是(　　　)。

A. 用户若需要调用标准库函数,调用前必须重新定义

B. 用户可以重新定义标准库函数,如若此,该函数将失去原有定义

C. 系统不允许用户重新定义标准库函数

D. 用户若需要使用标准库函数,调用前不必使用预处理命令将该函数所在的头文件包含编译,系统会自动调用

多选题:

下列选项中,能够实现无限循环的是(　　　)。

A. while(1){}　　　　B. for(;;){}　　　　C. if(1){}

拓展视角

单片机产品开发过程与工程思维

单片机产品开发是一项复杂的工程,需要工程师具备系统化、科学化、创新性的工程思维和专业技能。下面是单片机产品开发过程中需要考虑的几个方面:

1. 需求分析:工程师需要与客户充分沟通,了解客户的需求和要求,进行系统化的需求分析,明确产品的功能、性能、可靠性等方面的要求。

2. 系统设计:将需求分析转化为一个可执行的设计,包括硬件和软件的选择和设计、接口设计和测试方法的确定。工程师需要在保证满足客户需求的前提下,考虑产品成本、生产可行性、维护和升级方便性等因素。

3. 硬件开发:根据系统设计,进行电路图和 PCB 布局设计,进行硬件的组装和测试。

4. 软件开发:根据系统设计,进行软件架构设计和编码,进行软件仿真和测试。

5. 集成测试:将硬件和软件进行集成测试,验证整个系统的功能和性能。

6. 生产阶段:产品开发完成后,需要进行小批量试生产,并进行各种测试和调试,确保产品的质量和性能稳定。编制使用说明书、技术文件,制定生产工艺流程、形成工艺,然后进入量产阶段,要考虑生产线的效率、成本和质量控制等因素。

7. 售后服务:售后服务是产品质量的重要保证。工程师需要制定完善的售后服务方案,及时解决客户的问题和反馈,并进行产品的维护和升级,以提高产品的使用寿命和性能。

在整个单片机产品开发过程中,工程师需要运用系统化、科学化、创新性的工程思维,开发过程中需要进行各种测试和调试,保证产品的正确性、稳定性和可靠性。工程师需要具备较强的编程能力、调试能力和创新能力,注重产品的全生命周期,从客户需求到产品设计、开发、生产和售后服务的全过程,不断改进和提升产品的品质和价值。

项目 3 汽车转向灯设计与实现

项目导入 ▶

    随着社会的不断发展，人民生活水平的不断提高，大家对汽车的需求愈来愈大，汽车已成为人们生活不可缺少的一部分。智能汽车正是全球汽车产业发展的战略方向，智能汽车是一个集环境感知、规划决策、多等级辅助驾驶等功能于一体的综合系统，它集中运用了计算机、现代传感、信息融合、通信、人工智能及自动控制等技术，是典型的高新技术综合体。对智能汽车的研究主要致力于提高汽车的安全性、舒适性，以及提供优良的人车交互界面。近年来，智能汽车已经成为世界车辆工程领域研究的热点和汽车工业增长的新动力，很多发达国家都将其纳入各自重点发展的智能交通系统当中。而安装在汽车不同位置的信号灯（图 3-1）是汽车驾驶员之间以及驾驶员向行人传递汽车行驶状况的语言工具，是行车安全的重要保障之一。

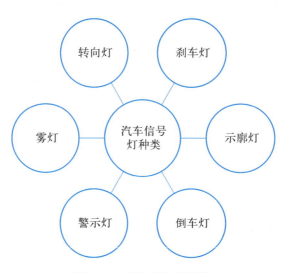

图 3-1　汽车信号灯种类

    本项目具体任务是设计并制作以 51 单片机为主控芯片，外接键盘电路、LED 电路，通过编程实现汽车转向灯控制系统。

项目目标

素质目标

1. 通过汽车转向灯项目分析,培养安全意识和规则意识。
2. 通过天问 Block 国产软件的应用,了解中国科技,增强民族自信。

知识目标

1. 能概述独立式按键的工作原理。
2. 能运用 C 语言选择语句。
3. 能完成分支结构程序的设计。

能力目标

1. 能熟练采用循环及选择语句编写程序。在调试过程中,针对出现的问题,能提出合适的解决方案。
2. 能熟练利用独立式按键的思想编程,运用对并行 I/O 接口操作的编程方法实现开关控制及信息输入。

项目实施

任务 1　汽车转向灯需求分析

项目名称	汽车转向灯设计与实现	任务名称	汽车转向灯需求分析
任务目标			
1. 能说明汽车信号灯的种类及其功能。 2. 通过对汽车转向灯的深入了解,培养安全意识和规则意识。			
任务要求			
1. 分组收集并整理汽车信号灯的种类及其功能的资料。 2. 根据调研结果,讨论并分析功能需求,编制项目需求方案和汇报 PPT。			
知识链接			

知识点 1　汽车信号灯的分类

汽车上除照明灯外,有用以给其他车辆或行人指示本车行驶状态的信号标志灯,称为信号灯。信号灯也分为外信号灯和内信号灯,外信号灯指转向指示灯、制动灯、尾灯、示廓灯、倒车灯,内信号灯泛指仪表板的指示灯,主要有转向、机油压力、充电、制动、关门提示等仪表指示灯。

视频:汽车
转向灯

知识点 2　汽车信号灯的功能

汽车灯光系统是车辆上用于提供照明和信号指示的关键组成部分,它包括前大灯、后尾灯、转向灯、雾灯及仪表盘灯等。其中,汽车信号灯是用于指示车辆驾驶员的行驶意图,提醒其他车辆和行人注意,并遵守交通法规,以确保道路上的安全和流畅。

汽车信号灯中的转向灯用于汽车转弯和变道时,使前后车辆、行人知其行驶方向。当车辆出现故障,按下紧急按键开启警示灯,提醒后方车辆避让。示廓灯标示汽车夜间行驶或停车时的宽度轮廓。刹车灯装在汽车尾部,用于当汽车制动或减速停车时,向后方车辆发出灯光信号,以警示随后车辆和行人。倒车灯装在汽车尾部,左右各一只,用于照亮车后路面,提醒车后的车辆及行人,表示该车辆正在倒车。

汽车上还有一个转弯控制杆,其中有 3 个位置:中间位置,汽车不转弯;向上,汽车左转;向下,汽车右转。转弯时,规定左右尾灯、左右前灯及仪表板上 2 个指示灯相应地发出闪烁信号。应急开关合上时,6 个信号灯都应闪烁。汽车刹车时,2 个尾灯常亮。汽车驾驶操作与转向灯显示状态见表 3-1。

表 3 - 1　汽车驾驶操作与转向灯显示状态

驾驶操作	输出信号					
	仪表板左转灯	仪表板右转灯	左前灯	右前灯	左尾灯	右尾灯
左转弯(合左转开关)	闪烁	—	闪烁	—	闪烁	—
右转弯(合右转开关)	—	闪烁	—	闪烁	—	闪烁
刹车(合刹车开关)	—	—	—	—	亮	亮
合应急开关	闪烁	闪烁	闪烁	闪烁	闪烁	闪烁

测一测

判断题：

(　　)1. 汽车上除照明灯外,还有用以指示其他车辆或行人的灯光信号标志,这些灯称为信号灯。

(　　)2. 汽车信号系统分为灯光信号和声音信号。

(　　)3. 汽车外信号灯指转向指示灯、制动灯、尾灯、示廓灯、倒车灯等。

任务实施

一、查阅资料,填写调查表

通过市场或网络调查,统计汽车信号灯,列举至少 5 种汽车信号灯,并说明其在汽车行驶过程中的作用。填写到表 3 - 2 中。

表 3 - 2　汽车信号灯种类调查表

序号	信号灯名称	功　能
1		
2		
3		
4		
5		

二、完成调研报告及汇报 PPT

1. 调研内容：

汽车信号灯种类及其功能。

2. 调研方法：

问卷调查法、资料搜索、访谈、统计分析等。

3. 实施方式：

分组完成调查内容，编写调查报告，制作汇报 PPT。

总结与反思

任务 2   汽车转向灯系统方案设计

项目名称	汽车转向灯设计与实现	任务名称	汽车转向灯系统方案设计

任务目标

1. 能概述按键与键盘的分类。
2. 能概述按键的结构与特点及工作原理。
3. 培养团队协作意识，提高合作探究、解决问题的能力。

任务要求

设计一个控制汽车转向灯的单片机应用系统，系统通过单片机并行 I/O 接口构成按键输入和 LED 显示输出电路，编程实现汽车行驶中各信号灯的功能操作。

知识链接

知识点 3　按键与键盘

键盘由规则排列的按键组成，按键实际上是一种开关元件，也就是说键盘是一组规则排列的开关。

一、按键的分类

按键按照结构原理可分为 2 类：一类是触点式开关按键，如机械式开关按键、导电橡胶式开关按键等；另一类是无触点开关按键，如电气式开关按键、磁感应开关按键等。前者造价低，而后者寿命长。目前，微机系统中最常见的是触点式开关按键。

按照接口原理，键盘可分为编码键盘与非编码键盘 2 类，这 2 类键盘的主要区别是识别键符及给出相应键码的方法不同。编码键盘主要是用硬件来实现对按键的识别，非编码键盘主要是由软件来实现键盘的定义与识别。

　　编码键盘能够由硬件逻辑自动提供与按键对应的编码,此外,键盘一般还具有去抖动和多键、窜键保护电路,这种键盘使用方便,但需要较多的硬件,价格较贵,一般的单片机应用系统较少采用。而非编码键盘只简单地提供行和列的矩阵按键,其他工作均由软件完成,由于其经济实用,较多地应用于单片机应用系统中。下面将重点介绍非编码键盘接口。

二、按键的工作原理

　　在单片机应用系统中,除了复位按键有专门的复位电路及专一的复位功能外,其他按键都是以开关状态来设置控制功能或输入数据。当所设置的功能键或数字键被按下时,单片机应用系统应完成该按键所设定的功能,按键的确认就是判别按键是否闭合,反映在电压上就是与按键相连的引脚呈现出高电平或低电平。

三、按键的结构与特点

　　微机键盘通常使用机械式开关按键,其主要功能是把机械上的通断转换成为电气上的逻辑关系。也就是说,它能提供标准的 TTL 逻辑电平,以便与通用数字系统的逻辑电平相容。

　　机械式开关按键在按下或释放时,由于机械弹性作用的影响,通常伴随有一定时间的触点抖动,然后其触点才稳定下来。其抖动过程如图 3-2 所示,抖动时间的长短与开关的机械特性有关,一般为 5~10 ms。

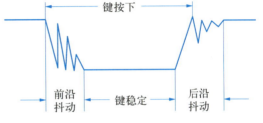

图 3-2　按键触点抖动过程

　　在触点抖动期间检测按键的通与断状态,可能导致判断出错,即按键一次按下或释放被错误地认为是多次操作,这种情况是不允许出现的。为了克服按键触点抖动所致的检测误判,必须采取去抖动措施,可从硬件、软件两方面予以考虑。在键数较少时,可采用硬件去抖,而当键数较多时,采用软件去抖。

　　在硬件上可采用在按键输出端加 RS 触发器(双稳态触发器)或单稳态触发器构成去抖动电路,图 3-3 是一种由 RS 触发器构成的去抖动电路,当触发器一旦翻转,触点抖动不会对其产生任何影响。

　　按键未按下时,$A=0$,$B=1$,输出 $Q=1$。按键按下时,因按键的机械弹性

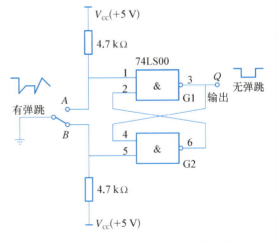

图 3-3　由 RS 触发器构成的去抖动电路

作用的影响,使按键产生抖动,当开关没有稳定到达 B 端时,因与非门 G2 输出为 **0**,反馈到与非门 G1 的输入端,封锁了与非门 G1,双稳态电路的状态不会改变,输出保持为 **1**,输出 Q 不会产生抖动的波形。当开关稳定到达 B 端时,因 $A=1$,$B=0$,使 $Q=0$,双

稳态电路状态发生翻转。当释放按键时,在开关未稳定到达 A 端时,因 $Q=0$,封锁了与非门 G2,双稳态电路的状态不变,输出 Q 保持不变,消除了后沿的抖动波形。当开关稳定到达 B 端时,因 $A=0,B=0$,使 $Q=1$,双稳态电路状态发生翻转,输出 Q 重新返回原状态。由此双稳态去抖动电路可见,按键输出经双稳态电路之后,输出变为规范的矩形方波。

软件上采取的措施是:在检测到有按键按下时,执行一个 10 ms 左右(具体时间应视所使用的按键进行调整)的延时程序后,再确认该键电平是否仍保持闭合状态电平,若仍保持闭合状态电平,则确认该按键处于闭合状态;同理,在检测到该按键释放后,也应采用相同的步骤进行确认,从而可消除抖动的影响。

测一测

单选题:

下列关于按键消抖的描述中,不正确的是(   )。

A. 机械式开关按键在按下和释放瞬间会因弹簧开关变形而产生电压波动

B. 按键抖动会造成检测时按键状态不易确定的问题

C. 单片机编程时常用软件延时 10 ms 的办法消除抖动影响

D. 按键抖动问题对晶振频率较高的单片机基本没有影响

多选题:

1. 下面属于单片机输入设备的是(   )。

A. 鼠标　　　　　B. 键盘　　　　　　　C. 扫描仪　　　　　D. 打印机

2. 防止按键在按下后抖动的方法是(   )。

A. 电阻电容低通滤波法　　　　　　　B. 软件延时法

C. 电阻电容高通滤波法　　　　　　　D. 限电压

3. 键盘按照接口原理不同分为(   )。

A. 编码键盘　　　B. 硬件键盘　　　C. 非编码键盘　　　D. 软件键盘

判断题:

(   )按键去抖可以采用硬件和软件两种方法。硬件方法就是在按键的输入通道里加入一定的去抖动电路,软件方法一般采用延时的方法。

任务实施

一、根据产品设计要求,绘制硬件和软件系统设计框图

1. 硬件系统设计框图

2. 软件系统设计框图

二、填写系统资源 I/O 接口分配表

结合系统方案,完成系统资源 I/O 接口分配,填写列表 3-3 中。

表 3-3　系统资源 I/O 接口分配表

I/O 接口	引脚模式	使用功能	网络标号

总结与反思

任务 3　汽车转向灯电路设计

项目名称	汽车转向灯设计与实现	任务名称	汽车转向灯电路设计
任务目标			

1. 学会独立式键盘的电路设计。
2. 培养勇于创新的劳模精神和精益求精的工匠精神。

任务要求

设计汽车转向灯控制电路并使用 Proteus 仿真软件绘制仿真电路图。

知识链接

知识点 4　**独立式键盘与矩阵式键盘**

作为人机交互的键盘,其设计多种多样,不同的设计方法,有着不同的优缺点。其中应用最为广泛的是独立式键盘和矩阵式键盘。

一、独立式键盘

独立式键盘是直接用 I/O 接口线构成单个按键电路,其特点是每个按键单独占用一根 I/O 接口线,每个按键的工作不会影响其他 I/O 接口线的状态。其按键输入均采用低电平有效,此外,上拉电阻保证了按键断开时,I/O 接口线有确定的高电平。当 I/O 接口线内部有上拉电阻时,外电路可不接上拉电阻。独立式键盘的典型电路如图 3-4 所示,通过检测 I/O 接口

的电平状态可以判断哪个按键被按下。独立式键盘电路配置灵活,软件结构简单。但每个按键需占用一个 I/O 接口,在按键数量较多时,占用 I/O 资源多,电路结构显得比较繁杂,因此,此种键盘适用于按键较少或操作速度较高的场合。

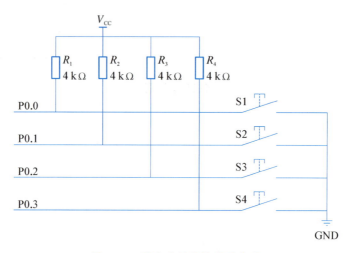

图 3-4   独立式键盘的典型电路

二、矩阵式键盘

独立式键盘每个 I/O 接口只能接一个按键,如果按键较多,则应采用矩阵式键盘,以节省 I/O 接口。从图 3-5 中可以看出,利用矩阵式键盘,只需 4 条行线和 4 条列线,即可组成 16(4×4) 个按键的键盘。

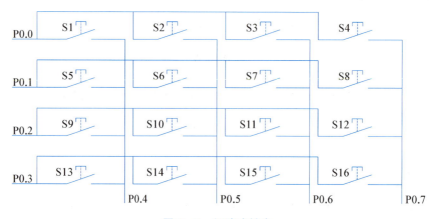

图 3-5   矩阵式键盘

测一测

填空题：

1. 当键盘的按键数目少于 8 个时,应采用_____式键盘。当键盘的按键数目为 64 个时,应采用_____式键盘。

2. 独立式键盘是直接用 I/O 接口线构成单个按键电路,其特点是每个按键单独占用____根 I/O 接口线。

3. 一个 4×4 的矩阵键盘,一共包含____个按键。

单选题：

独立式键盘是(　　　)。

A. 几个键与一个 I/O 接口相连　　　　B. 一个键与一个 I/O 接口相连

C. 一个键与多个 I/O 接口相连　　　　D. 以上都是

任务实施

一、仿真电路设计

汽车转向灯参考仿真电路图如图 3-6 所示。根据设计要求,本项目选用独立式键盘。其工作原理为：单片机引脚作为输入口使用,首先置"1"。当按键没有被按下时,单片机引脚上为高电平;而当按键被按下时,引脚接地,单片机引脚上为低电平。当开关 K1 断开时,P1.0 输入为高电平;K1 闭合后,P1.0 输入为低电平。K1~K4 按键分别接到 P1.0、P1.2、P1.4、P1.6,分别代表左转开关、右转开关、刹车开关和应急开关。LED1~LED6 分别与 P0.0、P0.1、P0.2、P0.3、P0.4 和 P0.5 连接,模拟仪表板左转灯、仪表板右转灯、左前灯、右前灯、左尾灯、右尾灯。

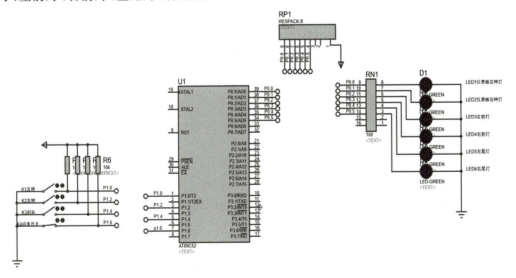

图 3-6　汽车转向灯参考仿真电路图

根据汽车转向灯参考仿真电路图,元件清单见表 3-4。

表 3 - 4　汽车转向灯参考仿真电路元件清单

元件名称	元件位号	参　数	规　格	Proteus 库元件名	作　用
单片机	U1	AT89C52	DIP40	AT89C52	核心芯片
电容器	C1	30 pF	独石电容器	CAP	振荡
电容器	C2	30 pF	独石电容器	CAP	振荡
电容器	C3	22 μF	电解电容器	CAP - ELEC	复位
晶振	X1	12 MHz	S 型	CRYSTAL	振荡
电阻器	R1	1 kΩ	1/4W,金属膜电阻器	RES	电容器 C3 放电电阻
电阻器	R2	330 Ω	1/4W,金属膜电阻器	RES	限流电阻
电阻器	RN1	330 Ω	1/4W,金属膜电阻器	RX8	限流电阻
电阻器	R3~R6	330 Ω	1/4W,金属膜电阻器	RES	上拉电阻
电阻器	RP1	10 kΩ	1/4W,金属膜电阻器	RESPACK - 8	上拉电阻
发光二极管	D1	Φ5	绿色高亮	LED - GREEN	显示
按键	K1~K4			SW - SPST	输入
按钮	S1	Φ8	6×6×8	BUTTON	按键复位

二、Proteus 仿真电路图绘制

参考图 3 - 6 及表 3 - 4,结合系统方案设计中的接口分配,完成汽车转向灯仿真电路设计及绘制。

总结与反思

任务 4　汽车转向灯软件设计

项目名称	汽车转向灯设计与实现	任务名称	汽车转向灯软件设计

任务目标

1. 能应用 C 语言选择语句。
2. 学会并行 I/O 接口作输入口操作的编程方法。
3. 完成汽车转向灯控制系统的设计与实现。
4. 通过天问 Block 国产软件的应用,了解中国科技,增强民族自信。

任务要求

根据汽车转向灯的功能设计要求,设计程序流程图,编程实现汽车转向灯功能。

知识链接

知识点 5　运算符及表达式

一、关系运算符及表达式

1. 关系运算符及其优先级

关系运算又称为比较运算,C 语言提供了以下 6 种关系运算符:<(小于)、<=(小于或等于)、>(大于)、>=(大于或等于)、==(等于)、!=(不等于)。

其中:<、<=、>、>= 这 4 个运算符的优先级相同,处于高优先级;== 和 != 这 2 个运算符的优先级相同,处于低优先级。此外,关系运算符的优先级低于算术运算符的优先级,而高于赋值运算符的优先级。

2. 关系表达式

用关系运算符将运算对象连接起来的式子称为关系表达式,如:a>B、(a=3)<(b=2)等。关系表达式的值为逻辑值,其结果只能取真和假两种值。C 语言中用 **1** 表示真,用 **0** 表示假。

例如,有关系表达式 a>=b,若 a 的值为 4,b 的值为 3,则给定关系成立,关系表达式的值为 **1**,即逻辑真;若 a 的值为 2,b 的值为 3,则给定关系不成立,关系表达式的值为 **0**,即逻辑假。

二、逻辑运算符及表达式

1. 逻辑运算符及其优先级

逻辑运算是对变量进行逻辑与运算、或运算,以及非运算。C 语言提供了 3 种逻辑运算符:&&(逻辑与)、||(逻辑或)、!(逻辑非)。

其中:非运算的优先级最高,而且高于算术运算符;或运算的优先级最低,低于关系运算符,但高于赋值运算符。

2. 逻辑表达式

用逻辑运算符将运算对象连接起来的式子称为逻辑表达式。运算对象可以是表达式或逻辑量,而表达式可以是算术表达式、关系表达式或逻辑表达式。逻辑表达式的值也是逻辑量,即真或假。对于算术表达式,其值若为 0,则认为是逻辑假;若不为 0,则认为是逻辑真。逻辑表达式并非一定完全被执行,仅当必须要执行下一个逻辑运算符才能确定表达式的值时,才执行该运算符。

例如,有逻辑表达式 a&&b&&c,若 a 的值为 0,则不需判断 b 和 c 的值就可确定表达式的值为 **0**。

三、条件运算符及表达式

如果在条件语句中,只执行单个的赋值语句,常可使用条件表达式来实现,不但使程序简洁,也提高了运行效率。

条件运算符是一个三目运算符,即有 3 个参与运算的量。由条件运算符组成条件表达式的一般形式为:

> 表达式 1? 表达式 2:表达式 3

其求值规则为:先求表达式 1 的值,如果为真,则执行表达式 2,并返回表达式 2 的结果;如果表达式 1 的值为假,则执行表达式 3,并返回表达式 3 的结果。

例如,有条件语句如下:

```
if(a>b) max=a;
else max=b;
```

可用条件表达式写为

```
max=(a>b)? a:b;
```

执行该语句的语义是:如 a>b 为真,则把 a 赋予 max,否则把 b 赋予 max。

使用条件表达式时,还应注意以下几点:

1. 条件运算符的运算优先级低于关系运算符和算术运算符,但高于赋值运算符。因此,"max=(a>b)?a:b;"可以去掉括号而写为"max=a>b?a:b;"。

2. 条件运算符"?"和":"是一对运算符,不能分开单独使用。

3. 条件运算符的结合方向是自右至左。例如,a>b?a:c>d?c:d 应理解为 a>b?a:(c>d?c:d),这也就是条件表达式嵌套的情形,即其中的表达式 3 又是一个条件表达式。

知识点 6　C 语言选择语句

C 语言的选择语句主要有 if 选择语句和 switch-case 多分支选择语句。此处先对 if

选择语句进行介绍。

一、if 选择语句

if 选择语句根据给定的条件是否满足执行语句组,如图 3－7 所示。

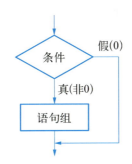

图 3－7　if 选择语句执行过程

if 选择语句的一般形式为:

```
if（条件表达式）
{
      语句组;
}
```

当"条件表达式"的结果为"真"时,执行其后的"语句组",否则跳过该语句组,继续执行下面的语句。

1. if 选择语句中的"条件表达式"通常为逻辑表达式或关系表达式,也可以是任何其他的表达式或类型数据,只要表达式的值非 0 即为"真"。以下语句都是合法的:

```
if(3){...}
if(x=8){...}
if(P3_0){...}
```

2. 在 if 选择语句中,"条件表达式"必须用圆括号括起来。

3. 在 if 选择语句中,大括号"{ }"里面的语句组如果只有一条语句,可以省略大括号。如"if（P3_0==0）P1_0=0;"语句,但是为了提高程序的可读性和防止程序书写错误,建议读者在任何情况下,都加上大括号。

二、if-else 选择语句

if-else 选择语句是最常用的语句之一,在判断数据或条件的时候应用得非常多,根据给定的条件是否满足执行语句组 A 或语句组 B,如图 3－8 所示。

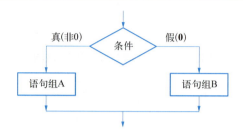

图 3 − 8　**if-else** 选择语句执行过程

if-else 选择语句的一般形式为：

```
if(条件表达式)
{
    语句组 A；
}
else
{
    语句组 B；
}
```

在应用的时候，如果括号中的"条件表达式"成立（为真），则程序执行大括号中的语句组 A，否则执行 else 大括号中的语句组 B。

三、if-else 嵌套选择语句

if-else 嵌套选择语句是 if-else 选择语句组成的嵌套，用于实现多个条件分支的选择，如图 3−9 所示。

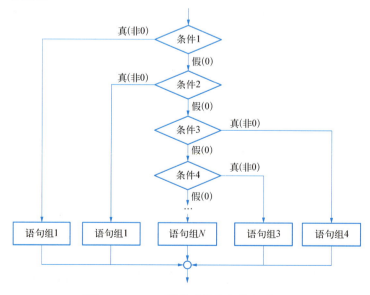

图 3 − 9　**if-else** 嵌套选择语句执行过程

if-else 嵌套选择语句的一般形式为：

> if(条件 1 表达式)｛语句组 1；｝
> else if(条件 2 表达式)｛语句组 2；｝
> else if(条件 3 表达式)｛语句组 3；｝
> else if(条件 4 表达式)｛语句组 4；｝
> …
> else｛语句组 N；｝

if 选择语句在应用的时候，请注意 if 与 else 的关系。else 与前面最近的且尚未配对的 if 配对。在写代码的时候，最好使用缩进排写的形式，这样能方便地看出对应关系。另外可以用大括号将不对称的 if 括起来，以确定它们之间的对应关系。

知识点 7 键盘的工作方式

在单片机系统中，键盘扫描只是 CPU 的工作内容之一。CPU 对键盘的响应取决于键盘的工作方式，键盘的工作方式应根据实际应用系统中 CPU 的工作状况而定，其选取的原则是既要保证 CPU 能及时响应按键操作，又不要过多占用 CPU 的工作时间。通常，键盘的工作方式有 3 种，即编程扫描、定时扫描和中断扫描。

一、编程扫描方式

编程扫描方式是利用 CPU 完成其他工作的空余，调用键盘扫描功能函数，来响应键盘输入要求。在执行键盘扫描功能函数时，CPU 不再响应键盘输入要求，直到 CPU 重新扫描键盘为止。

键盘扫描函数一般应包括以下内容：

1. 判别有无按键按下。
2. 键盘扫描取得闭合键的行、列值。
3. 用计算法或查表法得到闭合键键值。
4. 判断闭合键是否释放，如没释放则继续等待。
5. 将闭合键键值保存，同时转去执行该闭合键的功能。

二、定时扫描方式

定时扫描方式就是每隔一段时间对键盘扫描一次，它利用单片机内部的定时器产生一定时间(如 10 ms)的定时，当定时时间到就产生定时器溢出中断，CPU 响应中断后对键盘进行扫描，并在有按键按下时识别出闭合键，再执行闭合键的功能程序。

三、中断扫描方式

采用上述两种键盘扫描方式时，无论是否有按键按下，CPU 都要定时扫描键盘，而单片机系统工作时，并非经常需要键盘输入，因此，CPU 经常处于空扫描状态，为提高 CPU 工作效率，可采用中断扫描方式。其工作过程如下：当无按键按下时，CPU 处理自己的工作，当有按键按下时，产生中断请求，CPU 转去执行键盘扫描功能函数，并识别闭合键键值。

填空题：

键盘的工作方式可分为_____方式、_____方式和_____方式。

判断题：

(　　)1. if 选择语句中的条件表达式不限于逻辑表达式，可以是任意的数值类型。

(　　)2. 条件表达式可以取代 if 选择语句，或者用 if 选择语句取代条件表达式。

任务实施

一、算法分析

独立式键盘软件常采用查询式结构，先逐位查询每根 I/O 接口线的输入状态，如某一根 I/O 接口线输入为低电平，则可确认该 I/O 接口线所对应的按键已按下，然后，再转向该按键的功能处理程序，即 K1 闭合时，P0.0、P0.2、P0.4 对应的 LED 闪烁；K2 闭合时，P0.1、P0.3、P0.5 对应的 LED 闪烁；K3 闭合时，P0.4、P0.5 对应的 LED 常亮；K4 闭合时，所有 LED 灯闪烁，见表 3-5。

表 3-5　汽车转向灯状态

驾 驶 操 作	输　出　信　号					
	仪表板左转灯 LED1 (P0.0)	仪表板右转灯 LED2 (P0.1)	左前灯 LED3 (P0.2)	右前灯 LED4 (P0.3)	左尾灯 LED5 (P0.4)	右尾灯 LED6 (P0.5)
左转弯（合左转开关 K1）	闪烁	—	闪烁	—	闪烁	—
右转弯（合右转开关 K2）	—	闪烁	—	闪烁	—	闪烁
刹车（合刹车开关 K3）	—	—	—	—	亮	亮
合应急开关 K4	闪烁	闪烁	闪烁	闪烁	闪烁	闪烁

二、程序设计与流程图绘制

1. 主程序设计与流程图绘制

主程序主要完成硬件初始化、键盘扫描与按键功能处理程序、延时功能函数调用等功能。

（1）初始化

通过初始化把 P0 口设置为 0，让 LED 熄灭；P1 口作输入口，端口初始化为 1。

（2）键盘扫描与按键功能处理程序

根据算法分析给出汽车转向灯天问 Block 图形化编程图，如图 3-10 所示，绘制程序流程图。

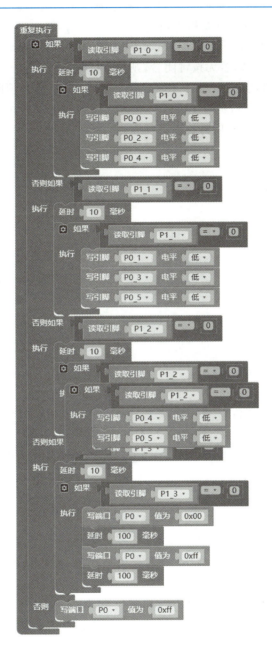

图 3 - 10　汽车转向灯天问 Block 图形化编程图

绘制程序流程图：

2. 键盘扫描程序设计与流程图绘制

（1）判断键盘是否有按键闭合原理：实时读取 I/O 接口状态到变量 x 中，取反后测试，若有按键闭合，则 x≠**0**；若无按键闭合，则 x＝**0**。

（2）当测试有按键闭合时，需要进行延时去抖动处理，按键消除抖动仍采用延时函数，即在发现有按键按下后，延时 10 ms 再进行逐行扫描。因为按键被按下时的闭合时间远远大于 10 ms，所以延时后再扫描再判断。

绘制程序流程图：

三、项目创建及源程序编写

1. 启动 Keil 软件，创建项目：TurnSignal_学号.UVPROJ。

2. 对项目的属性进行设置：目标属性中，在"Output"选项卡勾选"Create HEX File"复选框。

3. 编写源程序，文件命名为"TurnSignal_学号.c"，保存在项目文件夹中。

4. 编译，生成 HEX 文件。

文本：汽车转向灯参考源程序

小提示 🔍

该程序主要由键盘扫描、按键功能处理、延时等功能程序段组成。主函数中，首先进行键盘扫描，判断是否有按键按下；如果有按键按下，则根据按键的不同执行相应的按键操作。

按键功能处理程序为选择（分支）结构，可使用 if-else 嵌套选择语句。

I/O 接口既可以字节寻址，也可以位寻址。I/O 接口用 sbit 进行位定义。

总结与反思

任务 5　汽车转向灯调试与运行

项目名称	汽车转向灯设计与实现	任务名称	汽车转向灯调试与运行

任务目标

1. 通过项目开发实践,能设计汽车转向灯应用系统,了解及体验真实项目开发过程。
2. 熟练使用常用仪器、工具,完成电路的焊接与调试。
3. 能使用常用方法解决调试与运行中的问题。
4. 培养爱护设备,安全操作,遵守规程,执行工艺,认真严谨,忠于职守的职业操守。

任务要求

1. 使用 Keil 软件与 Proteus 仿真软件完成联合仿真调试。
2. 完成硬件焊接与调试。
3. 完成软硬件联合调试。

任务实施

一、联合仿真调试

1. 程序加载

打开 Proteus 仿真软件的仿真电路图,右击图中单片机元件,在弹出的对话框中,单击"Program File"选项右侧的打开按钮,打开 Keil 软件编译产生的 HEX 文件,将程序加载到单片 AT89C52 芯片中。

2. 仿真运行

单击仿真运行开始按钮,系统开始工作,白天汽车正常行驶,所有的转向灯都不亮。将左转开关按下,模拟汽车左转行驶情况时,左转转向灯全闪烁。

二、汽车转向灯电路焊接与调试

根据设计方案,使用万能板或定制的 PCB,按电路图及元件清单完成电路焊接与调试。

三、软硬件联合调试

1. 将开发板与焊接完成的汽车转向灯产品进行端口连接,并完成电路检测。

视频:汽车转向灯仿真效果　　视频:汽车转向灯示例效果

2. 下载产品功能程序到开发板。
3. 运行调试程序,实现汽车转向灯功能。

调试记录

总结与反思

项目考核

项目名称	汽车转向灯设计与实现				
考核方式	过程＋结果评价				
考核内容与评价标准					
序号	评分项目	评 分 细 则	分值	得分	评分方式
1	职业素养	安全用电	2		过程评分
		环境清洁	2		
		操作规范	3		
		团队合作与职业岗位要求	3		
2	方案设计	方案设计准确	10		结果评分
3	电路图设计	电路图符合设计要求	15		
4	程序设计与开发	流程图绘制	5		
		LED 灯显示正常	15		
		按键功能正常	10		
		仿真联调与运行(调试记录)	5		
5	实物焊接与调试	元件摆放、焊点质量、焊接完成度	15		
6	任务与功能验证	功能完成度	10		
7	作品创意与创新	作品创意与创新度	5		
总结与反思					

项目拓展

项目名称	汽车转向灯设计与实现

拓展应用

用一键多功能实现花样流水灯的控制,即同一个按键通过按下次数选择控制不同的 LED 流水灯效果。

习题

单选题:

1. 逻辑运算符两侧运算对象的数据类型(　　)。

A. 只能是 **0 或 1**

B. 只能是 0 或非 0 正数

C. 只能是整型或字符型数据

D. 可以是任何类型的数据

2. C 语言对 if 嵌套选择语句的规定是:else 总是与(　　)。

A. 其之前最近的 if 配对

B. 第一个 if 配对

C. 缩进位置相同的 if 配对

D. 其之前最近的且尚未配对的 if 配对

3. 设:int a=1,b=2,c=3,d=4,m=2,n=2,执行(m=a>b) && (n=c>d)后,n 的值为(　　)。

A. 1

B. 2

C. 3

D. 4

4. 下面的 if 语句(设 int x,a,b;),错误的是(　　)。

A. if (a=b) x++;

B. if (a=<b) x++;

C. if (a-b) x++;

D. if (x) x++;

5. 下面说法中,错误的是(　　)。

A. 抖动时间的长短由按键的机械特性决定,一般为 5～10 ms

B. 键抖动会引起一次按键被误读多次,为了确保 CPU 对键的一次闭合仅做一次处理,必须去除键抖动

C. 如果按键较多,常用软件和硬件相结合的方法去抖动

D. 采用硬件去抖动更加经济实用

6. 单片机常用的按键有(　　)。

A. 机械式

B. 电容式

C. 薄膜式

D. 以上都是

7. C 语言提供了 6 种关系运算符,按优先级高低分别是_____、_____、_____、_____、_____、_____等。

拓展视角

国产软件与中国科技

国产软件天问 Block 是一站式的单片机开发工具,通过简单易用的图形化模式和代码模式编程,让开发变得简单和高效。天问 Block 支持 STC 全系列 8 位单片机、32 位 ARM 和 RISC - V 内核单片机,无缝对接在线平台,支持 51、STC12、STC15、STC8、STC16 等硬件芯片离线环境下编程。天问 Block 主要包括项目创建和云保存、代码编辑、调试配置、程序下载和调试等功能,结合图形化、代码编程,以及丰富的软件资源,减少重复工作,提高开发效率。

在各个领域,中国的软件企业都在快速发展和创新。例如,在移动互联网领域,中国的软件企业已经拥有了大量的用户和市场份额,如微信、支付宝等;在云计算和大数据领域,中国的软件企业也开始崭露头角,如阿里云、华为云等。此外,中国的操作系统也在不断发展,如中国自主研发的麒麟操作系统、中标麒麟操作系统等,已经开始在国内市场上得到广泛应用。

总的来说,国产软件已经成为中国科技产业的重要组成部分,其发展也反映了中国科技实力的提升,推荐大家使用国产单片机和国产软件,推动国产芯片的发展和进步。

项目 4 产品计数器设计与实现

项目导入 ▶

当今社会飞速发展,越来越多的场合会使用自动计数器来进行信息的处理和管理。例如,在工业生产的自动化生产线上,完成成品工件的计数;在地下停车场,统计车辆的进出信息;在智能厕所,通过红外人体感应器或者智能门锁等探测厕位是否被占用、统计厕所人流量。由此可见,计数器被广泛应用于人们的日常生活和工作中。图 4-1 所示为计数器应用领域。

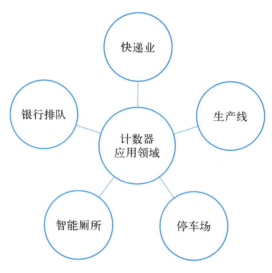

图 4-1 计数器应用领域

自动计数器的触发可采用机械方式的接触式触发,也可采用接近开关的非接触式触发。本项目选用的是红外线光电传感器,属接近开关,它的特点是抗干扰性好、检测距离大、灵敏度高。

本项目具体任务是设计并制作以 51 单片机为主控芯片,外接红外线光电传感器、数码管显示电路及复位按钮,通过编程实现自动检测、状态信息显示和复位清零等功能。

项目目标 ▶

素质目标

1. 通过学习数码管低功耗节能显示,培养节约意识。
2. 培养代码编写规范、勇于创新的劳模精神和精益求精的工匠精神。

知识目标

1. 能概述数码管的结构和分类。
2. 能运用数码管静态显示的端口连接方式。
3. 能运用 C 语言一维数组的查表功能。

能力目标

1. 能根据共阳极、共阴极数码管电路的连接,结合任务要求选择适合的电路。
2. 能基于 C 语言,熟练使用一维数组的查表功能,学会数码管静态显示的程序编写与调试。

项目实施 ▶

任务 1　产品计数器需求分析

项目名称	产品计数器设计与实现	任务名称	产品计数器需求分析

任务目标

1. 能概述产品计数器的应用领域。
2. 能概述数码管的应用及分类。
3. 能概述数码管的显示原理和特点,培养学生节约资源不浪费的品行。

任务要求

1. 分组收集并整理计数器应用资料,撰写调查报告。
2. 根据调研结果,讨论并分析功能需求,编制项目需求方案和汇报 PPT。

知识链接

知识点 1　产品计数器简介

计数器是一种可以用在不同工作、生活场合,对超市、停车场、公交汽车、银行、图书馆、快递业、印刷业等场合的人数、车数或者产品数量进行统计和管理的电子设备。

产品计数器利用单片机技术、光电传感器、按键、数码管等组成系统,通过光电传感器检测已加工的产品,并将这一自动检测信息送入单片机系统中进行计数;可以通过独立按键完成复位清零操作;通过数码管显示计数数量信息,采用数码管静态显示方式,可以保证其长时间运作,也具备了高亮度、可视性、小功耗、使用寿命长等优点。

知识点 2　数码管简介

数码管是一种用于显示数字和一些字母符号的电子元件,其基本单元是 LED。通过对其不同的引脚输入相对应的电流,使其发亮,从而显示时间、日期、温度等所有可用数字表示的参数。由于它的价格便宜,被广泛用作数字仪器仪表、自动化控制装置、计算机的数显器件,特别是在家用电器领域应用极为普遍,如空调、热水器、冰箱等。

常见的数码管包括七段数码管和十六段数码管。七段数码管由 7 个 LED 组成,可显示数字 0—9 以及一些字母符号。十六段数码管则由 16 个 LED 组成,除了数字 0—9以外,还可以表示更多的字母符号和图形。数码管可以作为一种节能的显示器件来使用,它的功耗通常比液晶显示器等其他显示器件要低得多;数码管是固态器件,使用寿命比其他显示器件要长,通常只显示数字和字母,而不需要显示复杂的图形和图像,因此它可以使用较低的分辨率和较少的像素,这意味着数码管所需的计算和图形处理能力更低,从而减少了能源消耗。

数码管的主要特点是:

(1) 驱动发光只需要低电压、小电流的条件,并且其能与 CMOS 电路、TTL 电路兼容。

(2) 数码管的响应时间非常短($<0.1\ \mu s$),它的高频特性好,单色性好,亮度高。

(3) 数码管的体积小,重量轻,抗冲击能力高。

测一测

单选题:

数码管是一种(　　)发光器件。

A. 导体　　　　　　　　　　B. 半导体

C. 超导体　　　　　　　　　D. 以上都不是

多选题:

1. 产品计数器的应用领域有(　　)。

A. 物流行业　　　　　　　　B. 自动化生产线

C. 印刷业　　　　　　　　　D. 停车场服务

2. 数码管的主要特点是(　　)。

A. 成本低　　　　　　　　　B. 使用寿命长

C. 易驱动,功耗低　　　　　　D. 响应时间快

任务实施

一、查阅资料,填写调查表

通过网络信息查询、产品手册查阅等方式,完成统计数码管的分类调查,填写到表 4-1 中。

表 4-1　数码管的分类调查表

序号	分　类　标　准	类　　　　　型
1	按显示段数分	
2		
3		
4		
5		
6		
7		

二、完成调研报告及汇报 PPT

1. 调研内容：

（1）产品计数器的应用领域及显示方式。

（2）数码管的应用及分类。

2. 调研方法：

问卷调查法、资料搜索、访谈、统计分析等。

3. 实施方式：

分组完成调查内容，编写调查报告，制作汇报 PPT。

总结反思

任务 2　产品计数器系统方案设计

项目名称	产品计数器设计与实现	任务名称	产品计数器系统方案设计
任务目标			
1. 能概述数码管的结构和分类。 2. 能应用数码管的字形编码。 3. 能归纳数码管静态显示工作原理。			
任务要求			

　　设计一个产品计数器的单片机应用系统，即单片机的某个 I/O 接口作输入口，外接红外线光电传感器实现实时产品计数功能，1 个独立按键作为计数值复位清零的功能按钮；单片机的某些 I/O 接口作输出口，接 2 个 1 位数码管，通过编程实现产品计数显示效果。具体功能如下：

　　1. 有 1 个红外线光电传感器，实现无接触式计数，可采用遮光式光电传感器或漫反射式光电传感器。

　　2. 有 1 个复位按键，在计数过程中可以随时按下，当该按键被按下后，计数值清零，数码管显示 0。

　　3. 用 2 个 1 位数码管显示产品计数值，能显示从 00—99 的数值。

知识链接

知识点 3　数码管的结构和分类

数码管又叫辉光管,是由发光二极管组成的,如图 4-2 所示。

微课:数码管的结构和分类

八段数码管的数字显示部分由 7 个条形发光二极管组成"8"字形,再加上点形发光二极管(表示小数点),共 8 个字段构成,如图 4-3 所示。这些字段分别用字母 a、b、c、d、e、f、g、dp 来表示,数码管的每个字段都可以选择亮或者不亮。如果要显示"2",那么应当是 a、b、g、e、d 字段亮,f、c、dp 字段不亮。与八段数码管相比,七段数码管无小数点显示字段。

图 4-2　数码管实物

图 4-3　数码管结构示意图

除按段数分外,数码管按能显示多少个"8"可分为 1 位、2 位、3 位、4 位等,如图 4-2 所示;按发光二极管单元连接方式可分为共阴极数码管和共阳极数码管,如图 4-4 所示。

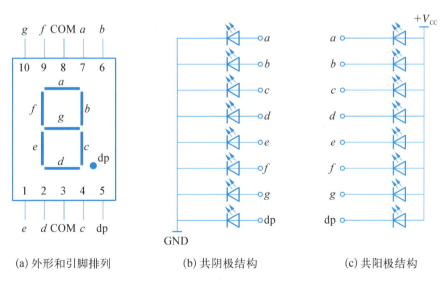

(a) 外形和引脚排列　　　(b) 共阴极结构　　　(c) 共阳极结构

图 4-4　数码管内部电路图

共阴极数码管是指将所有发光二极管的阴极接到一起形成公共阴极(COM)的数码管,在应用时应将公共阴极接到地线(GND)上,当某一字段发光二极管的阳极为高电平时,相应字段就点亮,当某一字段的阳极为低电平时,相应字段就不亮。共阳极数码管是指将所有发光二极管的阳极接到一起形成公共阳极(COM)的数码管,在应用时应将公共阳极接到电源+V$_{cc}$,当某一字段的阴极为低电平时,相应字段就点亮,当某一字段的阴极为高电平时,相应字段就不亮。

知识点 4　数码管字形编码和显示方式

一、数码管的字形编码

要使数码管显示出相应的数字或字符,必须使字段数据口输出相应的字形编码。字编码各位定义为:数据线 D0 与 a 字段对应,D1 与 b 字段对应……依此类推。如使用共阴极数码管,数据为 0 表示对应字段灭,数据为 1 表示对应字段亮;如使用共阳极数码管,数据为 0 表示对应字段亮,数据为 1 表示对应字段灭。如要显示数字"0",共阴极数码管的字形编码应为:00111111B(即 3FH),共阳极数码管的字形编码应为:11000000B(即 C0H)。依此类推,可求得数码管字形编码,见表 4−2。

表 4−2　数码管字形编码

显示数字	共阴顺序,小数点灭		共阳顺序,小数点亮	共阳顺序,小数点灭
	dp g f e d c b a	十六进制		
0	0 0 1 1 1 1 1 1	3FH	40H	C0H
1	0 0 0 0 0 1 1 0	06H	79H	F9H
2	0 1 0 1 1 0 1 1	5BH	24H	A4H
3	0 1 0 0 1 1 1 1	4FH	30H	B0H
4	0 1 1 0 0 1 1 0	66H	19H	99H
5	0 1 1 0 1 1 0 1	6DH	12H	92H
6	0 1 1 1 1 1 0 1	7DH	02H	82H
7	0 0 0 0 0 1 1 1	07H	78H	F8H
8	0 1 1 1 1 1 1 1	7FH	00H	80H
9	0 1 1 0 1 1 1 1	6FH	10H	90H

二、数码管的显示方式

数码管有静态和动态 2 种显示方式。

1. 静态显示方式

所谓静态显示方式,就是当显示某一个数字时,代表相应字段的发光二极管恒定发光,例如,七段数码管的 a、b、c、d、e、f 字段亮时,显示数字"0";b、c 字段亮时,显示数字"1";a、b、d、e、g 字段亮时,显示数字"2"等。

图 4−5 是数码管静态显示电路,将所有数码管的 COM 口(位选)共同连接到+V$_{cc}$ 或者 GND,每个数码管的 8 根段选线分别连接一个 8 位并行 I/O 接口,从该 I/O 接口

微课:数码管的静态显示方式

送出相应的字形编码显示字形。静态显示方式的优点是编程简单、显示亮度高,缺点是占用 I/O 接口多,如驱动 5 个数码管静态显示,则需要 5×8＝40 根 I/O 接口来驱动,而常见的 51 单片机只有 32 个 I/O 接口,实际应用时,必须增加译码驱动器进行驱动,增加了硬件电路的复杂性。

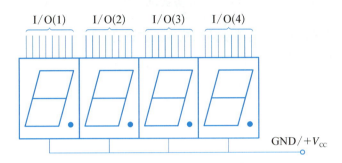

图 4-5　数码管静态显示电路

2. 动态显示方式

数码管静态显示虽然有编程容易、管理简单等优点,但是静态显示所要占的 I/O 接口资源很多,所以实际应用中,在显示的数码管较多的情况下,一般都采用动态显示方式。数码管动态显示的连接方式是将所有数码管的 a、b、c、d、e、f、g、dp 字段的同名端连在一起,另外为每个数码管的公共极 COM 增加位选通控制电路,位选通由各自独立的 I/O 线控制,如图 4-6 所示。

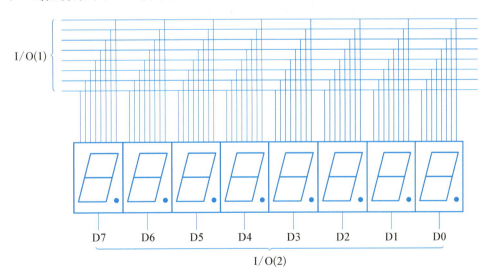

图 4-6　数码管动态显示电路

测 一 测

填空题:

1. LED 显示器中的发光二极管共有 _____ 和 _____ 2 种连接方法。

2. 数码管有_____和_____2 种显示方式。

3. 为了实现多位数码管的动态扫描,除了要给数码管提供 _____输入之外,还要对数码管_____加以控制。

任务实施

一、根据产品设计要求,绘制硬件和软件系统设计框图

1. 硬件系统设计框图

2. 软件系统设计框图

二、填写系统资源 I/O 接口分配表

结合系统方案,完成系统资源 I/O 接口分配,填写到表 4-3 中。

表 4-3 系统资源 I/O 接口分配表

I/O 接口	引脚模式	使用功能	网络标号

总结与反思

任务 3　产品计数器电路设计

项目名称	产品计数器设计与实现	任务名称	产品计数器电路设计

任务目标

1. 学会数码管显示驱动技术。
2. 熟悉数码管静态显示电路设计。
3. 培养勇于创新的劳模精神和精益求精的工匠精神。

任务要求

设计产品计数器电路并使用 Proteus 仿真软件绘制仿真电路图。

知识链接

知识点 5　红外线光电传感器

红外线光电传感器如图 4-7 所示。红外线光电传感器由发射器、接收器和检测电路 3 部分组成。发射器对检测对象发射光束，发射的光束一般来源于发光二极管或者激光二极管。接收器由光电二极管或光电三极管组成。在接收器的前面，装有光学元件，如透镜和光圈等，在其后面的是检测电路，它能输出和应用有效信号。

图 4-7　红外线光电传感器

测一测

填空题：

1. 红外线光电传感器由_____、_____和_____3 部分组成。
2. 红外线光电传感器的接收器由_____或_____组成。

任务实施

一、仿真电路设计

产品计数器参考仿真电路图如图 4-8 所示，包括单片机最小系统电路、按键电路（其中一个按键模拟传感器信号，另一个按键为复位按钮）及数码管显示电路。单片机最小系统电路包括 +5 V 电源电路、晶体振荡时钟电路、复位电路，同时要求单片机的引脚 31 接高电平。在 Proteus 仿真软件中，绘制仿真电路时，单片机最小系统电路可省略。

产品计数器的计数由按键电路完成，利用 P1 口的 P1.0 和 P1.1 端口分别模拟外部传感器信号和实现计数值复位清零功能。数码管显示电路中,采用 2 个 1 位共阳极数码管为显示器。单片机的 P2 口、P3 口分别与 2 个数码管的段码连接,其中,P2 口连接显示计数的十位,P3 口连接显示计数的个位,P2 口、P3 口的 8 个引脚刚好对应 P2 口、P3 口特殊功能寄存器的 8 个二进位,当 P2 口、P3 口某个引脚输出高电平"**1**"时,对应数码管段码熄灭;当 P2 口、P3 口某个引脚输出低电平"**0**"时,对应数码管段码点亮。若将计数值进行十进制数分离,再分别给 P2 口、P3 口送入不同的数字,就能在 2 个数码管上看到数值的显示。

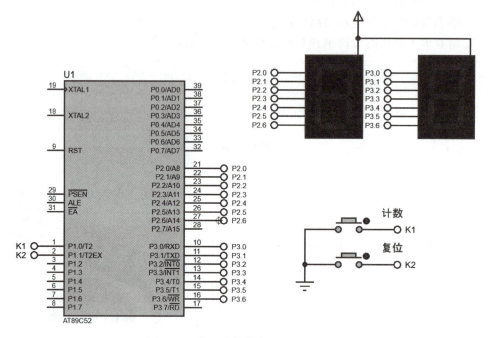

图 4-8　产品计数器参考仿真电路图

产品计数器参考仿真电路图元件清单见表 4-4。

表 4-4　产品计数器参考仿真电路图元件清单

元件名称	元件位号	参　数	规　　格	Proteus 库元件名	作　用
单片机	U1	AT89C52	DIP40	AT89C52	核心芯片
电容器	C1	30 pF	独石电容器	CAP	振荡
电容器	C2	30 pF	独石电容器	CAP	振荡
电容器	C3	22 μF	电解电容器	CAP-ELEC	复位
晶振	X1	12 MHz	S 型	CRYSTAL	振荡
电阻器	R1	1 kΩ	1/4W,金属膜电阻器	RES	电容器C3放电电阻

续　表

元件名称	元件位号	参　数	规　　格	Proteus 库元件名	作　用
电阻器	R2	1 kΩ	1/4W,金属膜电阻器	RES	限流电阻
电阻器	R3	330 Ω	1/4W,金属膜电阻器	RES	限流电阻
按钮	S1	φ8	6×6×8	BUTTON	模拟产生传感器信号
按钮	S2	φ8	6×6×8	BUTTON	按键复位
数码管	—	—	红色共阳极高亮	7SEG - MPX1 - CA	显示数字

二、Proteus 仿真电路图绘制

参考图 4-8 及表 4-4,结合系统方案设计中的接口分配,完成产品计数器仿真电路设计及绘制。

总结与反思

任务 4　产品计数器软件设计

项目名称	产品计数器设计与实现	任务名称	产品计数器软件设计

任务目标

1. 能阐明 C 语言数组的概念和分类。
2. 能应用 C 语言一维数组的定义和引用。
3. 运用 C 语言数组的查表功能完成数码管静态显示程序的设计。
4. 培养代码编写规范、精益求精的工匠精神。

任务要求

根据产品计数器的功能设计要求,设计程序流程图,编程实现对产品计数器的控制。

知识链接

知识点 6　数组

　　数组属于构造数据类型（由基本类型数据按照一定规则组成），是一组有序数据的集合，数组中的每个元素都属于同一种数据类型，不允许在同一数组中出现不同类型的变量，数组元素的数据类型就是该数组的基本类型。例如，整型数据的有序集合称为整型数组，字符型数据的有序集合称为字符型数组。数组分为一维、二维、多维数组等，常用的是一维、二维和字符数组。本项目重点介绍一维数组的使用。

一、数组的基本特点

　　数组是同类型数据的一个有序集合。数组用一个名字来标识，称为数组名。数组中各元素的顺序用下标表示，下标为 n 的元素可以表示为"数组名[n]"。改变[ ]中的下标就可以访问数组中所有的元素。

　　需要处理的数据为数量已知的若干相同类型的数据时，可使用数组。

小提示 🔍

　　数组须先定义，后使用。

二、一维数组的定义和引用

一维数组的定义为：

　　类型标识符　数组名[常量表达式]；

例如：

```
int array[10];
unsigned char num[7];
```

定义了数组后，就可以引用数组中的任意一个元素，引用形式为：

　　数组名[下标表达式]

对于一维数组的说明如下：

　　1. 数组名中存放的是一个地址常量，它代表整个数组的首地址。同一数组中的所有元素，按其下标的顺序占用一段连续的存储单元。

　　2. 数组使用方括号而非圆括号。

　　3. 常量表达式可以是常量或符号常量，表示数组元素的个数（也称数组长度）。不允许对数组大小作动态定义。

　　4. 数组元素下标从 0 开始。array[10]中的数组元素分别是：array[0]，array[1]，…，

微课：一维数组的基础知识

array[9]。

三、一维数组的初始化

一维数组初始化的一般形式为：

> 数据类型　数组名[常量表达式]＝{初值表};

对于初始化的说明如下：

1. 定义时赋初值，例如：

> int score[5]＝{1,2,3,4,5};

2. 给一部分元素赋值，例如：

> int score[5]＝{1,2};

3. 对数组全部元素不赋值，则全部元素被赋值为 0，例如：

> int score[5];

4. 给数组全部元素赋初值时，可以不指定数组长度，例如：

> int score[]＝{1,2,3,4,5};

四、一维数组的查表功能

数组非常有用的功能之一就是查表。表可以事先定义，装入程序存储器中，例如：

```
unsigned char code tab[10]={0xc0,0xf9,0xa4,0xb0,0x99,0x92,0x82,0xf8,
0x80,0x90};                    //定义数组
unsigned char k;
...
while(1)
{
    for(k=0;k<10;k++)
    {
        P2=tab[k];             // 查表取数
    }
}
```

五、二维数组或多维数组

数组的下标具有两个或两个以上,则称为二维数组或多维数组。定义二维数组的一般形式如下:

> 类型标识符 数组名[行数][列数];

其中,数组名是一个标识符,行数和列数都是常量表达式。
例如:

> float demo[3][4];   //demo 数组有 3 行 4 列,共 12 个元素

二维数组可以在定义时进行整体初始化,也可以在定义后单个地进行赋值。
例如:

> int a[3][4]={{1,2,3,4},{5,6,7,8},{9,10,11,12}};   //全部初始化
> int b[3][4]={{1,2,3,4},{5,6,7,8},{}};   //部分初始化,未初始化的元素为 0

六、字符数组

若一个数组的元素是字符型的,则该数组就是一个字符数组。
例如:

> char a[12]={"Chong Qing"};   //字符数组
> char add[3][6]={"weight","height","width"};   //字符串数组

测一测

填空题:

C 语言数组的下标总是从_____开始,不可以为负数;数组中的每个元素具有相同的_____。

单选题:

1. 在 C 语言中,引用数组元素时,其数组下标的数据类型允许是(   )。
A. 整型常量   B. 整型表达式
C. 整型常量或整型表达式   D. 任何类型的表达式

2. 以下能对一维数组 a 进行正确初始化的语句是(   )。
A. int a[10]={0,0,0,0,0};   B. int a[10]={};
C. int a[ ] = {0};   D. int a[10]={10*1}

任务实施

一、算法分析

对于数码管而言,要显示数字或字母,首先应该选中该数码管,然后点亮相应字段。例如:显示数字"3",应当是 a、b、c、d、g 字段亮,e、f、dp 字段不亮。可以列出共阳极数码管显示数字字形编码表,见表 4-5(以 2 位数码管显示的个位数为例)。

表 4-5　共阳极数码管显示数字字形编码表

显示数字	字段及其对应引脚														对应字形编码
	dp	P3.7	g	P3.6	f	P3.5	e	P3.4	d	P3.3	c	P3.2	b	P3.1	a P3.0
0	1	1	0	0		0		0		0		0		0	C0H
1	1	1	1	1		1		0		0		1			F9H
2	1	0	1	0		0		1		0		0			A4H
3	1	0	1	1		0		0		0		0			B0H
4	1	0	0	1		1		0		0		1			99H
5	1	0	0	1		0		0		1		1			92H
6	1	0	0	0		0		0		1		1			82H
7	1	1	1	1		1		0		0		0			F8H
8	1	0	0	0		0		0		0		0			80H
9	1	0	0	1		0		0		0		0			90H

从表 4-5 可知,由于数码管显示数字 0—9 的字形编码 C0H、F9H、A4H、B0H、99H、92H、82H、F8H、80H、90H 没有规律可循,只能采用查表的方式来完成所需的要求。在程序设计中,可以设计一个变量,每隔一定时间在 0—9 之间变化,然后按照这个数据去查找字形编码表,把查到的数据送到 P3 口。

所谓表格(数组)是指在程序中定义的一串有序的常数,如平方表、字形编码表、键码表等。因为程序一般都是固化在程序存储器(通常是只读存储器 ROM)中,因此可以说表格(数组)是预先定义在程序的数据区中,然后和程序一起固化在 ROM 中的一串常数。在程序设计中,有时需要预先把非线性数据以表格的形式存放在程序存储器中,然后使用程序读出,这种能读出数据表格的程序就称为查表程序。查表程序的关键是表格的定义和如何实现查表。

二、程序设计与流程图绘制

1. 主程序设计与流程图绘制

主程序主要完成数码管静态显示(即循环查表)、延时功能函数调用,以及键盘扫描与按键功能处理程序等功能。数码管静态显示子程序是在两个 1 位数码管上显示计数值,其中一个数码管作为个位数显示,与单片机的 P3 口相连;另外一个数码管作为十位数显示,与单片机的 P2 口相连。显示的时候将个位和十位分离后通过循环查表的方式来实现显示。键盘扫描与按键功能处理程序是查询判断哪个按键被按下,确认按键被按下后,再转到该按键的功能处理程序。

根据主程序功能描述,绘制主程序流程图。

2. 字形编码表(数组)定义

使用一维数组存放需要使用的数码管字形编码来实现需要查询的数据表。因为用到 0—9 共 10 个字形编码,所以要定义一个 10 字节的一维数组,按顺序依次放入 0—9 的字形编码,定义如下:

```
unsigned char code tab[10]={0xc0,0xf9,0xa4,0xb0,0x99,0x92,0x82,0xf8,
0x80,0x90};
```

3. 查表语句编写

利用在 for 循环语句中执行一维数组实现查表,如下:

```
unsigned char k;
…
while(1)
{
    for(k=0;k<10;k++)
    {
        P3=tab[k];   // 查表获得的数据 0—9,送 P3 口输出显示
    }
}
```

三、项目创建及源程序编写

1. 启动 Keil 软件,创建项目:Counter_学号.UVPROJ。

2. 对项目的属性进行设置:目标属性中,在"Output"选项卡勾选"Create HEX File"复选框。

3. 编写源程序,文件命名为"Counter_学号.c",保存在项目文件夹中。

4. 编译,生成 HEX 文件。

文本:产品计数器参考源程序

总结与反思

任务 5　产品计数器调试与运行

项目名称	产品计数器设计与实现	任务名称	产品计数器调试与运行
任务目标			
1. 能完成功能模块电路调试。 2. 能依据调试步骤完成电路调试和填写调试记录。 3. 能使用常用方法解决调试中的问题。 4. 培养爱护设备、安全操作、遵守规程、执行工艺、认真严谨、忠于职守的职业操守。			
任务要求			
1. 使用 Keil 软件与 Proteus 仿真软件完成联合仿真调试。 2. 使用开发板进行产品调试。 3. 完成软硬件联合调试。			
任务实施			

一、联合仿真调试

1. 程序加载

将 Keil 软件产生的 HEX 文件加载到 Proteus 仿真软件的仿真电路图的单片机 AT89C52 芯片中。

2. 仿真运行

单击仿真运行开始按钮,数码管显示"00",当外部传感器信号到来时,按下连接引脚 P1.0 的按键,数码管显示计数;当按下复位按键时,数码管显示被清零,仿真运行效果如图 4-9 所示。

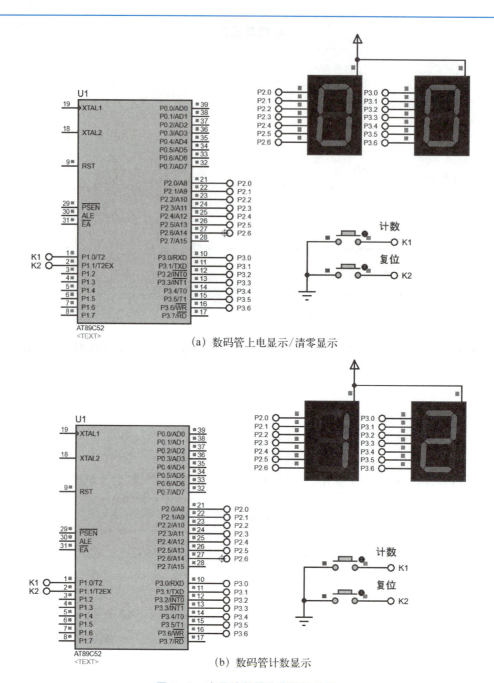

(a) 数码管上电显示/清零显示

(b) 数码管计数显示

图 4-9 产品计数器仿真运行效果

二、软硬件联合调试

1. 将程序下载到开发板。

2. 在引脚 P1.0 可接入开关量传感器信号,或用杜邦线短接引脚 P1.0 与 GND。

3. 运行调试程序,呈现产品计数效果。

视频:产品计数器仿真效果

视频:产品计数器示例效果

小提示 🔍

1. 数码管外观检测

观察数码管的外观,要求颜色均匀、无局部变色及气泡等瑕疵,引脚光洁无锈迹,用手指轻摇引脚,不应该有松动现象。

2. 共阴极或共阳极数码管判断

(1) 打开万用表电源,转到二极管检测挡。

(2) 将万用表的黑笔表(或红表笔)固定连接数码管的任一引脚。

(3) 将另一颜色的表笔依次连接其他所有引脚。

(4) 如果数码管中有任一字段亮起,则跳到步骤(5);如果都没有亮,则跳到步骤(6)。

(5) 如果有且仅有一字段亮,且固定表笔为黑表笔,则判定数码管是共阳极(固定表笔是红表笔,则判定数码管是共阴极);如果有多字段亮,且固定表笔是黑表笔,则判定数码管是共阴极(固定表笔是红表笔,则判定数码管是共阳极)。

(6) 将两表笔对调,重复步骤(3)到步骤(5)。

3. 数码管字段发光检测

由于 LED 的导通电压较高,所以应该用万用表的 $R \times 10k$ 挡来检测数码管的发光情况。虽然 $R \times 10k$ 挡的电流比较小,但还是能够观察区分出 LED 是否发光。对于共阳极数码管,将万用表置于 $R \times 10k$ 挡,黑表笔(表内部电池正极)接数码管的公共端(COM 端),红表笔依次触及数码管各字段电极引脚,在光线较暗处仔细观察,可以看到其对应的数码管字段分别发光显示,如果全部字段均能发光显示,并且各字段发光的亮度一致,则说明该数码管性能良好;如果有的字段发光非常暗淡,则说明该数码管性能不良,仅在要求不高时勉强可用;如果有不发光的字段,则说明该数码管有局部损坏的情况,不能使用。对于共阴极数码管,同样用上述方法测试,只是需要将万用表的红、黑表笔互相对调进行测试。

调试记录

总结与反思

项目考核

项目名称	产品计数器设计与实现				
考核方式	过程＋结果评价				
考核内容与评价标准					
序号	评分项目	评 分 细 则	分值	得分	评分方式
1	职业素养	安全用电	2		过程评分
		环境清洁	2		
		操作规范	3		
		团队合作与职业岗位要求	3		
2	方案设计	方案设计准确	10		结果评分
3	电路图设计	电路图符合设计要求	15		
4	程序设计与开发	流程图绘制	5		
		数码管显示正常	10		
		计数功能正常	10		
		复位功能正常	5		
		仿真联调与运行（调试记录）	5		
5	实物焊接与调试	元件摆放、焊点质量、焊接完成度	15		
6	任务与功能验证	功能完成度	10		
7	作品创意与创新	作品创意与创新度	5		
总结与反思					

项目拓展

项目名称	产品计数器设计与实现

拓展应用

1. 先把0—9中的奇数从小到大显示,再把偶数从大到小显示,可以设计多种方法。

2. 利用单片机的4组I/O接口实现4位时钟分和秒的显示。

习题

单选题:

1. 共阳极数码管加反相器驱动时,显示数字"6"的字形编码是(　　)。

A. 06H 　　　　　　B. 7DH 　　　　　　C. 82H 　　　　　　D. FAH

2. 共阴极数码管显示数字"2"的字形编码是(　　)。

A. 02H 　　　　　　B. FEH 　　　　　　C. 5BH 　　　　　　D. A4H

多选题:

1. 数码管显示若用动态显示,须(　　)。

A. 将各位数码管的位选线并联　　　　　B. 将各位数码管的段选线并联

C. 将位选线用一个8位输出口控制　　　D. 将段选线用一个8位输出口控制

E. 输出口加驱动电路

2. 一个8031单片机应用系统用数码管显示数字"8"的字形编码是80H,可以断定该显示系统用的是(　　)。

A. 不加反相器驱动的共阴极数码管　　　B. 加反相器驱动的共阴极数码管

C. 不加反相器驱动的共阳极数码管　　　D. 加反相器驱动的共阳极数码管

E. 阴、阳极均加反相器驱动的共阳极数码管

拓展视角

数码管选择与节约意识

党的二十大报告提出大力"实施全面节约战略"的要求。我们要大力弘扬中华民族"取之有节、用之有度"的传统美德,依靠科技进步提高资源开采和利用效率,建立和完善节约集约导向的经济体系,将节约发展作为绿色发展的内在要求,将建立资源、能源节约型社会作为生态文明建设的重要目标,将节约集约作为建设人与自然和谐共生的现代化和实现高质量发展的重要要求和现实选择。选择高效的元件是实现节能的关键,因此,在选择元件时,应该尽可能选择具有高效能级和低功率损耗的元件。选择合适的元件可以帮助系统更加高效地运行,从而减少能量消耗和浪费。

　　数码管是一种常见的数字显示设备,广泛应用于时钟、计时器、温度计、计数器等各种电子设备中。在选择和应用数码管时,通过选择高效能数码管、调整亮度级别、使用时钟管理器、自动亮度调节功能、控制刷新频率、节约待机能耗,以及合理布局和设计,可以有效地节约数码管的能源消耗,为可持续发展做出贡献。

项目 5　篮球计分器设计与实现

项目导入

现在喜欢篮球这种竞技项目的人越来越多,参加篮球运动不仅能增强体质,增加人与人之间的友谊,而且还能培养勇敢顽强的斗志和团结协作的精神。篮球运动是本着公平、公开、公正的原则而开展的,通过计时和计分的方法来决定胜负,所以在篮球比赛中对时间和分数的准确记录与合理计算十分重要。篮球计分器就是在篮球比赛中可以正确显示比赛两队积分的电子装置。计分器在平时的生活工作中也经常会遇见,常见的计分器显示信息有比赛队伍信息、比赛积分、比赛计时、犯规信息、攻守信息等,如图5-1所示。

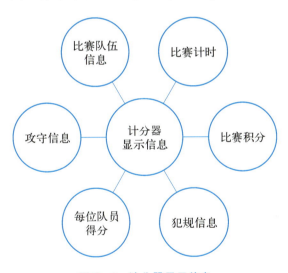

图 5-1　计分器显示信息

本项目具体任务是篮球计分器的设计与实现,以51单片机为主控芯片,外接独立按键及数码管显示电路,通过编程实现按键计分和状态信息显示等功能。

项目目标

素质目标

1. 通过调研显示装置的应用现状,树立自主创新和民族品牌意识。
2. 培养自主学习及团队协作意识,提高合作探究、解决问题的能力。
3. 培养代码编写规范、勇于创新的劳模精神和精益求精的工匠精神。

知识目标

1. 能运用动态显示方式及其典型应用电路。
2. 能区别全局变量和局部变量的应用。

能力目标

1. 能熟练利用数码管动态编程的原理实现数据显示。
2. 能基于 C 语言,合理使用全局变量和局部变量,完成数码管动态显示的程序编写与调试。

项目实施

任务 1　篮球计分器需求分析

项目名称	篮球计分器设计与实现	任务名称	篮球计分器需求分析

任务目标

1. 能归纳篮球计分器的应用及相关技术。
2. 能概述国产显示装置现状,树立自主创新和民族品牌意识。

任务要求

1. 分组收集并整理计分器应用资料,撰写调查报告,制作汇报 PPT。
2. 根据调研结果,讨论并分析功能需求,编制项目需求方案和汇报 PPT。

知识链接

知识点 1　篮球计分器的作用及原理

一、计分器的作用

　　计分器是一种可以用在不同工作、生活场合,在任意比赛中进行计时、计分,显示比赛队伍信息、犯规信息等的显示装置,对各项比赛的顺利进行和信息的准确记录十分重要,对于提高比赛质量有着至关重要的作用。计分器的功能完善、操作简单、维护方便,不仅应用在篮球比赛中,也可以运用在其他形式的比赛中。

二、篮球计分器的原理

　　篮球计分器利用单片机技术、按键、显示装置等组成系统,通过按键完成计分操作;通过显示装置,如数码管、LED 显示屏等,将比赛信息显示出来。有的大型 LED 显示屏会根据球类比赛的特点精心设计,采用高亮度 LED 制作,可以保证其长时间运作,也具备了高亮度、可视性、小功耗、使用寿命长等优点。

测一测

多选题:

1. 篮球计分器的按键可以用来完成(　　)。

A. 计分操作　　　　B. 清零操作　　　　C. 显示比分　　　　D. 启停操作

2. 篮球计分器应用了(　　)等技术和设备。

A. 单片机技术　　　B. 按键　　　　　　C. 显示装置　　　　D. 以上都不是

任务实施

一、查阅资料，填写调查表

通过市场或网络调查统计显示装置的类型，列举至少 4 种类型，填写到表 5-1 中。

表 5-1　显示装置类型调查表

序号	显示装置名称	产　品　特　点
1	数码管	
2	点阵式显示屏	
3	LCD 液晶屏	
4	OLED 屏幕	

二、完成调研报告及汇报 PPT

1. 调研内容：

① 计分器的应用领域和硬件组成。

② 显示装置的种类及特点。

2. 调研方法：

问卷调查法、资料搜索、访谈、统计分析等。

3. 实施方式：

分组完成调查内容，编写调查报告，制作汇报 PPT。

总结与反思

任务 2　篮球计分器系统方案设计

项目名称	篮球计分器设计与实现	任务名称	篮球计分器系统方案设计
任务目标			

1. 了解数码管动态显示的工作原理。

2. 培养自主学习及团队协作意识，提高合作探究、解决问题的能力。

　　设计一个篮球计分器的单片机系统,即单片机的某个 I/O 接口作输入口,接 5 个独立按键为功能按钮;单片机的某些 I/O 接口作输出口,接 2 个 4 位数码管,通过编程实现 A、B 两队的比分显示效果;单片机的某些 I/O 接口作输出口,接 2 个 LED,作为 A、B 两队的加分指示灯。具体功能如下:

　　1. 用数码管显示 A、B 两队的比分:能显示"A""b"2 个字母,这 2 个字母后面显示两队的得分。

　　2. 有 5 个独立按键:按下 1 键,A、B 两队切换;按下 2 键,数码管显示加 1 分;按下 3 键,数码管显示加 2 分;按下 4 键,数码管显示加 3 分;按下 5 键,数码管显示 A、B 两队比分清零。

　　3. 用 2 个 LED 作为两队的加分指示灯。

知识点 2　数码管动态显示工作原理

　　数码管静态显示虽然有编程容易、管理简单等优点,但是静态显示所要占的 I/O 接口资源很多,所以在实际应用中,在显示的数码管较多的情况下,一般都采用动态显示方式。数码管动态显示的连接方式是将所有数码管的 a、b、c、d、e、f、g、dp 字段的同名端连在一起,另外为每个数码管的公共极 COM 增加位选通控制电路,位选通由各自独立的 I/O 线控制,如图 5-2 所示。

微课:数码管动态显示工作原理

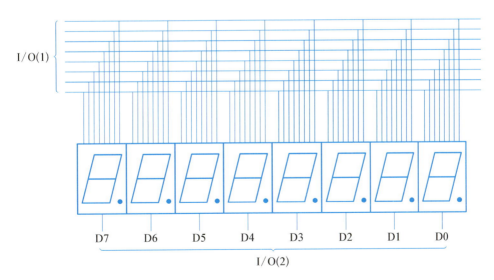

图 5-2　多位数码管动态显示原理图

　　所谓动态扫描显示,即轮流向各位数码管送出字形编码和相应的位选信号,利用发光二极管的余辉效应和人眼视觉暂留现象,使人眼感觉各位数码管好像同时都在显示。

具体过程是：当单片机输出字形编码时，所有数码管都接收到相同的字形编码，但究竟是哪个数码管会显示出字形，取决于单片机对位选通 COM 端电路的控制，所以只要将需要显示的数码管的选通控制打开，该位就会显示出字形，没有选通的数码管就不会亮，通过分时轮流控制各个数码管的 COM 端，就使各个数码管轮流受控显示，这就是动态驱动。在轮流显示过程中，每位数码管的点亮时间为 $1\sim2$ ms，由于人眼视觉暂留现象及发光二极管的余辉效应，尽管实际上各位数码管并非同时点亮，但只要扫描的速度足够快，给人的印象就是一组稳定的显示数据，不会有闪烁感，动态显示的效果和静态显示是一样的，能够节省大量的 I/O 接口，而且功耗更低。

测一测

单选题：

1. 数码管的静态显示是（　　）。

A. 多个数码管同时点亮　　　　　　　　B. 多个数码管分时点亮

C. 多个数码管总是点亮　　　　　　　　D. 多个数码管都不点亮

2. 数码管的动态显示是（　　）。

A. 多个数码管同时点亮　　　　　　　　B. 多个数码管分时点亮

C. 多个数码管总是点亮　　　　　　　　D. 多个数码管都不点亮

填空题：

数码管的动态扫描显示，即轮流向各位数码管送出_____和相应的_____，利用发光二极管的余辉效应和人眼视觉暂留现象，使人的感觉好像各位数码管同时都在显示。

任务实施

一、根据产品设计要求，绘制硬件和软件系统设计框图

1. 硬件系统设计框图

2. 软件系统设计框图

二、填写系统资源 I/O 接口分配表

结合系统方案，完成系统资源 I/O 接口分配，填写到表 5-2 中。

表 5-2　系统资源 I/O 接口分配表

I/O 接口	引脚模式	使用功能	网络标号

总结与反思

任务 3　篮球计分器电路设计

项目名称	篮球计分器设计与实现	任务名称	篮球计分器电路设计
任务目标			
1. 学会数码管显示驱动技术。 2. 熟悉数码管动态显示电路设计。			
任务要求			
设计篮球计分器电路并使用 Proteus 仿真软件绘制仿真电路图。			
知识链接			

知识点 3　**数码管显示驱动技术**

微课：数码
管显示驱
动技术

　　采用动态显示方式比较节省 I/O 接口，硬件电路也较静态显示方式简单，但其亮度不如静态显示方式，而且在显示位数较多时，CPU 要依次扫描，占用 CPU 较多的时间。为了让数码管达到预期的显示亮度，电路上应当配备合适的驱动电路，由于受单片机口线驱动能力的限制，采用直接驱动的方法,只能连接小规格的 LED,大尺寸的 LED 就必须采用适当的扩展电路来实现与单片机的接口,常用的接口元件可以是三极管,集成电路 74LS06、74LS245、74LS138、ULN2003 等,以及专用芯片 TM1618、CD4511、MAX7219 等。常用驱动电路有以下几类:

1. 三极管驱动

三极管是日常应用电路中经常会用到的器件。它分为 PNP 型和 NPN 型。三极管的规格可以根据 LED 所需的驱动电流大小进行选择,电流比较小的可以使用 9012、9013 等小功率三极管,电流比较大的则可以使用 BU208 等大功率三极管。

在数码管显示电路中,为了保证数码管有足够的亮度,可以采用大功率三极管 8550 作为数码管公共极的驱动,数码管峰值电流为 140 mA,而 8550 的输出电流可以达到 1 500 mA,是数码管峰值电流的 10 倍以上,因此满足数码管公共极的驱动需要。三极管驱动数码管显示仿真电路示意图如图 5-3 所示。

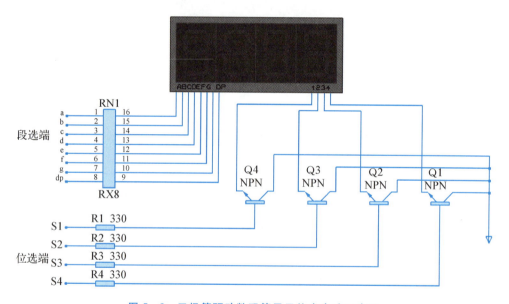

图 5-3　三极管驱动数码管显示仿真电路示意图

2. 专用芯片 TM1618 驱动

TM1618 是一种带键盘扫描接口的 LED 驱动控制专用芯片,内部集成有 MCU 数字接口、数据锁存器、LED 高压驱动、键盘扫描等电路,主要应用于 VCR、VCD、DVD 及家庭影院等产品的显示屏驱动。TM1618 驱动共阳极数码管显示仿真电路示意图如图 5-4 所示。

3. 集成电路 74HC244/74HC245 驱动

74HC244/74HC245 是一个集成缓冲、驱动于一体的集成电路,可应用于时钟驱动、地址驱动、计算机主板的总线收发等。74HC245 驱动数码管显示仿真电路示意图如图 5-5 所示。

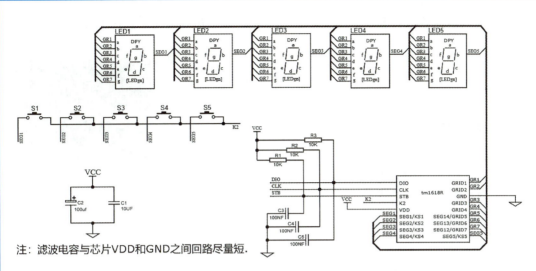

图 5 - 4　TM1618 驱动共阳极数码管显示仿真电路示意图

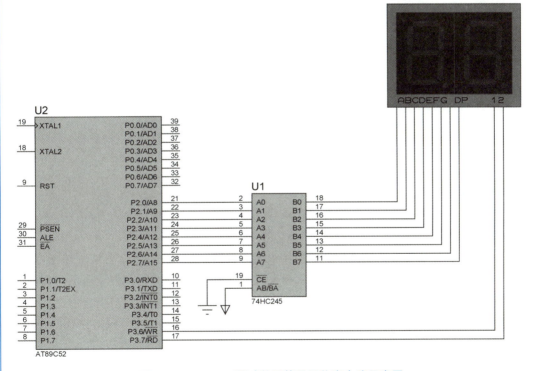

图 5 - 5　74HC245 驱动数码管显示仿真电路示意图

4. 移位寄存器 74HC595 驱动

74HC595 具有 8 位串入并出的移位寄存器和一个 8 位输出锁存器,而且移位寄存器和输出锁存器的控制是各自独立的,可以实现在输出的同时,传送下一组移位数据,而不影响以前的输出状态。74HC595 驱动数码管显示仿真电路示意图如图 5 - 6 所示。

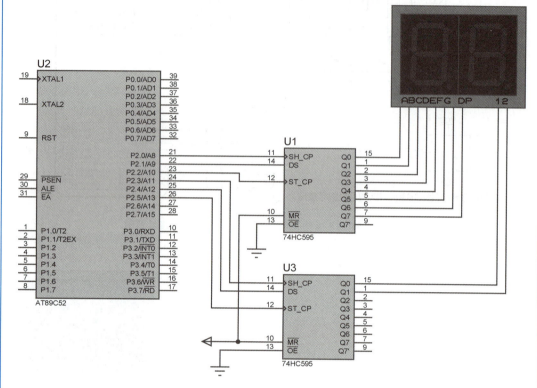

图 5 - 6　74HC595 驱动数码管显示仿真电路示意图

小提示 🔍

1. 数码管静态显示电流推荐使用 10～15 mA；动态显示，16/1 动态扫描时，平均电流为 4～5 mA，峰值电流为 50～60 mA。

2. 数码管的显示电压根据每段的芯片数量来计算，当数码管为红色或黄绿色时，用 1.9 V 乘以每段的芯片串联的个数；当数码管为绿色或蓝色时，使用 3.1 V 乘以每段的芯片串联的个数。

测一测

填空题：

1. 74HC244/74HC245 是一个集成_____、_____于一体的集成电路。

2. 三极管驱动数码管时，它的规格可以根据 LED 所需的驱动电流大小进行选择，电流比较小的可以使用_____等小功率三极管，电流比较大的则可以使用_____等大功率三极管。

单选题：

数码管有 2 种显示方法，即静态显示法与动态显示法，相比前者，后者的优点是（   ）。

A. 占用 CPU 时间少

B. 节省 I/O 接口

C. 硬件电路图简单

D. 编程简单

任务实施

一、仿真电路设计

篮球计分器参考仿真电路图如图 5-7 所示，包括单片机最小系统电路（图中省略）、按键电路及数码管显示电路。篮球计分器的得分由按键电路完成，利用 P1 口的 P1.0—P1.4 分别实现 A、B 两队切换，加 1 分，加 2 分，加 3 分，以及 A、B 两队比分清零的功能。方案中采用 2 个 4 位共阳极数码管作为显示器。它们的段选端连接到 P0 口，位选端连接到 P2 口，P0 口的上拉电阻可以使用 8 个 1 kΩ 电阻。两队的加分指示灯连接到 P3 口的 P3.0 和 P3.1。

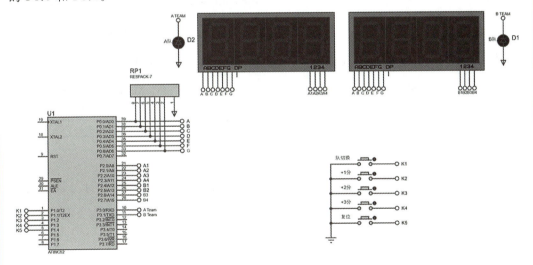

图 5-7 篮球计分器参考仿真电路图

小提示 🔍

1. 若干个数码管的段选端接一起，通过单片机 I/O 接口控制数码管位选端，实现若干个数码管轮流显示。

2. 用单片机的 1 个 I/O 接口驱动若干个数码管时，电流小会导致数码管亮度低。所以通过增加驱动器件（三极管、驱动器等）来增加亮度。

共阳极数码管：需要高电平，加 PNP 三极管（8550）。

共阴极数码管：需要低电平，加 NPN 三极管（8050）。

篮球计分器参考仿真电路图元件清单见表 5 - 3。

表 5 - 3 篮球计分器参考仿真电路元件清单

元件名称	元件位号	参　数	规　　格	元　件　名	作　用
单片机	U1	AT89C52	DIP40	AT89C52	核心芯片
电容器	C1	30 pF	独石电容器	CAP	振荡
电容器	C2	30 pF	独石电容器	CAP	振荡
电容器	C3	22 μF	电解电容器	CAP - ELEC	复位
晶振	X1	12 MHz	S 型	CRYSTAL	振荡
电阻器	R1	1 kΩ	1/4W,金属膜电阻器	RES	电容器 C3 放电电阻
电阻器	R2	1 kΩ	1/4W,金属膜电阻器	RES	限流电阻
电阻器	R3	330 Ω	1/4W,金属膜电阻器	RES	限流电阻
按钮	S1～S5		6×6×8	BUTTON	按键复位
发光二极管	D1、D2	φ5	绿色高亮	LED - GREEN	显示
数码管	7SEG		共阳极	7SEG-MPX4-CA	显示
上拉电阻	RP1	1 kΩ	1/4W,金属膜电阻器	RESPACK7	上拉电阻

二、Proteus 仿真电路图绘制

参考图 5 - 7 及表 5 - 3,结合系统方案设计中的接口分配,完成篮球计分器仿真电路设计及绘制。

总结与反思

任务 4 篮球计分器软件设计

项目名称	篮球计分器设计与实现	任务名称	篮球计分器软件设计
任务目标			

1. 能应用 C 语言局部变量与全局变量。
2. 完成动态显示程序的设计与实现。
3. 培养代码编写规范、精益求精的工匠精神。

任务要求

根据篮球计分器功能设计要求,设计程序流程图,用 C 语言编程实现对篮球计分器的控制。

知识链接

知识点 4 变量类型

变量可以在程序中函数内部或所有函数外部两个地方定义,根据所定义变量位置(作用域)的不同,变量可分为局部变量和全局变量;而从变量值存在的时间(生存期)来分,可以分为静态存储变量和动态存储变量。51 语言中每一个变量和函数都有数据类型和存储类型 2 个属性。数据类型是指前面学习过的字符型、整型、浮点型等;而存储类型是指数据在内存中的存储方法(存储方法分为静态存储和动态存储 2 大类),具体包括自动(auto)、静态(static)、寄存器(register)、外部(extern) 4 种。根据变量的存储类型可以知道变量的作用域和生存期。

一、静态存储变量和动态存储变量

程序运行期间根据需要分配临时动态存储空间的变量为动态存储变量;程序运行期间永久占用固定内存的变量称为静态存储变量。

还要说明的是程序的指令代码是存放在程序代码区的,静态存储变量是存放在静态数据区的,包括全局变量等,而程序中的动态存储变量是存放在动态数据区的,如函数的形参、函数调用时的返回地址等。

对于目前的 C 语言编译器,register 变量并没有实际意义,下面介绍其他存储类型:

1. 自动变量

自动(auto)变量是动态分配存储空间,用完后释放,为缺省类型,如果函数不作其他说明,均为自动变量。

2. 静态变量

静态(static)变量是存储单元固定,用完后不释放。

对静态变量的说明如下:

（1）静态局部变量在整个程序运行期间都不会释放内存。

（2）对于静态局部变量，是在编译的时候赋初值的，即只赋值一次。如果在程序运行时已经有初值，则以后每次调用的时候不再重新赋值。

（3）如果定义静态局部变量的时候不赋值，则编译的时候自动赋值为0。而对于自动变量而言，定义的时候不赋值，则是一个不确定的值。

（4）虽然静态变量在函数调用结束后仍然存在，但是其他函数不能引用。

3. 外部变量

外部（extern）变量（在函数外部定义）的作用域为从变量的声明处开始，到本程序文件的结尾。有时还需要用 extern 来声明外部变量，以扩展外部变量的作用范围。一个程序能由多个源程序文件组成，如果一个文件中需要引用另外一个文件中已经定义的外部变量，就需要使用 extern 来声明，例如：

一个文件中定义：

```
int num;
```

另一个文件中声明引用：

```
extern int num; // 注意，声明时类型要与定义一致
```

例　用 extern 将外部变量的作用域扩展到其他文件。

文件1：

```
＃include   …
＃include   …
＃include   …
unsigned char array[10]={0xc0,0xf9,0xa4,0xb0,0x99,0x92,0x82,0xf8,
0x80,0x90};   //定义外部变量 array[10]
void fillarray();
{
...
}
void main()
{
    unsigned int i;
    fillarray();
    for(i=0;i<10;i++)
    {
```

```
            P2=array[i];
        }
    while(1);
}
```

文件 2：

```
extern char array[10];       //用 extern 对 array[10]作外部变量声明
void fillarray()
{
    unsigned char i;
    for(i=0;i<10;i++)
    {
        P1=array[i];
    }
}
```

二、局部变量和全局变量

1. 局部变量

在函数内部定义的变量称为局部变量。局部变量仅由被定义的函数内部的语句所访问。函数以"{"开始，以"}"结束，也就是说局部变量只在"{}"内有效，即只有在程序执行到定义它的模块时才能生成，一旦退出该模块，则该变量消失。

例如：

微课：局部
变量和全
局变量

```
func()
{
    int x;      //等价于 auto int   x,局部变量 x 的作用域很明确
    ...
}
```

另外，一个函数可以为局部变量定义任何名称，而不用担心其他函数使用过同样的名称。这个特点和局部变量的存在性使 C 语言适合于由多个程序员共同参与的编程项目。项目管理员为程序员指定编写函数的任务，并为程序提供参数和期望的返回值。然后，程序员着手编写函数，而不用了解项目程序的其他部分和项目中其他程序员所使用的变量名。

例如：

```
/** main()和func()函数中均有一个变量 n,但它们是两个不同位置的变量**/
void main()
{
    int n;
    ...
}
void func()
{
    int n;
    ...
}
```

函数中的局部变量存放在堆栈区。在函数开始运行时,局部变量在堆栈区被分配空间,函数退出时,局部变量随之消失。

2. 全局变量

全局变量与局部变量不同,能贯穿整个程序,并且可被任何一个模块使用,在整个程序执行期间保持有效。全局变量定义在所有函数之外,可以被函数内的任何表达式访问,在程序执行的过程中一直有效。定义全局变量最好是在程序的顶部,也可以特别指定某变量是全局变量。如果全局变量和某一函数的局部变量同名,函数对该变量名的引用是针对局部变量的,也就是说,局部变量能够屏蔽全局变量。全局变量由 C 语言编译器在动态区之外的固定存储区域中存储。当程序中多个函数都使用同一数据时,全局变量将是很有效的。

全局变量在主函数 main()运行之前就开始存在了,通常在程序顶部定义,一旦定义后,就在程序的任何地方可知,可以在程序中间的任何地方定义全局变量,但要在任何函数之外。例如:

```
/**********************************************************/
...
unsigned char dat[4]={0,0,0,0};
...
unsigned char h,m;              //定义全局变量
/***************************** 显示函数*********************/
void display (uchar h,uchar m)
{
    dat[0]=h/10;                //1 位
    dat[1]=h%10;                //2 位
    dat[2]=m/10;                //3 位
    dat[3]=m%10;                //4 位
```

```
        tmp＝0x01;
        for(i＝0;i＜4;i＋＋)
        {
                P3＝tmp;
                P2＝tab[dat[i]];
                delay(2);
                P2＝0xff;
                tmp＝tmp＜＜1;
        }
}
/*******************主函数*******************************************/
void main()
{
        h＝12,m＝30;
        display (h,m);             //初始时间为 12:30
}
```

　　全局变量的缺点是其在整个程序执行期间均占有存储空间;由于全局变量必须依靠外部定义,将降低函数的模块化,不利于函数的移植;大量使用全局变量时,不可预见的副作用可能导致程序产生错误,且难以调试。结构化语言要求代码和数据的分离,C语言通过局部变量和函数实现了这一分离,如果大量使用全局变量就破坏了结构化程序设计的要求。因此,应避免使用不必要的全局变量。

测一测

填空题:

1. 仅由被定义的函数内部的语句所访问的变量是＿＿＿＿＿＿＿。
2. 能贯穿整个程序,并且可被任何一个模块使用的变量是＿＿＿＿＿＿＿。
3. C 语言变量按其作用域分为＿＿＿＿＿＿＿和＿＿＿＿＿＿＿,按其生存期分为＿＿＿＿＿＿＿和＿＿＿＿＿＿＿。

任务实施

一、算法分析

　　图 5-7 中,4 位数码管的 8 个显示字段 a、b、c、d、e、f、g、dp 的同名端是连在一起的,当程序从 P0 口输出字形编码时,在同一个时间所有数码管都会接收到相同的字形编码。那么如何显示出 4 个不同的字符呢?这就要使用动态扫描了,首先显示一个数,然后关掉,再显示第二个数,又关掉,接着显示第三个数,又关掉……直到所有要显示的

4个数完成,再从头开始扫描。轮流点亮扫描过程中,每位数码管的点亮时间是极为短暂的(约1 ms),由于人眼视觉暂留现象及发光二极管的余辉效应,尽管实际上各位数码管并非同时点亮,但只要扫描的速度足够快,给人的印象就是一组稳定的显示数据,不会有闪烁感。

二、程序设计与流程图绘制

1. 主程序设计及流程图绘制

主程序包括键盘扫描与按键功能处理子程序、十进制数分离子程序和数码管动态扫描显示子程序的调用。键盘扫描与按键功能处理子程序是查询判断哪个功能按键被按下,确认某个按键被按下后再转到该按键的功能处理程序。十进制数分离子程序是将A、B两队积分数据的百位、十位和个位上的数字分离出来并送数码管显示。数码管动态扫描显示子程序是在数码管上动态显示"A""b"和A、B两队的比分情况。

根据主程序功能描述,绘制主程序流程图。

2. 十进制数分离子程序设计及流程图绘制

十进制数分离子程序的编写思路是:表示A队的数码管的最高位显示"A",则引用数组中字符"A"的字形编码位置下标"10",接着将积分除以100取整,即得到百位数字,送数码管,然后将积分对100作求余运算,用余数除以10取整,即得到十位数字,最后将积分对10作求余运算,得到的余数即个位数字。

根据以上算法分析,绘制十进制数分离子程序流程图。

十进制数分离参考程序代码如下:

```
void Split( unsigned int n)
{
    Data[0] = 10;                    //显示"A"
    Data[1] = n/100;                 //百位数
    Data[2] = n%100/10;              //十位数
    Data[3] = n%10;                  //个位数
}
```

3. 数码管动态扫描显示子程序设计及流程图绘制

动态扫描显示是一种轮流点亮各位数码管的显示方式,即在某一时段,只让其中一位数码管的"位选端"有效,并送出相应的字形显示编码,此时,其他位的数码管因"位选端"无效而都处于熄灭状态。下一时段按顺序让另一位数码管的"位选端"有效,并送出相应的字形显示编码,按此规律循环下去,即可使各位数码管分别间断地显示出相应的字符。

数码管动态显示的具体编程思路是:

第一位数码管显示"A"→延时 1 ms→关闭所有数码管显示 →第二位数码管显示"百位数"→延时 1 ms→关闭所有数码管显示 →第三位数码管显示"十位数"→延时 1 ms→关闭所有数码管显示→第四位数码管显示"个位数"→延时 1 ms→关闭所有数码管显示→返回到第一步重新进行新一轮扫描过程。

根据以上算法分析,绘制数码管动态扫描显示子程序流程图。

数码管动态扫描显示参考程序代码如下:

```
void display()
{
    unsigned char tmp,i;        //定义局部变量
    tmp=0x01;
    for(i=0;i<4;i++)
    {
        P3=tmp;                 //送位码
        P2=tab[i];              //送段码
        delay(2);               //延时
        P2=0xff;                //关断数码管
        tmp=tmp<<1;             //左移到下一位数码管
    }
}
```

小提示 🔍

延时时间应合理设置,过长或过短都不行。

三、项目创建及源程序编写

1. 启动 Keil 软件，创建项目：KeepSocre_学号.UVPROJ。

2. 对项目的属性进行设置：目标属性中，在"Output"选项卡勾选"Create HEX File"复选框。

3. 编写源程序，文件命名为"KeepSocre_学号.c"，保存在项目文件夹中。

4. 编译，生成 HEX 文件。

文本：篮球计分器参考源程序

总结与反思

任务 5　篮球计分器调试与运行

项目名称	篮球计分器设计与实现	任务名称	篮球计分器调试与运行

任务目标

1. 能根据篮球计分器使用方法，在 Proteus 仿真软件中进行功能测试。
2. 能依据调试步骤完成仿真调试和填写调试记录。
3. 能使用常用方法解决调试中的问题。

任务要求

1. 使用 Keil 软件与 Proteus 仿真软件完成联合仿真调试。
2. 使用开发板进行产品调试。

任务实施

一、联合仿真调试

1. 程序加载

将 Keil 软件产生的 HEX 文件加载到 Proteus 仿真软件的仿真电路图的单片机 AT89C52 芯片中。

2. 仿真运行

（1）单击仿真运行开始按钮，2 个 4 位数码管分别显示"A000"和"b000"，两队加分指示灯此时均熄灭，如图 5-8 所示。

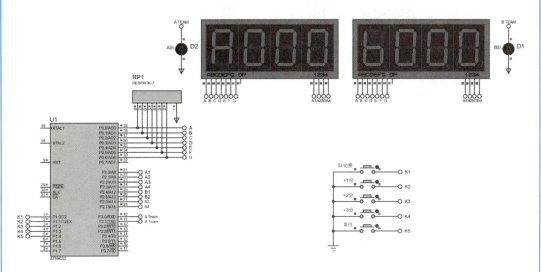

图 5-8　篮球计分器仿真运行效果

（2）按下队切换键（1 键），选择 A 队进行加分操作，此时 A 队加分指示灯点亮，如图 5-9 所示。

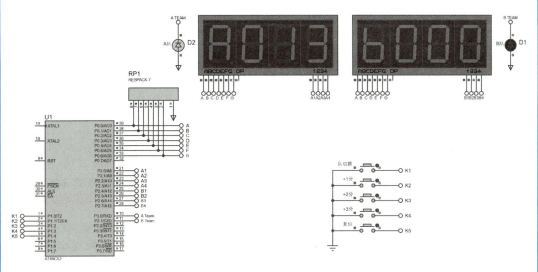

图 5-9　A 队加分仿真运行效果

（3）按下队切换键（1 键），选择 B 队进行加分操作，此时 B 队加分指示灯点亮，如图 5-10 所示。

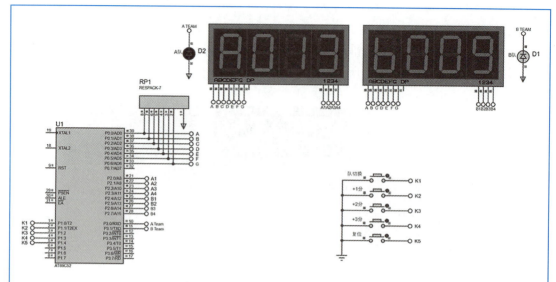

图 5 - 10　B 队加分仿真运行效果

视频：篮球计分器仿真效果

视频：篮球计分器示例效果

小提示

使用数码管的注意事项如下：

1. 关于硬件设计问题

当选定数码管后，要测量其工作时的正向压降并选择正确的限流电阻。过大的工作电流会缩短数码管的寿命甚至损坏数码管。在不超出安全电流范围的情况下，可根据需要通过调节电流来调整亮度。此外，因数码管可承受的反向电压较低，在应用中若有反向电压冲击，则需要为数码管反向并联一个普通二极管以消除反向电压的影响。

2. 关于电源供电的问题

对于动态显示方式，因为显示电流大，为避免大电流引起数码管的误动作，供电电源端需并联一个大容量滤波电容（220～1 000 μF）。同时，数码管的供电线路最好单独分开，电源线尽量加粗。

3. 驱动信号的问题

对于动态显示方式，驱动频率不应低于人眼的临界值 50 Hz。但也不能追求过高的驱动频率，否则驱动脉冲宽度过窄，数码管亮度会下降。此外，驱动信号的占空比不能太小，否则大量的电功率将转化为热量，损坏数码管。在确定了驱动频率和保证亮度的前提下，应选用较大的脉冲宽度和较小的脉冲强度。

4. 焊接和安装维护问题

焊接数码管时动作要迅速，温度不能太高，否则易损坏 PN 结。静电可能对蓝光、白光 LED 造成损害,要注意防止静电。

　　尽量缩短数码管与单片机系统连接导线的长度;在电磁干扰严重的地方,应使用屏蔽线。

调试记录

总结与反思

项目考核

项目名称	篮球计分器设计与实现				
考核方式	过程＋结果评价				
考核内容与评价标准					
序号	评分项目	评 分 细 则	分值	得分	评分方式
1	职业素养	安全用电	2		过程评分
		环境清洁	2		
		操作规范	3		
		团队合作与职业岗位要求	3		
2	方案设计	方案设计准确	10		结果评分
3	电路图设计	电路图符合设计要求	15		
4	程序设计与开发	流程图绘制	5		
		数码管显示正常	15		
		按键功能正常	10		
		仿真联调与运行（调试记录）	5		
5	实物焊接与调试	元件摆放、焊点质量、焊接完成度	15		
6	任务与功能验证	功能完成度	10		
7	作品创意与创新	作品创意与创新度	5		
总结与反思					

项目拓展

项目名称	篮球计分器设计与实现

拓展应用

1. 在本项目篮球计分器现有功能的基础上,增加具有比赛时间显示的功能。
2. 设计能调整时、分、秒(加1、减1)的6位数码管显示时钟。

习题

单选题:

1. 以下说法不正确的是(　　)。

A. 全局变量、静态变量的初值是在编译时指定的

B. 静态变量如果没有指定初值,则其初值为 0

C. 局部变量如果没有指定初值,则其初值不确定

D. 函数中的静态变量在函数每次调用时,都会重新设置初值

2. 如果在一个函数中的复合语句中定义了一个变量,则该变量(　　)。

A. 只在该复合语句中有定义　　　　　B. 在该函数中有定义

C. 在本程序范围内有定义　　　　　　D. 为非法变量

3. 以下说法不正确的是(　　)。

A. 在不同函数中可以使用相同名字的变量

B. 形式参数是局部变量

C. 在函数内定义的变量只在本函数范围内有定义

D. 在函数内的复合语句中定义的变量在本函数范围内有定义

4. 以下说法不正确的是(　　)。

A. 形参的存储单元是动态分配的

B. 函数中的局部变量都是动态存储

C. 全局变量都是静态存储

D. 动态分配的变量的存储空间在函数结束调用后就被释放了

5. 已知一个函数的定义如下:

```
double fun(int x, double y)
{...}
```

则该函数正确的函数原型声明为(　　)。

A. double fun (int x,double y)　　　　B. fun (int x,double y)

C. double fun (int,double);　　　　　D. fun(x,y);

拓展视角

国产显示器件与自主创新

显示器件用于将电子信号转换为可视的图像或文字，是一种广泛应用于电子设备和计算机中的重要的电子元器件，并成为人们日常生活中不可或缺的一部分。

在国产显示器件的发展过程中，起初主要依靠引进技术和设备来实现国产化。科技创新对于中国的发展和现代化进程的重要性不言而喻，我国实施创新驱动发展的战略方针，鼓励人们积极创新、不断探索、勇于尝试，以推动中国经济的发展和提高国家的竞争力。显示技术是科技创新的一个重要领域，随着国家技术创新能力的不断提升，中国的显示器件制造业也在不断增强自主创新能力，不断发展新的显示器件技术。

中国在液晶显示器件制造方面取得了较大的进展，包括生产液晶面板、背光源等，其中，京东方、华星光电等公司在液晶显示器件领域处于全球领先地位。科技创新驱动了显示技术的不断发展和变革。例如，LED 和 OLED 显示技术的出现，使得显示器变得更加节能、更薄、更轻便、更具色彩鲜艳和对比度等优势；而 VR 和 AR 技术则使得人们可以更加身临其境地体验虚拟世界，从而推动了整个娱乐和游戏产业的进一步发展。此外，中国还在积极推进柔性显示技术的研究和开发。柔性显示技术可以使显示屏具有更大的灵活性和可塑性，适用于更广泛的应用领域，如可穿戴设备、智能手机等。近年来，中国的柔性显示技术研究已经取得了一些进展，如华星光电公司的柔性 OLED 屏幕、京东方公司的柔性 AMOLED 屏幕等。微 LED 技术是另一个备受关注的领域，这种技术可以提供更高的亮度和更好的能效比，适用于大屏幕显示和虚拟现实等领域。

总的来说，中国的显示技术在自主创新方面取得了一些成果，但是与国际领先水平相比，还有一定的差距。未来，中国的显示技术产业需要进一步提高研发能力和技术水平，加强产业协同，推动产业升级，提高在全球市场的竞争力。

项目6 呼叫器设计与实现

项目导入

呼叫器是一种带有多个按键,针对特定接收单位发送预设定信息的电子装置,可分为有线和无线2种。有线呼叫器最常见的是医院病房使用的床头呼叫器,因为有线呼叫器的安装必须布线,费时、费力,接收单位必须在固定地点,工作模式不灵活,维修、维护成本高,应用越来越少。2000年后,中国市场上出现了无线呼叫器,因其实用、方便等优点,迅速得到市场认可。从最初的服务行业、休闲娱乐行业为主,到医院、养老院、施工电梯、楼层呼叫器、工厂、超市、银行、企业、政府办公等,呼叫器的应用越来越广,如图6-1所示。

图 6-1 呼叫器应用领域

本项目具体任务是以51单片机为主控芯片,外接矩阵式键盘、数码管显示电路,通过编程设计并制作具备按键识别和状态显示等功能的呼叫器。

项目目标

素质目标

1. 通过对呼叫器的深入了解,培养学生利用科学技术改造生活、服务社会的意识。
2. 通过对矩阵式键盘的功能设计和实现,培养学生严谨、求实的科学态度和思维方式。
3. 通过对 switch-case 多分支选择语句的学习,树立学生正确的人生观、价值观。

知识目标

1. 能解释矩阵式键盘的工作原理与接口连接方式。
2. 能应用 C 语言 switch-case 多分支选择语句。
3. 能应用单片机矩阵式键盘接口的程序设计方法。

能力目标

1. 能设计矩阵式键盘的电路。
2. 能熟练完成单片机矩阵式键盘接口的程序设计。

项目实施

任务 1　呼叫器需求分析

项目名称	呼叫器设计与实现	任务名称	呼叫器需求分析
任务目标			
1. 能简述呼叫器的分类及应用。 2. 通过对呼叫器的深入了解,培养利用科学技术改造生活、服务社会的意识。			
任务要求			
1. 分组收集并整理呼叫器分类及应用。 2. 根据调研结果,讨论并分析功能需求,编制项目需求方案和汇报 PPT。			
知识链接			

知识点 1　呼叫器分类及应用

　　呼叫器分为有线呼叫器和无线呼叫器 2 种,其中,无线呼叫器使用最为广泛。按产品技术分类,无线呼叫器可以分为基于调频技术的无线呼叫器和基于调幅技术的无线呼叫器。呼叫器可以应用在餐饮服务、银行、行政办公、连锁商超、工厂工地、医疗养老等很多行业,并且功能日益多样化。

　　无线呼叫器是在有线呼叫器的基础上发展起来的,常见的有线呼叫器,如医院病床呼叫器、电梯求助按钮和公共场所紧急报警按钮等,操作简单而有效。但是有线呼叫器需要布线,费用高昂且施工繁琐,因而无法得到广泛应用。有需求,就会有产品,因此无线呼叫器应运而生。

测一测

判断题:

　　(　　)1. 呼叫器分为有线和无线 2 种,其中,有线呼叫器的应用最为广泛。

　　(　　)2. 无线呼叫器分为基于调频技术的无线呼叫器和基于调幅技术的无线呼叫器 2 种。

　　(　　)3. 常见的医院病床呼叫器、电梯求助按钮和公共场所紧急报警按钮等属于有线呼叫器。

任务实施

一、查阅资料,填写调查表

通过市场、网络等各种渠道调查并统计呼叫器产品类型,列举至少5种常用的呼叫器,并说明其应用领域及特点,填写到表6-1中。

表6-1 呼叫器产品调查表

序号	名称	种类	应用领域及特点
1			
2			
3			
4			
5			

二、完成调研报告及汇报 PPT

1. 调研内容:

呼叫器的应用场景及产品特点。

2. 调研方法:

问卷调查法、资料搜索、访谈、统计分析等。

3. 实施方式:

分组完成调查内容,编写调查报告,制作汇报 PPT。

总结与反思

任务2　呼叫器系统方案设计

项目名称	呼叫器设计与实现	任务名称	呼叫器系统方案设计
任务目标			

1. 了解矩阵式键盘的结构特点。
2. 了解矩阵式键盘的工作原理。

设计一个控制呼叫器的单片机系统,通过编程实现在 2 位数码管上显示每个按键的键值。

知识点 2　矩阵式键盘结构

微课:矩阵式键盘结构

独立式键盘与单片机连接时,每一个按键都需要与单片机的一个 I/O 接口相连,若某单片机系统需较多按键,使用独立式按键便会占用过多的 I/O 接口资源。在按键数量较多时,为了减少 I/O 接口的占用,通常将按键排列成矩阵形式,采用行列扫描和逐行/逐列扫描,就可以读出任何位置按键的状态,这种方法被称为矩阵式键盘扫描法。

下面以 4×4 矩阵式键盘为例讲解其电路连接,将 16 个按键排成 4 行 4 列。以行为单位将每个按键的左端连接在一起构成行线,总计 4 行;以列为单位将每个按键的右端连接在一起构成列线,总计 4 列。这样便一共有 4 行 4 列共 8 根线,将这 8 根线连接到单片机的 8 个 I/O 接口上,通过程序扫描键盘就可检测 16 个按键的状态,如图 6−2 所示。

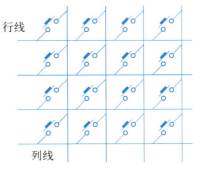

图 6−2　矩阵式键盘结构示意图

用这种方法还可实现 3 行 3 列 9 个按键、4 行 5 列 20 个按键、5 行 5 列 25 个按键、6 行 6 列 36 个按键等各种规格矩阵式键盘的扫描检测,由此可见,在需的键数比较多时,采用矩阵法来做键盘是合理的。矩阵式键盘的用途很广,如计算器、遥控器、触摸屏、提款机、密码输入器等。

从结构上来看,矩阵式结构的键盘比独立式键盘更为复杂,其检测识别逻辑也要复杂一些。在逐列扫描方式下,行线所连接的单片机的 I/O 接口作为输出口,列线所连接的 I/O 接口则作为输入口。在进行矩阵式键盘扫描时,逐行将行线输出置为低电平,当按键没有按下时,行线与列线不导通,所有的输入口都是高电平;扫描过程中,一旦有按键按下,该按键对应的行线和列线导通,列线(输入线)就会被拉低,这样,通过读输入线的状态就可得知是否有按键按下了。

填空题:

对独立式键盘而言,8 根 I/O 接口线可以接＿＿＿＿＿＿个按键,而对矩阵式键盘而言,8 根 I/O 接口线最多可以接＿＿＿＿＿＿个按键。

判断题：

（　　）为了减少键盘与单片机连接时所占用 I/O 接口线的数目，在键数较多时，通常都将键盘采用矩阵式。

任务实施

一、根据产品设计要求，绘制硬件和软件系统设计框图

1. 硬件系统设计框图

2. 软件系统设计框图

二、填写系统资源 I/O 接口分配表

结合系统方案，完成系统资源 I/O 接口分配，填写到表 6-2 中。

表 6-2　系统资源 I/O 接口分配表

I/O 接口	引脚模式	使用功能	网络标号

总结与反思

任务3 呼叫器电路设计

项目名称	呼叫器设计与实现	任务名称	呼叫器电路设计

任务目标

1. 学会矩阵式键盘的电路设计。
2. 通过对矩阵式键盘功能的实现,培养严谨、求实的科学态度和思维方式。

任务要求

设计呼叫器电路并使用 Proteus 仿真软件绘制仿真电路图。

知识链接

知识点 3 **矩阵式键盘接口电路**

呼叫器矩阵式键盘接口参考电路如图 6-3 所示,电路中,单片机的 P0 和 P1 口部分引脚用作矩阵式键盘接口,矩阵式键盘的行线挂载到单片机引脚 P0.0—P0.3,列线挂载到单片机引脚 P1.0—P1.3。矩阵式键盘通过 4 根行线和 4 根列线形成被开关按键控制的 16 个相交点。

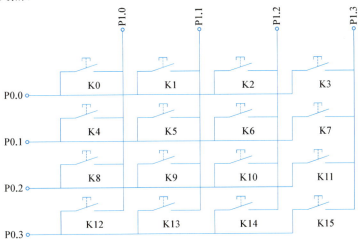

图 6-3 呼叫器矩阵式键盘接口参考电路

测一测

填空题:

如果需要设计一个 6×6 的矩阵式键盘,和单片机连接时,至少要用到单片机的_____个 I/O 引脚。

判断题：

（　　）4×4 的矩阵式键盘的结构是由 4 根行线和 4 根列线组成的，按键位于行线和列线的交叉点上，行线和列线分别连接到按键的同一端口上，且接通上拉电阻到 +5 V 的电源，构成 16 个按键的矩阵键盘。

任务实施

一、仿真电路设计

呼叫器参考仿真电路图如图 6-4 所示，矩阵式键盘行线连接到单片机引脚 P0.0—P0.3，列线连接到单片机引脚 P1.0—P1.3。数码管选用七段 2 位共阳极数码管，显示段码连接到单片机 P2 口，位码连接到单片机引脚 P3.0 和 P3.1。

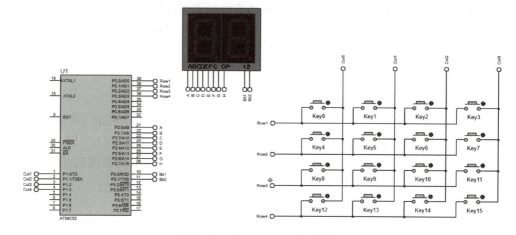

图 6-4　呼叫器参考仿真电路图

呼叫器参考仿真电路图元件清单见表 6-3。

表 6-3　呼叫器参考仿真电路图元件清单

元件名称	元件位号	参 数	规 格	Proteus 库元件名	作　用
单片机	U1	AT89C52	DIP40	AT89C52	核心芯片
数码管	D1		共阳极	7SEG-MPX2-CA	显示
按键	Key1—Key16		6×8	BUTTON	矩阵式键盘输入

二、Proteus 仿真电路图绘制

参考图 6-4 及表 6-3，结合系统方案设计中的接口分配，完成呼叫器仿真电路设计及绘制。

总结与反思

任务 4　呼叫器软件设计

项目名称	呼叫器设计与实现	任务名称	呼叫器软件设计
任务目标			
1. 能应用 C 语言 switch-case 多分支选择语句设计程序。 2. 学会 return、continue、break 3 种特殊语句的使用。 3. 完成呼叫器控制系统的设计与实现。 4. 通过对 switch-case 多分支选择语句的学习,树立正确的人生观、价值观。			
任务要求			
根据呼叫器功能设计要求,设计程序流程图,编程实现对呼叫器的控制。			
知识链接			

知识点 4　switch-case 多分支选择语句

在实际的应用中,很多情况下需要多分支的选择。以一个变量的值为选择条件,当变量处于选择条件中的某一值时,程序就对应执行相应的语句。解决这种问题也可以用 if 选择语句来解决,但是如果分支较多,则嵌套的 if 选择语句层数太多,程序可读性较低。在 C 语言中,提供了一个 switch-case 多分支选择语句来直接处理并行多分支的选择问题,如图 6 - 5 所示。

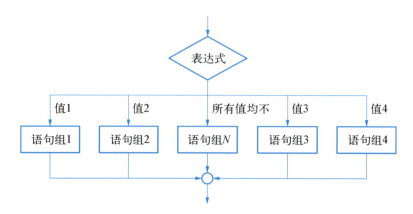

图 6-5 switch-case 多分支选择语句执行过程

switch-case 多分支选择语句的一般形式为：

```
switch(表达式)
{
    case 常量表达式 1:{语句组 1；break；}
    case 常量表达式 2:{语句组 2；break；}
    case 常量表达式 3:{语句组 3；break；}
    case 常量表达式 4:{语句组 4；break；}
    …
    default:{语句组 N；break；}
}
```

关于 switch-case 多分支选择语句的说明如下：

1. 当 switch()括号中的表达式值与某一个 case 后面的常量表达式值相等时，就会执行该 case 后面的语句组，然后执行 break 语句退出本次选择分支。当所有 case 后面的常量表达式值都没有匹配时，则会执行 default 后的缺省选择分支。

2. 每一个 case 的常量表达式必须是互不相同的，否则将出现分支混乱的局面。

3. 如果在 case 语句组后面不加 break 语句，则程序在执行本行后，不会退出 switch，而是执行后续的 case 语句组，将导致多个分支重叠；具体 case 后是否要添加 break 语句，需要根据程序设计决定。

4. 即使程序不需要缺省选择分支，为了保证 switch-case 多分支选择语句的结构完整性和程序代码可扩展性，也应该保留最后的"default：break；"语句。

知识点 5　**return、break、continue 语句的作用**

一、return 语句的作用

return 语句的作用是终止一个函数的执行，并附带 return 后的值作为函数返回值。

return 语句在使用时应当注意以下几点：

1. return 语句执行后，程序将从当前的函数中退出，返回到调用该函数的语句处继续向下执行。

2. return 语句返回一个值给调用本函数的语句，返回值的数据类型必须与函数声明中的返回值的类型一致，可以使用强制类型转换来使数据类型保持一致。

二、break 语句的作用

break 语句的作用是结束当前循环，转而执行循环外的语句。break 语句在使用时应当注意以下几点：

1. 只能在循环体内和 switch-case 多分支选择语句体内使用 break 语句。

2. 当 break 语句出现在循环体内的 switch-case 多分支选择语句体内时，其作用只是跳出该 switch-case 多分支选择语句体，而不跳出当前循环体。

3. 当 break 语句出现在循环体内，但并不在 switch-case 多分支选择语句体内时，则在执行 break 语句后，跳出本层循环体。

三、continue 语句的作用

continue 语句的作用是跳过循环体内的语句，结束本次循环，并强制进入下一次循环。continue 语句在使用时应当注意以下几点：

1. continue 语句的一般形式为：

```
continue；
```

2. 执行 continue 语句并没有使整个循环终止。在 while 和 do-while 循环中，continue 语句使流程直接跳到循环控制条件的判断部分，然后决定循环是否继续进行。

3. 在 for 循环中，遇到 continue 语句后，则跳过循环体内余下的语句，而去对 for 循环语句中的"循环变量增值表达式"求值，然后进行"循环条件表达式"的条件判断来决定 for 循环是否继续执行。在循环体内，不论 continue 语句是作为何种语句中的语句成分，都将按上述功能执行，这点与 break 语句有所不同。

知识点 6　矩阵式键盘的按键识别方法

矩阵式键盘的按键识别方法很多，其中最常见的是行扫描法。行扫描法又被称作逐行扫描查询法。

逐行扫描查询法的基本思路是：将键盘的行、列引脚连接到单片机 I/O 接口，其中，行连接的 4 个单片机 I/O 接口引脚轮流输出低电平，来对矩阵式键盘进行逐行扫描；扫描时，列收到的数据不全为高电平时，说明有按键按下；此时，通过读取当前扫描的列号和对应的行号，即可计算具体是哪个按键被按下。

本项目采用 4×4 矩阵式键盘，总计 16 个按键，使用逐行扫描查询法，其具体流程如图 6-6 所示。

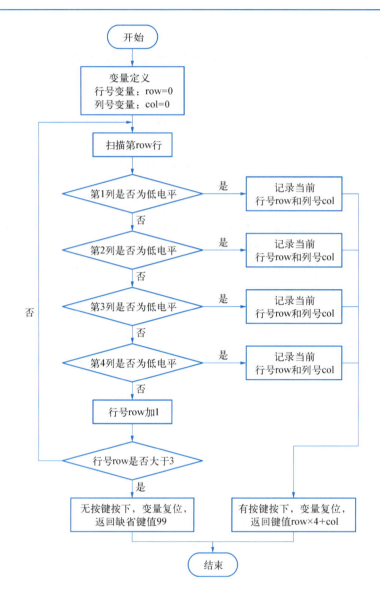

图6-6 矩阵式键盘逐行扫描查询法流程图

步骤1：行线状态设置。

在进行矩阵式键盘扫描前，需要对单片机I/O接口的初始状态进行设置。本项目参考仿真电路中，行线挂载在单片机引脚P0.0—P0.3上，列线挂载在单片机引脚P1.0—P1.3上，行、列初始状态均为高电平。

为了实现逐行扫描，每次只能将一条行线变为低电平，所以在程序设计中，可以使用移位指令，以左移指令＜＜为例，定义行扫描初始状态变量为 $Scan = 0xFE = (11111110)_2$，当Scan变量左移时，低位的**0**将移动到高一位的位置，同时，再将左移后的变量加1，使左移后最低位补位的**0**变为**1**，即：

$$Scan = (Scan << 1) + 1$$

以 Scan＝0xFE＝(1111110)₂ 为例，在进行一次左移累加后，Scan 的状态变为(11111101)₂，实现了每次将一条行线变为低电平，如此循环 4 次，即可依次将 4 条行线都变为低电平，完成逐行扫描功能。

在程序代码中，将该变量赋值给 P0 口，即可实现每次使一条行线变为低电平。

步骤 2：逐行扫描。

逐行扫描从第一行开始，逐行扫描每一行的状态，如果在扫描某一行时，对应的列电平不全为高电平，则说明对应列有按键按下，其具体流程如下：

(1) 扫描第一行，将 Scan 赋值给 P0 口，此时 P0＝0xfe，即 P0.0 端口为低电平，P0.1—P0.3 端口均为高电平，执行第 0 行扫描动作；分别读取 P1.0—P1.3 端口的状态，如某一列端口为低电平，则表示对应列有按键按下。

(2) 扫描第二行，将 Scan 左移并加1(见步骤1)，赋值给 P0 端口，此时 P0＝0xfd，即 P0.1 端口为低电平，P0.0、P0.2、P0.3 端口均为高电平，执行第 1 行扫描动作；分别读取 P1.0—P1.3 端口的状态，如某一列端口为低电平，则表示对应列有按键按下。

(3) 扫描第三行，将 Scan 左移并加1(见步骤1)，赋值给 P0 端口，此时 P0＝0xfb，即 P0.2 端口为低电平，P0.0、P0.1、P0.3 端口均为高电平，执行第 2 行扫描动作；分别读取 P1.0—P1.3 端口的状态，如某一列端口为低电平，则表示对应列有按键按下。

(4) 扫描第四行，将 Scan 左移并加1(见步骤1)，赋值给 P0 端口，此时 P0＝0xf7，即 P0.3 端口为低电平，P0.0、P0.1、P0.2 端口均为高电平，执行第 3 行扫描动作；分别读取 P1.0—P1.3 端口的状态，如某一列端口为低电平，则表示对应列有按键按下。

逐行扫描函数可以用 for 循环语句实现，结合 switch-case 多分支选择语句判断是否有按键按下，其示例代码如下：

```
/************************************************************
* 函数名称：KeyScan()
* 函数功能：查询键盘是否有键按下并返回按键键值
* 输入/输出参数：无
* 返回值：按键键值
************************************************************/
unsigned int KeyScan()
{
...
    /*以下为逐行扫描功能部分示例代码*/
    for(row = 0; row < 4; row++)   //从第0行开始扫描到第3行
    {
        KeyFlag = 0;   //按键按下标识位,0表示有按键按下,1表示无按键
                       //按下
        P0 = Scan;     //设置行扫描状态
```

```
        Scan = (Scan << 1) + 1;   //扫描行号加 1
        tmp = P1；  //获取当前列状态

        switch(tmp)   //通过 switch-case 多分支选择语句,判断列状态
        {
            case 0xfe：col = 0；break；   //P1.0 变为低电平,说明有按键按下,
                                          //记录列号 col = 0
            case 0xfd：col = 1；break；   //P1.1 变为低电平,说明有按键按下,
                                          //记录列号 col = 1
            case 0xfb：col = 2；break；   //P1.2 变为低电平,说明有按键按下,
                                          //记录列号 col = 2
            case 0xf7：col = 3；break；   //P1.3 变为低电平,说明有按键按下,
                                          //记录列号 col = 3
            default：KeyFlag = 1；        //无按键按下时,按键按下标识位置 1
        }
        ...
    }
}
```

步骤 3：键值计算。

逐行扫描过程中,扫描到有按键按下时,需要进行键值计算,确定当前是哪个按键被按下;按键键值代表当前按下按键的位置和编号,本项目采用 4×4 矩阵式键盘,总计 16 个按键,每个按键的编号如图 6-7 所示。

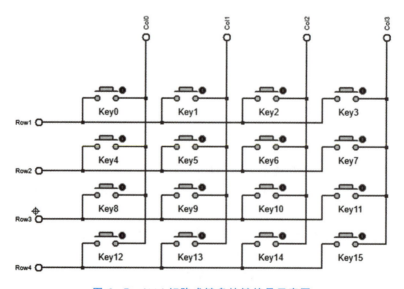

图 6-7 4×4 矩阵式键盘按键编号示意图

按键的键值和编号由按键所在行列位置确定,它们之间有如下算法关系:

$$KeyValue(键值) = 行号 \times 4 + 列号$$

例如:进行第 0 行扫描时,读取到 P1.1 端口为低电平,则说明第 1 列按键被按下,综合行列号可知,此时按下的按键为第 0 行第 1 列(Key1),结合按键键值计算方法可知,此时键值为:

$$KeyValue(键值) = 行号 \times 4 + 列号 = 0 \times 4 + 1 = 1$$

其示例代码如下:

```c
/**************************************************************
* 函数名称：KeyScan()
* 函数功能：查询键盘是否有键按下并返回按键键值
* 输入/输出参数：无
* 返回值：按键键值
**************************************************************/
unsigned int KeyScan()
{
 ...

    /*以下为逐行扫描功能部分示例代码*/
    for(row = 0；row < 4；row++)    //从第 0 行开始扫描到第 3 行
    {

        ...
        /*以下为键值计算部分示例代码*/
        if(KeyFlag == 0)    //当 KeyFlag 为 0 时,说明有按键被按下
        {
            return (4 * row + col);    //根据键值计算公式,计算当前按下
                                       //按键的键值
        }
    }
    return 99;    //一轮扫描结束后,无按键按下,返回按键缺省值 99,
                  //表示无按键按下

}
```

微课:矩阵式键盘程序设计

测一测

单选题：

1. 若调用一个函数，且此函数中没有 return 语句，则以下说法正确的是（　　）。

　A. 该函数没有返回值　　　　　　　　B. 该函数返回若干个系统默认值

　C. 能返回一个用户所希望的函数值　　D. 返回一个不确定的值

2. break 语句的作用是（　　）。

　A. 结束本次循环　　　　　　　　　　B. 结束本层循环

　C. 结束 switch-case 多分支选择语句　D. 结束主函数的执行

3. C 语言开发时，为了提高程序的可读性，switch-case 多分支选择语句中，不管有没有无效分支，都应（　　）。

　A. 使用 default 语句　　　　　　　　B. 使用 else 语句

　C. 使用 end 语句　　　　　　　　　　D. 使用 return 语句

4. 矩阵式键盘查询行扫描方法中，通过（　　）确认键值。

　A. 将所有行线均置为低电平，再依次检查所有列线的电平状态

　B. 将所有行线均置为低电平，再检查所有列线的电平状态

　C. 依次将行线置为低电平，再逐行检查所有列线的电平状态

　D. 依次将列线置为低电平，再逐列检查所有行线的电平状态

任务实施

一、算法分析

系统上电，2 位数码管默认显示"00"，并实时扫描矩阵式键盘，判断是否有按键按下。如果有按键按下，判断按键所在的具体位置，得到按键的行号和列号，根据对应的行号和列号计算出按键键值并返回给主函数，并将按键键值实时显示在数码管上。

二、程序设计与流程图绘制

主程序主要完成硬件初始化、显示功能函数调用、判断是否有按键按下、按键扫描函数调用等功能。

（1）硬件初始化

通过初始化把数码管设置显示初值，完成硬件初始化。

（2）判断是否有按键按下

首先单片机逐行进行行状态扫描，然后从列检测口读取列检测信号，只要一列信号不为高电平，则表示有按键按下；否则表示无按键按下。

（3）按键扫描函数调用

如果有按键按下，则通过键值计算确定按键具体的位置，并显示在数码管上。

绘制主程序流程图：

三、项目创建及源程序编写

1. 启动 Keil 软件，创建项目：Beeper_学号.UVPROJ。

2. 对项目的属性进行设置：目标属性中，在"Output"选项卡勾选"Create HEX File"复选框。

3. 编写源程序，文件命名为"Beeper_学号.c"，保存在项目文件夹中。

4. 编译，生成 HEX 文件。

文本：呼叫器参考源程序

总结与反思

任务 5　呼叫器调试与运行

项目名称	呼叫器设计与实现	任务名称	呼叫器调试与运行
任务目标			

1. 通过项目开发实践，完成呼叫器应用系统设计，了解及体验真实项目开发过程。

2. 熟练使用常用仪器、工具，完成电路的焊接与调试。

3. 能使用常用方法解决调试中的问题。

4. 培养爱护设备、安全操作、遵守规程、执行工艺、认真严谨、忠于职守的职业操守。

任务要求

1. 使用 Keil 软件与 Proteus 仿真软件完成联合仿真调试。

2. 完成硬件焊接与调试。

3. 完成软硬件联合调试。

任务实施

一、联合仿真调试

1. 将 Keil 软件产生的 HEX 文件加载到 Proteus 仿真软件的仿真电路图的单片机 AT89C52 芯片中。

2. 单击仿真运行开始按钮 ▶，按下对应按钮观察显示数字效果。

二、硬件焊接与调试

根据设计方案,使用万能板或定制的 PCB,按原理图及元件清单完成电路焊接与调试。

三、软硬件联合仿真调试

1. 将单片机最小系统板与焊接完成的呼叫器产品进行端口连接,并完成电路检测。

2. 下载产品功能程序到硬件系统。

3. 运行调试程序,实现呼叫器功能。

视频:呼叫器仿真效果

视频:呼叫器示例效果

调试记录

总结与反思

项目考核

项目名称	呼叫器设计与实现			
考核方式	过程＋结果评价			
考核内容与评价标准				
序号	评分项目	评 分 细 则	分值	得分	评分方式
1	职业素养	安全用电	2		过程评分
		环境清洁	2		
		操作规范	3		
		团队合作与职业岗位要求	3		
2	方案设计	方案设计准确	10		结果评分
3	电路图设计	电路图符合设计要求	15		
4	程序设计与开发	流程图绘制	5		
		数码管显示正常	15		
		按键功能正常	10		
		仿真联调与运行（调试记录）	5		
5	实物焊接与调试	元件摆放、焊点质量、焊接完成度	15		
6	任务与功能验证	功能完成度	10		
7	作品创意与创新	作品创意与创新度	5		
总结与反思				

项目拓展

项目名称	呼叫器设计与实现

拓展应用

应用矩阵式键盘设计一个简易的计算器。

习题

判断题：

（   ）1. continue 语句只能用于 3 个循环语句中。

（   ）2. switch-case 多分支选择语句可以用 if 选择语句完全代替。

（   ）3. switch-case 多分支选择语句的 case 表达式必须是常量表达式。

（   ）4. if 选择语句、switch-case 多分支选择语句可以嵌套，而且嵌套的层数没有限制。

（   ）5. 条件表达式可以取代 if 选择语句，或者用 if 选择语句取代条件表达式。

（   ）6. switch-case 多分支选择语句的各个 case 和 default 的出现次序不影响执行结果。

（   ）7. 多个 case 可以执行相同的程序段。

（   ）8. 内层 break 语句可以终止嵌套的 switch，使最外层的 switch 结束。

（   ）9. switch-case 多分支选择语句的 case 分支可以使用复合语句，多个语句序列。

（   ）10. switch-case 多分支选择语句的表达式与 case 表达式的类型必须一致。

单选题：

以下关于按键的说法中，错误的是（   ）。

A. 按键是单片机控制系统中使用最广泛的一种输入方式，各种开关、按钮、拨指开关都是按键的具体形式

B. 一般情况下在机械式按键被按下和被释放的瞬间，都会有一定时间的抖动，这个抖动可以通过电容或软件来消减

C. 在系统中独立按键比较多的时候，可以组成行列矩阵式键盘的形式、用于节省 I/O 引脚的数目

D. 如果系统中有 16 个按键，则可以组成 4×4 的矩阵式键盘，通过 4 个 I/O 引脚来连接

拓展视角

键盘技术与人工智能

键盘作为输入设备，在人工智能领域中扮演着重要的角色。键盘技术的应用不仅可

以提高人工智能系统的交互性能,还可以通过键入命令或者文字输入来训练和控制智能算法。然而,键盘技术在人工智能领域中也面临着一些挑战。

首先,键盘技术在人工智能应用中的一个主要挑战是提高输入效率和准确性。目前大部分键盘技术还是基于传统的物理按键,对于输入速度和准确性存在一定的限制。随着自然语言处理和语音识别等技术的发展,使用键盘输入的方式可能会逐渐被其他更直观和高效的输入方式所取代。

其次,键盘技术在人工智能应用中需要面对多语言输入和多方式输入的问题。全球范围内的人工智能应用需要支持多种语言的输入和交流,键盘技术需要具备良好的国际化能力,以适应不同语种和文化背景下的用户需求。此外,随着虚拟现实和增强现实等新技术的兴起,键盘技术还需要适应新的输入方式,如手势识别、眼球追踪等。

再次,键盘技术在人工智能应用中也涉及信息安全和隐私保护的问题。在人工智能系统中,键盘输入可能包含敏感信息,如个人身份、密码等。因此,如何确保键盘技术的安全性和隐私保护成为一个重要的挑战。需要研发更加安全可靠的键盘技术,以防止信息泄露和攻击。

最后,键盘技术在人工智能应用中还需要与其他技术进行深度融合。例如,与语音识别、自然语言处理、机器学习等技术相结合,实现更智能化的输入和交互方式。此外,结合智能推荐和上下文理解等技术,可以实现更加个性化和智能化的键盘输入。

综上所述,键盘技术在人工智能领域中具有广泛的应用前景,但也面临着提高输入效率和准确性、多语言输入和多方式输入适配、信息安全和隐私保护等挑战。通过持续的研发和创新,相信键盘技术将能够更好地满足人工智能应用的需求,并为人工智能带来更便捷和智能的交互体验。

项目7 声光报警器设计与实现

项目导入

声光报警器是指满足设定的某种或某类异常条件时，通过声、光等形式发出提醒或警示信号的一种报警信号装置。报警器在平时的生活中非常常见，特别是家用报警器，常见的家用报警器有防盗、防入侵、防火灾、防有毒气体报警器等，如门磁感应器和煤气感应报警器。随着电子、物联网、传感器、芯片技术及单片机技术的发展，报警器更加智能化、规模化，广泛应用于智能安防、系统故障、交通运输、医疗救护、应急救灾、感应检测等领域，如图7-1所示。

图 7-1 声光报警器应用领域

本项目具体任务是以51单片机为主控芯片，外接传感器及声光、显示电路，通过编程实现自动监测、实时报警和状态信息显示等功能，完成智能声光报警器的设计与实现。

项目目标

素质目标

1. 培养自信自立品质、科技创新能力、问题导向思维及安全意识。

2. 树立辩证唯物主义思想,培养效率感。

3. 通过项目任务实践环节,强化工程实践能力和创新能力。

知识目标

1. 能解释中断、中断源、中断响应、中断处理、中断返回等概念。

2. 能说出 51 单片机中断系统的结构和特点。

3. 能设计中断处理过程的应用。

能力目标

1. 能分析电路原理图,能使用常用元器件设计报警电路模块。

2. 能运用单片机中断技术,会编写中断处理程序。

3. 能编写 OLED 液晶显示模块的驱动程序。

4. 能理解模块化程序设计思路和理念,对程序进行模块化封装。

项目实施

任务 1　声光报警器需求分析

项目名称	声光报警器设计与实现	任务名称	声光报警器需求分析

任务目标

1. 调查了解报警器的应用及相关技术。
2. 通过对报警器技术的深入了解,激发科技创新和安全意识。

任务要求

1. 分组调研收集声光报警器典型应用案例及典型技术。
2. 分组收集并整理声光报警器应用资料,撰写调查报告,制作汇报 PPT。

知识链接

知识点 1　声光报警器及其工作原理

声光报警器是一种可用在不同场所,自动监测布防区域,一旦发生突发事件,通过声音和各种光来向人们发出示警信号的报警信号装置,能更强烈地提醒人们时时处处注意安全,安全第一。

声光报警器利用单片机技术和红外、门磁传感器等组成系统,当红外或门磁等传感器探测到有入侵或异常情况时,立即发送报警信号到声光报警器,声光报警器同时发出声、光等多种警报信号,并提示发生报警的区域部位,显示可能采取对策的系统。

知识点 2　51 单片机 I/O 接口数据传送方式

51 单片机的 CPU 与外部设备交换信息,通常有程序传送方式和中断传送方式。

一、程序传送方式

程序传送方式通过执行程序中的 I/O 指令来控制 CPU 与外部设备之间的数据交换,分为无条件传送方式和查询传送方式(有条件)。

1. 无条件传送方式

采用无条件传送方式时,CPU 对外设进行输入输出操作时,无需考虑外部设备的状态,可以根据需要随时进行数据传送操作。无条件传送方式适用于以下 2 类外部设备的数据传送:具有常驻的或变化缓慢的数据信号的外部设备,如指示灯、发光二极管、数码管等;工作速度非常快,足以和 CPU 同步工作的外部设备,如数模转换器,CPU 可以随时向其传送数据,进行数模转换。

2. 查询传送方式

采用查询传送方式时,要先测试外部设备的状态,待外部设备准备就绪,再执行 I/O 指令进行数据传送,否则循环测试等待。查询传送方式的优点是能保证主机与外部设备之间同步工作,且硬件线路比较简单,程序也容易实现;缺点是浪费 CPU 时间,实时性差,适用于数据输入输出不太频繁且外部设备较少,对实时性要求不高的情况。

二、中断传送方式

中断传送方式是当外部设备需要与 CPU 进行信息交换时,由外部设备向 CPU 发出请求信号,使 CPU 暂停正在执行的程序,转去执行数据的输入输出操作(即中断处理),数据传送结束后,CPU 再继续执行被暂停的程序。其优点是 CPU 与外部设备可以并行工作,不必查询等待,CPU 工作效率高;缺点是硬件结构相对复杂,每进行一次数据传送都要转去执行中断处理程序,都要进行断点和现场的保护和恢复,浪费了很多 CPU 时间,容易造成数据丢失,适用于高效场合。

测一测

填空题:

1. 单片机与 I/O 设备的数据传送方式有无条件传送、_____、_____ 3 种方式。

2. 主机与外部设备传送数据时:采用_____方式,主机与外部设备是串行工作;采用_____方式,主机与外部设备是并行工作。

3. 声光报警器系统中,数据传送适用_____方式实现。

任务实施

一、查阅资料,填写调查表

通过市场或网络调查常用报警器的应用,填写到表 7-1 中。

表 7-1　常用报警器应用调查表

序号	报警器名称	应 用 领 域	硬件系统	常用传感器

二、查阅资料,列出相关技术领域

通过查询相关资料,列出智能报警系统中涉及的技术领域。

三、完成调研报告及汇报 PPT

分组收集并整理声光报警器应用资料和常见功能分析,撰写调研报告,制作汇报 PPT。

总结与反思

任务 2　声光报警器系统方案设计

项目名称	声光报警器设计与实现	任务名称	声光报警器系统方案设计

任务目标

1. 能解释中断、中断源、中断响应、中断处理、中断返回等概念。
2. 能概述 51 单片机中断系统的结构和特点。

任务要求

设计一个声光报警器,以 51 单片机为控制核心,外接红外、门磁传感器等,声光报警、按键及显示模块,实现对布防区域手动/自动监测、实时报警和状态信息显示等功能,具体功能如下:

1. 可通过 2 个按键设置撤防和布防模式。
2. 布防模式下,实时监测现场,OLED 显示字符"监控中……"。
3. 可实现手动紧急报警。
4. 当有异常情况时,蜂鸣器响,红灯闪烁,显示异常情况信息(根据需要自定义),异常情况解除后,报警器恢复为正常工作状态。

🔍 **小提示**

布防状态:是指操作人员执行了布防指令后,使该系统的探测器开始工作(俗称"开机"),并进入正常警戒状态,系统对探测器探测到的入侵行为实时反馈报警。

撤防状态:是指操作人员执行了撤防指令后,使该系统的探测器不能进入正常警戒工作状态,或从警戒状态下退出,使探测器无效(俗称"关机")。此时,系统对探测器探测到的动作不作反应。

知识链接

知识点 3　中断的基本概念

单片机中断是指单片机系统在执行主程序过程中,若单片机内外中断源向 CPU 发出中断请求信号,则系统将停止主程序的执行,产生断点,中断响应转去执行中断服务程序,执行完后再返回断点,继续执行主程序的过程,如图 7-2 所示。中断的优点有分时操作、实时响应、可靠性高。

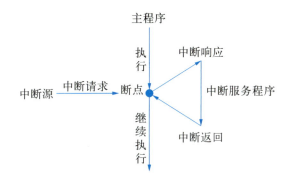

微课:中断　　动画:中断
定义

图 7-2　单片机中断示意图

下面简单介绍与中断有关的相关概念。

主程序:原来正常运行的程序称为主程序,项目程序中的 main()函数就是主程序。

中断源:引起中断的原因,或能发出中断请求的来源,称为中断源。中断源可以是人为设定,也可以是为响应突发性随机事件而设置,通常有 I/O 设备、实时控制系统中的随机参数和信息故障源等。

中断请求:中断源发出的信号称为中断请求(或中断申请)。

断点:主程序被断开的位置(或地址)称为断点。

中断服务程序:当 CPU 响应中断后,转到执行相应的处理程序,该处理程序通常称为中断服务程序。中断服务程序的调用过程类似于一般函数调用,区别在于何时调用一般函数在程序中是事先安排好的;而何时调用中断服务程序事先却无法确定,因为中断的发生是由外部因素决定的,程序中无法事先安排调用语句。因此,调用中断服务程序的过程是由硬件自动完成的。

知识点 4　中断系统结构

51 单片机的中断系统有 5 个中断源(STC12C5A60S2 单片机有 6 个中断源),2 个优先级,可实现二级中断嵌套。51 单片机中断系统结构如图 7-3 所示。

微课:中断　　动画:中断
系统结构　　系统工作
过程

1. 51 单片机的 5 个中断源

(1) $\overline{\text{INT0}}$:外部中断 0,中断请求信号由引脚 P3.2 输入。

(2) $\overline{\text{INT1}}$:外部中断 1,中断请求信号由引脚 P3.3 输入。

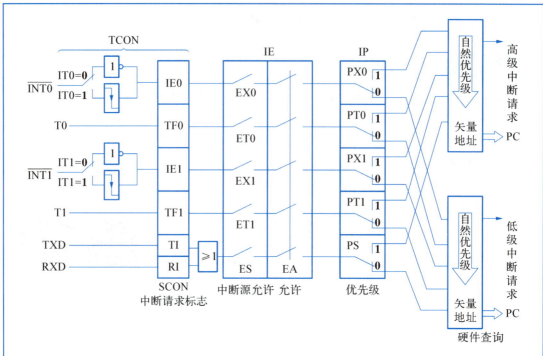

图 7 – 3   51 单片机中断系统结构

（3）TF0：定时器 0（T0）溢出中断。

（4）TF1：定时器 1（T1）溢出中断。

（5）RI 或 TI：串行中断。

2. 中断系统相关的 4 个特殊功能寄存器

（1）定时器/计数器控制寄存器 TCON：控制定时器和外部中断。

外部中断$\overline{INT0}$/$\overline{INT1}$可由 IT0（TCON.0）/IT1（TCON.2）选择其为低电平有效还是下降沿有效，各个中断源向 CPU 申请中断时，相应中断请求标志位由硬件置位，向 CPU 申请中断。例如，当 T0 产生溢出时，T0 中断请求标志位 TF0 由硬件自动置位，向 CPU 请求中断处理。

（2）中断允许控制寄存器 IE：控制各中断的开放和屏蔽。

中断允许控制位分为中断允许总控制位 EA 与各中断源允许位，它们集中在 IE 寄存器中，用于控制中断的开放和屏蔽。

（3）中断优先级控制寄存器 IP：设置各中断的优先级。

5 个中断源的排列顺序由中断优先级控制寄存器 IP 和自然优先级共同确定。

（4）串行接口控制寄存器 SCON：控制串行中断。

当接收或发送完一串行帧数据时，内部串行接口中断请求标志位 RI（SCON.0）或 TI（SCON.1）置位（由硬件自动执行），请求中断。

小提示 🔍

计算机中断系统有 2 种不同类型的中断：一类称为非屏蔽中断，另一类称为可屏蔽中断。对于非屏蔽中断,用户不能用软件的方法加以禁止,一旦有中断请求,CPU 必须予以响应。对于可屏蔽中断,用户可以通过软件方法来控制 CPU 是否响应该中断源的中断请求,允许 CPU 响应该中断请求称为中断开放,不允许 CPU 响应该中断请求称为中断屏蔽。51 单片机的 5 个中断源都是可屏蔽中断。

测一测

填空题:

1. 51 单片机的中断源有_____、_____、_____、_____、_____。

2. 中断源是否允许中断是由_____寄存器决定的,中断源的优先级别是由_____寄存器决定的。

3. 中断系统结构中有 4 个与中断有关的寄存器,分别为_____、_____、_____和_____。

任 务 实 施

一、根据产品设计要求,绘制硬件和软件系统设计框图

1. 硬件系统设计框图

2. 软件系统设计框图

二、填写系统资源 I/O 接口分配表

结合系统方案,完成系统资源 I/O 接口分配,填写到表 7－2 中。

表 7－2　系统资源 I/O 接口分配表

I/O 接口	引脚模式	使用功能	网络标号

总结与反思

任务 3　声光报警器电路设计

项目名称	声光报警器设计与实现	任务名称	声光报警器电路设计
任务目标			

1. 学会声光报警器电路设计及 OLED 模块的使用。
2. 能概述传感器及液晶显示行业未来发展趋势,树立中国品牌意识,激发民族责任感。

任务要求

设计声光报警器电路并使用 Proteus 仿真软件绘制仿真电路图。

知识链接

知识点 5　传感技术与传感器

传感技术是发展物联网及其应用的关键和瓶颈技术,传感器是发展中国装备制造业的关键基础元器件。传感技术和传感器是国家综合实力、科技水平、创新能力衡量指标之一。

报警器具有紧急呼叫、环境状态监测及危情预警等功能,各种功能的实现最重要的是依赖于传感器对各类状态数据的采集,常见报警器使用的传感器包括红外、门磁传感器等开关量传感器,烟雾、压力、位移传感器等模拟量传感器,以及温湿度、光照传感器等数字传感器。

知识点 6　OLED 显示屏

报警器往往需要通过显示屏实时实现数据及状态监控。OLED(organic light emitting diode,有机发光二极管)显示屏具有自发光、轻薄、亮度高、功耗低、响应快、清晰度高、柔性好、发光效率高等特点,能满足消费者对显示技术的新需求,是下一代的平面显示器新兴应用技术。

本项目中使用的是 0.96 寸单色 OLED 显示屏,如图 7 - 4 所示,兼容 6800、8080 两种并行接口方式,3 线或 4 线的 SPI 接口方式和 I²C 接口方式,基本参数为:工作电压为 3.3~5 V;像素点阵规模为 128×64(128 列,64 行);驱动芯片为 SSD1306。其 I²C 接口定义见表 7-3。

表 7-3　I²C 接口定义

引脚名称	引 脚 说 明
GND	电源地
VCC	电源正(3~5.5 V)
SCL	模块 I²C 总线时钟信号
SDA	模块 I²C 总线数据信号

图 7-4　OLED 显示屏

知识点 7　声光报警电路

　　声光报警电路由发光二极管、三极管和蜂鸣器组成。蜂鸣器按驱动方式可分为有源蜂鸣器(内含驱动电路)和无源蜂鸣器(外部驱动)。这里的"源"指的是振荡源,无源蜂鸣器内部没有振荡源,只有给它一定频率的方波信号,才能让蜂鸣器的振动装置起振,从而实现发声,同时,输入的方波频率不同,发出的声音也不同;有源蜂鸣器则不需要外部的振荡源,只需要接入直流电源,即可自动发出声音(声音频率相对固定)。在 Proteus 仿真软件中,SOUNDER 为无源蜂鸣器,BUZZER 为有源蜂鸣器。

　　本项目选用有源蜂鸣器。有源蜂鸣器一般需要用三极管放大电流,单片机输出低电平时,三极管导通,蜂鸣器报警。声光报警电路如图 7-5 所示。

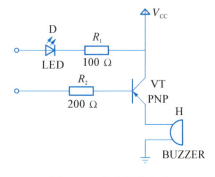

图 7-5　声光报警电路

小提示

　　如何判断蜂鸣器是有源还是无源?

　　方法 1:直接连接稳压电源,如果发出"咔咔"的声音,则是无源,发出"嘀嘀"的声音,则是有源。

　　方法 2:用万用表的电阻挡进行测量,如果电阻值只有几十欧,交换两表笔测量,仍为几十欧,则是无源,电阻值大于 1 kΩ,则是有源。

　　方法 3:看器件上面是否含有白色的胶纸,含有的是有源,没有的是无源;有源的引脚一高一低,无源的 2 个引脚高度一致。

测一测

填空题:

　　1. 蜂鸣器按驱动方式可分为_____和_____。

2. 图 7-5 中,三极管 VT 起_____作用。

单选题:

有源蜂鸣器和无源蜂鸣器中的"源"是指(　　)。

A. 电源　　　　　　　B. 振荡源　　　　　　　C. 源极　　　　　　　D. 以上都不是

任务实施

一、仿真电路设计

声光报警器参考仿真电路图如图 7-6 所示,使按键 SB 模拟产生外部中断请求信号。

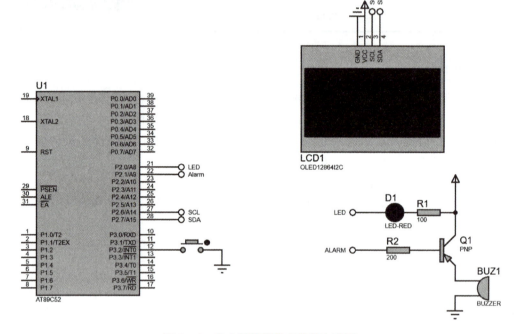

图 7-6　声光报警器参考仿真电路图

声光报警器参考仿真电路图元件清单见表 7-4。

表 7-4　声光报警器参考仿真电路图元件清单

元件名称	元件位号	参　数	规　　格	Proteus 库元件名	作　用
单片机	U1	AT89C52	DIP40	AT89C52	核心芯片
OLED	LCD1	0.96 寸	0.96 寸	OLED12864I2C	信息显示
按键	SB	φ8	6×6×8	BUTTON	模拟产生外部中断请求信号
发光二极管	D1	Φ5	红色高亮	LED-RED	报警信号灯

续　表

元件名称	元件位号	参　数	规　格	Proteus 库元件名	作　用
三极管	Q1	9012	PNP	PNP	驱动
蜂鸣器	BUZ1	5 V	有源蜂鸣器	BUZZER	产生报警信号
电阻器	R1	100 Ω	1/4W,金属膜电阻器	RES	限流电阻
电阻器	R2	200 Ω	1/4W,金属膜电阻器	RES	限流电阻

二、Proteus 仿真电路图绘制

参考图 7-6 及表 7-4,结合系统方案设计中的接口分配,完成声光报警器仿真电路设计及绘制。

小提示 🔍

在 Proteus 仿真软件中,有源蜂鸣器模型的默认参数为 12 V 驱动,负载电阻为 12 Ω。电源模型的默认电压为 5 V,需要保证电源的供电电压与蜂鸣器工作电压一致,在仿真中,将蜂鸣器 BUZZER 的工作电压设置为 5 V。

总结与反思

任务 4　声光报警器软件设计

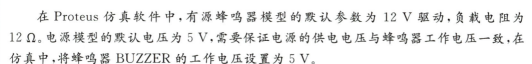

项目名称	声光报警器设计与实现	任务名称	声光报警器软件设计
任务目标			

1. 能应用 OLED 显示编程方法。
2. 能应用中断相关寄存器 TCON、IE、SCON、IP 的相关知识。
3. 能应用中断响应条件、中断处理过程及中断请求的撤除方法。
4. 能应用中断的编程步骤及编程方法,完成外部中断的控制程序编写。

1. 开机界面显示字符"OLED OK",1 s 后显示开机图片。

2. 延时 1 s 后进入信息界面,选取"人民至上,自信自立,守正创新,问题导向,系统观念,胸怀天下"24 个字,用取字模软件生成,作为待机界面在 OLED 上显示。

3. 实现对布防区域手动/自动监测、实时报警和状态信息显示等功能。

知识点 8 中断控制寄存器

在 51 单片机中断控制中,具有 4 个特殊功能寄存器:定时器/计数器控制寄存器 TCON、串行接口控制寄存器 SCON、中断允许控制寄存器 IE、中断优先级控制寄存器 IP。其中,TCON 和 SCON 只有一部分用于中断控制。对以上 4 个控制中断的寄存器的各位进行置位或复位操作,可以实现各种中断控制功能。

微课:中断控制寄存器

一、中断请求标志

1. TCON 中的中断请求标志位

TCON 为定时器 0(T0)和定时器 1(T1)的控制寄存器,同时也锁存 T0 和 T1 的溢出中断请求标志位及外部中断的中断请求标志位等。TCON 中的中断请求标志位如图 7-7 所示。

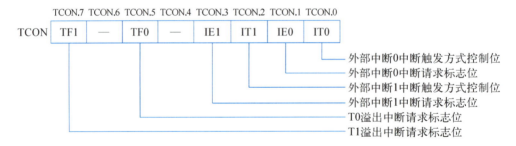

图 7-7　TCON 中的中断请求标志位

① TCON.7(TF1):T1 溢出中断请求标志位。T1 被启动计数后,从初值作加 1 计数,当计满溢出后,由硬件置位 TF1,同时向 CPU 发出中断请求,此标志位一直保持到 CPU 响应中断后才由硬件自动清零;也可以由软件查询该标志,并且由软件清零。

② TCON.5(TF0):T0 溢出中断请求标志位。其操作功能和意义与 TF1 类同。

③ TCON.3(IE1):外部中断 1 中断请求标志位。当 P3.3 引脚信号有效时,IE1=1,外部中断 1 向 CPU 请求中断,当执行完后,由片内硬件自动清零。

④ TCON.2(IT1):外部中断 1 中断触发方式控制位。

当 IT1=0 时,外部中断 1 被控制为电平触发方式。在这种方式下,CPU 在每个机器周期的 S5P2 期间对外部中断 1 引脚 P3.3 采样,若为低电平,则认为有中断请求,随即使 IE1 标志置位;若为高电平,则认为无中断请求,或中断请求已撤除,随即使 IE1 标志复位。

当 IT1＝1 时,外部中断 1 被控制为边沿触发方式。CPU 在每个机器周期的 S5P2 期间对外部中断 1 引脚 P3.3 采样,如果在相继的 2 个周期采样过程中,一个机器周期采样到该引脚为高电平,接着的下一个机器周期采样到该引脚为低电平,则使 IE1 置 **1**,直到 CPU 响应该中断时,才由硬件使 IE1 清零。

⑤ TCON.1(IE0):外部中断 0 中断请求标志位。其操作功能和意义与 IE1 类同。

⑥ TCON.0(IT0):外部中断 0 中断触发方式控制位。其操作功能和意义与 IT1 类同。

2. SCON 中的中断请求标志位

SCON 是串行接口控制寄存器,其低两位 TI 和 RI 是锁存串行接口的发送中断请求标志和接收中断请求标志。SCON 中的中断请求标志位如图 7-8 所示。

图 7-8　SCON 中的中断请求标志位

① SCON.1(TI):串行接口发送中断请求标志位。CPU 将一个数据写入串行数据缓冲寄存器 SBUF 时,就启动发送,每发送完一个串行帧数据后,硬件将使 TI 置位。但 CPU 响应中断时并不清除 TI,必须在中断服务程序中由软件清除。

② SCON.0(RI):串行接口接收中断请求标志位。在串行接口允许接收时,每接收完一个串行帧数据,硬件将使 RI 置位。同样,CPU 在响应中断时不会清除 RI,必须在中断服务程序中由软件清除。

值得注意的是,51 单片机系统复位后,TCON 和 SCON 均清零,应用时要注意各位的初始状态。

二、IE 中的中断允许位

计算机中断系统有 2 种不同类型的中断:一类称为非屏蔽中断,另一类称为可屏蔽中断。对非屏蔽中断,用户不能用软件方法加以禁止,一旦有中断请求,CPU 必须予以响应。对可屏蔽中断,用户可以通过软件方法来控制是否允许某个中断源的中断,允许中断称中断开放,不允许中断称中断屏蔽。51 单片机的 5 个中断源都是可屏蔽中断,中断系统内部设有一个专用寄存器 IE,用于控制 CPU 对各中断源的开放或屏蔽。IE 中的中断允许位如图 7-9 所示。

① IE.7(EA):中断允许总控制位。EA＝1,开放所有中断,各中断源的允许和禁止可通过相应的中断允许位单独加以控制;EA＝0,禁止所有中断。

② IE.4(ES):串行接口中断(包括串行发、串行收)允许位。ES＝1,允许串行接口中断;ES＝0,禁止串行口中断。

③ IE.3(ET1):T1 溢出中断允许位。ET1＝1,允许 T1 溢出中断;ET1＝0,禁止 T1 溢出中断。

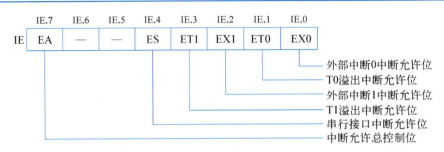

图 7-9　IE 中的中断允许位

④ IE.2(EX1)：外部中断 1 中断允许位。EX1＝**1**，允许外部中断 1 中断；EX1＝**0**，禁止外部中断 1 中断。

⑤ IE.1(ET0)：T0 溢出中断允许位。ET0＝**1**，允许 0 溢出中断；ET0＝**0**，禁止 T0 溢出中断。

⑥ IE.0(EX0)：外部中断 0 中断允许位。EX0＝**1**，允许外部中断 0 中断；EX0＝**0**，禁止外部中断 0 中断。

值得注意的是，51 单片机系统复位后，IE 中各中断允许位均被清零，即禁止所有中断。

由此可知，51 单片机对中断实行两级控制，总控制位为 EA，每一个中断源还有各自的控制位。首先要 EA＝**1**，其次还要自身的控制位置"**1**"。

例如：首先开总中断：EA＝**1**，然后开 T1 溢出中断：ET1＝**1**，这 2 条位操作指令也可合并为 1 条字节指令：IE＝0x88。

三、IP 中的中断优先级控制位

在 51 单片机中，有两个中断优先级，每个中断源都可以通过编程确定为高优先级中断或低优先级中断，从而实现二级嵌套。同一优先级别中的中断源可能不止一个，即存在中断优先权排队的问题。

专用寄存器 IP 为中断优先级控制寄存器，锁存各中断源优先级控制位。IP 中的每一位均可由软件来置 **1** 或清零，置 **1** 表示高优先级，清零表示低优先级。IP 中的中断优先级控制位如图 7-10 所示。

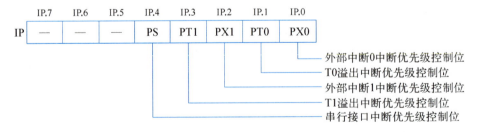

图 7-10　IP 中的中断优先级控制位

① IP.4(PS)：串行接口中断优先级控制位。PS＝**1**，设定串行接口为高优先级中断；PS＝**0**，设定串行接口为低优先级中断。

② IP.3(PT1)：T1 溢出中断优先级控制位。PT1＝**1**，设定 T1 溢出中断为高优先级中断；PT1＝**0**，设定 T1 溢出中断为低优先级中断。

③ IP.2(PX1)：外部中断 1 中断优先级控制位。PX1＝**1**，设定外部中断 1 中断为高优先级中断；PX1＝**0**，设定外部中断 1 中断为低优先级中断。

④ IP.1(PT0)：T0 溢出中断优先级控制位。PT0＝**1**，设定 T0 溢出中断为高优先级中断；PT0＝**0**，设定 T0 溢出中断为低优先级中断。

⑤ IP.0(PX0)：外部中断 0 中断优先级控制位。PX0＝**1**，设定外部中断 0 中断为高优先级中断；PX0＝**0**，设定外部中断 0 中断为低优先级中断。

当系统复位后，IP 低 5 位全部清零，所有中断源均设定为低优先级中断。

如果多个中断源向 CPU 发出中断请求，51 单片机对中断优先级的处理原则如下：

1. 不同级的中断源同时请求中断时，首先响应优先级别最高的中断请求。

2. 正在进行的低优先级中断服务，能被高优先级中断请求所中断。

3. 正在进行的中断过程不能被新的同级或低优先级的中断请求中断。

4. 对于同一优先级的中断源，CPU 按自然优先级确定优先响应顺序，见表 7－5。

表 7－5　51 单片机中断系统的自然优先级顺序

中　断　源	自然优先级
外部中断 0 中断	最高
T0 溢出中断	↓
外部中断 1 中断	↓
T1 溢出中断	↓
串行接口中断	最低

知识点 9　中断处理

中断处理过程包括中断请求、中断响应、中断服务以及中断返回。

一、中断请求

微课：中断
处理

中断请求是中断源向 CPU 发出信号，要求 CPU 中断原来执行的程序为它服务。中断请求信号可以是电平信号，也可以是脉冲信号。

二、中断响应

中断响应是指 CPU 对中断源中断请求的响应。若中断请求符合响应条件，则 CPU 将响应中断请求。在单片机执行某一程序过程中，若发现有中断请求（相应中断请求标志位为 **1**），CPU 将根据具体情况决定是否响应中断，主要由中断允许控制寄存器来控制：

1. 有中断源发出中断请求；

2. 中断允许总控制位 EA 置 **1**；

3. 请求中断的中断允许位置 **1**。

满足以上基本条件,CPU 一般会响应中断,如果有下列任何一种情况存在,那么中断响应会受到阻断:

1. CPU 正在响应同级或高优先级的中断;

2. 当前指令未执行完;

3. 正在执行中断返回或访问寄存器 IE 和 IP。

三、中断服务

中断服务就是自动调用并执行中断服务程序的过程。C 语言编译器支持在 C 语言源程序中直接以函数形式编写中断服务程序。常用的中断函数的定义形式如下:

```
void 函数名() interrupt n
{
        中断处理程序;
}
```

其中,n 为中断类型号,C 语言编译器允许 0～31 个中断,n 的取值范围为 0～31。下面给出 51 单片机所提供的 5 个中断源所对应的中断类型号和中断服务程序的入口地址。51 单片机各中断源的入口地址由硬件事先设定,入口地址分配见表 7-6。

表 7-6　中断入口地址分配表

中　断　源	中断类型号 n	入口地址
外部中断 0 中断	0	0003H
T0 溢出中断	1	000BH
外部中断 1 中断	2	0013H
T1 溢出中断	3	001BH
串行接口中断	4	0023H

小提示

1. 中断函数和普通函数的异同如下:

(1) 同:函数的形式非常类似,中断响应过程和普通函数调用过程也非常相似。

(2) 异:中断函数不需要声明,普通函数需要声明。

2. 使用中断函数需要遵循以下规则:

(1) 中断函数不能进行参数传递。

(2) 在任何情况下,都不能直接调用中断函数。

3. 中断请求标志位置位与撤除:

(1) 中断请求标志位置位:当中断源需要向CPU请求中断时,相应中断请求标志

位由硬件自动置 **1**。

(2) 中断标志请求撤除：

① 对于 T0、T1 溢出中断和边沿触发的外部中断，CPU 在响应中断后即由硬件自动清除，其中断请求标志位 TF0、TF1 或 IE0、IE1，无须采取其他措施。

② 对于电平触发的外部中断，其中断请求撤除方法较复杂。因为对于电平触发的外部中断，CPU 在响应中断后，硬件不会自动清除其中断请求标志位 IE0 或 IE1，同时也不能用软件将其清除。所以在 CPU 响应中断后，应立即撤除 $\overline{INT0}$ 或 $\overline{INT1}$ 引脚上的低电平，否则会引起重复中断而导致错误。而 CPU 又无法控制 $\overline{INT0}$ 或 $\overline{INT1}$ 外部引脚上的信号，因此只能通过硬、软件结合才能解决。

③ 对于串行接口中断，CPU 在响应中断后，硬件不能自动清除中断请求标志位 TI 或 RI，必须在中断服务程序中用软件将其清除。

四、中断返回

运行中，主程序中断的地方，称为断点；执行完中断服务程序后自动返回断点处，继续执行主程序，称为中断返回。

知识点 10　中断源扩展方法

51 单片机仅有 2 个外部中断请求输入端 $\overline{INT0}$ 和 $\overline{INT1}$，在实际应用中，若外部中断源超过 2 个，则需扩展外部中断源，下面介绍 2 种扩展外部中断源的方法。

1. 用定时器扩展外部中断源

在定时器的 2 个中断请求标志 TF0 或 TF1 外，计数引脚 T0(P3.4) 或 T1(P3.5) 没有被使用的情况下，可以将它们扩展为外部中断源。方法如下：

将定时器设置成计数方式，计数初值可设为满量程（对于 8 位计数器，初值设为 255，以此类推），当计数输入端 T0 或 T1 引脚发生负跳变时，计数器将加 1 产生溢出中断。利用此特性，可把 T0 或 T1 引脚作为外部中断请求输入端，把计数器的溢出中断作为外部中断请求标志。

例如，若将 T0 扩展为外部中断源，将 T0 设定为工作方式 2（初值自动重载工作方式），TH0 和 TL1 的初值均设为 FFH，允许 T0 中断，则 CPU 开放中断。程序如下：

```
TMOD=0x06;
TH0=0xFF;
TL0=0xFF;
TR0=1;
ET0=1;
EA=1;
```

当连接在 T0 引脚上的外部中断请求输入线发生负跳变时，TL0 加 1 溢出，TF0 置 **1**，向 CPU 发生中断请求。T0 引脚相当于边沿触发的外部中断源输入线。

2. 中断和查询相结合方式扩展中断源

两根外部中断输入线（$\overline{INT0}$和$\overline{INT1}$）的每一根都可以通过或非门连接多个外部中断源，以达到扩展外部中断源的目的。它是由 4 个扩展外部中断源输入引脚 EXINT0—EXINT3 通过或非门与$\overline{INT1}$（P3.3）相连，同时，4 个输入引脚分别连接单片机 P1 口的 P1.0—P1.3 引脚。当 4 个输入引脚中有一个或几个出现高电平时，或非门输出为 0，使$\overline{INT1}$为低电平，从而发出中断请求。因此，这些扩展的外部中断源都采用电平触发方式（高电平有效）。

CPU 执行中断服务程序时，先依次查询 P1 口的中断源输入状态，再转入相应的中断服务程序执行。4 个扩展外部中断源的优先级顺序由软件查询顺序决定，即最先查询的优先级最高，最后查询的优先级最低。

测一测

填空题：

1. 中断源是否允许中断是由_____寄存器决定的，中断源的优先级是由_____寄存器决定的。

2. 当单片机 CPU 响应中断后，程序将自动转移到该中断源所对应的入口地址处，并从该地址开始继续执行程序，通常在该地址处存放转移指令以便转移到中断服务程序。其中，$\overline{INT1}$的入口地址为_____，串行接口的入口地址为_____，T0 的入口地址为_____。

3. 外部中断请求信号有_____和_____2 种触发方式。

4. 51 单片机的中断系统由_____、_____、_____、_____等寄存器组成。

5. 51 单片机的串行接口控制寄存器中有 2 个中断标志位，它们是_____和_____。

任务实施

一、算法分析

当按键 SB 未按下时，P3.2 口（$\overline{INT0}$，外部中断 0 中断请求输入端）为高电平；当按键 SB 按下时，P3.2 口为低电平；单片机在相继的 2 个机器周期采样过程中，一个机器周期采样到该引脚为高电平，接着的下一个机器周期采样到该引脚为低电平时，则使外部中断 0 中断请求标志 IE0 置 **1**，产生中断。在中断服务程序中，对 P2.0、P2.1 口以软件延时的方式产生方波实现特定频率的声光报警信号的产生。

二、程序设计与流程图绘制

运用模块化的设计原则完成系统程序设计。根据系统方案设计，系统功能实现由主程序、中断处理程序、OLED 显示程序、声光报警程序等模块函数组成。

1. 主程序设计与流程图绘制

主程序包括中断初始化、I^2C 初始化、OLED 显示初始化函数的调用。中断初始化是对相关的特殊功能寄存器进行初始化设置，如开放总中断，设置 EA 位；允许$\overline{INT0}$外部中断，设置 EX0 位；设置 IT1 位使外部中断源$\overline{INT0}$工作于边沿触发方式下。OLED

显示初始化可直接调用 OLED 驱动程序中 OLED_INIT 函数,配置 OLED 引脚 SCL 和 SDA。

　　绘制主程序程序流程图。

　　2. 中断服务程序设计

　　CPU 响应了外部中断 0 中断的中断请求后,转至中断服务程序执行。其主要功能就是实现声光报警及信息显示,如图 7-11 所示。

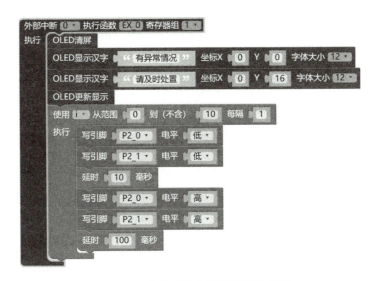

图 7-11　声光报警程序图形化编程图

　　根据图 7-11 绘制中断服务程序程序流程图。

小提示 🔍

　　模块化编程可采用以下步骤进行:

　　1. 分析问题,明确需要解决的任务;

2.对任务进行逐步分解和细化,分成若干个子任务,每个子任务只完成部分完整功能,并且可以通过函数来实现;

3.确定模块(函数)之间的调用关系;

4.优化模块之间的调用关系;

5.在主程序中进行调用实现。

三、项目创建

1.新建项目文件夹和复制 OLED 驱动文件夹

新建声光报警器项目文件夹,复制 OLED 驱动文件夹到该目录中。OLED 驱动文件夹中有 oled_1306.c,oled.h,oledfont.h,image.h,i2c.c,i2c.h 等文件。

2.创建项目

启动 Keil 软件,创建项目：Sound_Light_Alarm.UVPROJ。

3.添加 OLED 源组及外部源文件和头文件路径

(1)添加 OLED 源组

右击"Target 1",在弹出的快捷菜单中,选择"Add Group",添加了源组"New Group",将"New Group"重命名为"OLED",如图 7 - 12 所示。

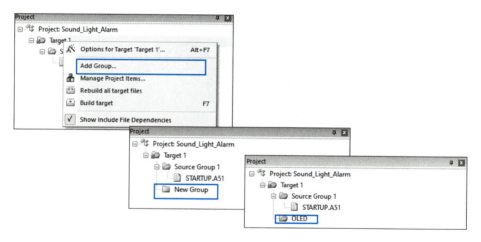

图 7 - 12　添加 OLED 源组

(2)添加外部源文件

右击"OLED",在弹出的快捷菜单中,选择"Add Existing Files to Group 'OLED'",弹出"Add Files to Group 'OLED'"对话框,"查找范围"选择"OLED"文件夹,选中"i2c.C""oled_1306.c"文件,单击"Add"按钮,将文件添加到 OLED 组,如图 7 - 13 所示。

(3)添加头文件路径

右击"Target1",在弹出的快捷菜单中,选择"Options for Target 'xxx'",弹出"Options for Target1"对话框,选择"C51"选项卡,在选项中,单击"Include Paths"右侧的" "按钮,弹出"Folder Setup"对话框,单击" "按钮,单击下方编辑框右侧的" "按钮,弹出"浏览文件夹"对话框,选择需要添加的头文件所在目录,单击"确定"按钮,如图 7 - 14 所示。

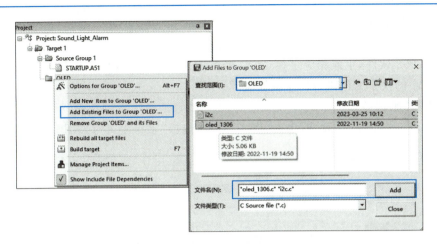

图 7－13　添加外部源文件

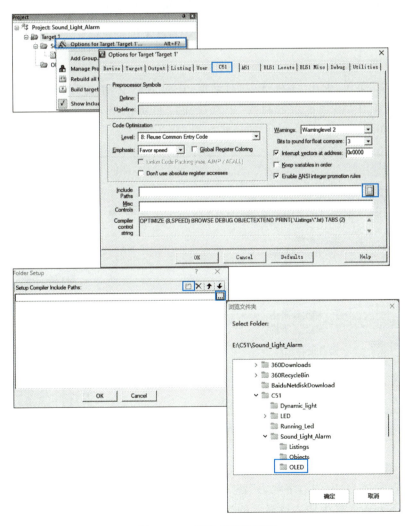

图 7－14　添加头文件路径

四、OLED 取模与使用

OLED 的原理与 LCD 相同,点亮每个像素点组成图形,对于汉字、图像,需要使用 PCtoLCD2002 软件,生成相应字模,以数组形式写入程序,编程实现显示,下面以设置 16×16 大小的汉字为例进行汉字取模说明。

1. 选择"字符模式"

启动 PCtoLCD2002 软件,单击"模式"菜单,选择"字符模式",如图 7-15 所示。

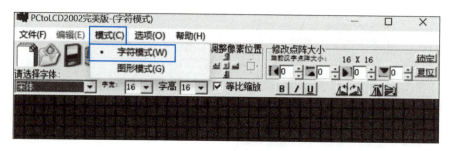

图 7-15　选择"字符模式"

2. 设置字模选项参数

单击"选项"菜单,弹出"字模选项"对话框,在对话框中,单击"阴码""列行式""逆向(低位在前,高位在后)""十六进制数"单选按钮,"自定格格式"选择"C51 格式",单击"确定"按钮,如图 7-16 所示。

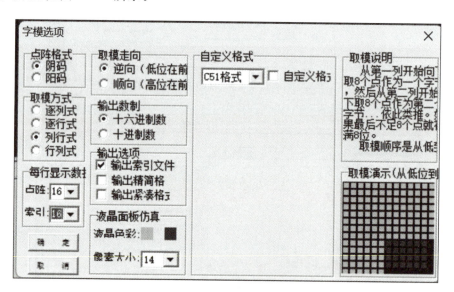

图 7-16　设置字模选项参数

3. 生成字模

(1)设置字体为"宋体",字宽为"16",字高为"16"。

(2)在下方输入框中输入待显示的汉字,单击"生成字模"按钮,输出框中即可显示生成的字模数据,如图 7-17 所示。

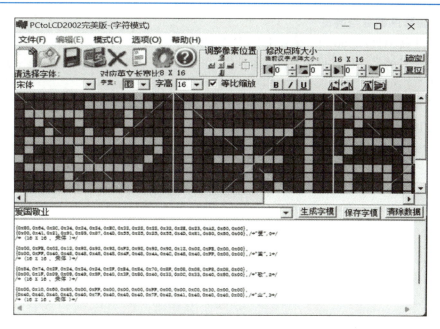

图 7-17 生成字模

4. 添加字模数据

复制生成的字模数据到"Oledfont.h"文件的 HZK[ ][32]数组中,如图 7-18 所示。

```
unsigned char code Hzk[][32]={

{0x80,0x64,0x2C,0x34,0x24,0x24,0xEC,0x32,0x22,0x22,0x32,0x2E,0x23,0xA2,0x60,0x00},
{0x00,0x41,0x21,0x91,0x89,0x87,0x4D,0x55,0x25,0x25,0x55,0x4D,0x81,0x80,0x80,0x00},/*"爱",0*/
/* (16 X 16 , 宋体 )*/

{0x00,0xFE,0x02,0x12,0x92,0x92,0xF2,0x92,0x92,0x92,0x12,0x02,0xFE,0x00,0x00},
{0x00,0xFF,0x40,0x48,0x48,0x48,0x4F,0x48,0x4A,0x4C,0x48,0x40,0xFF,0x00,0x00},/*"国",1*/
/* (16 X 16 , 宋体 )*/

{0x84,0x74,0x2F,0x24,0x24,0x24,0x2F,0xE4,0x84,0x70,0x8F,0x08,0x08,0xF8,0x08,0x00},
{0x00,0x1F,0x09,0x09,0x49,0x9F,0x40,0x3F,0x80,0x40,0x33,0x0C,0x33,0x40,0x80,0x00},/*"敬",2*/
/* (16 X 16 , 宋体 )*/

{0x00,0x10,0x60,0x80,0x00,0xFF,0x00,0x00,0x00,0xFF,0x00,0x00,0xC0,0x30,0x00,0x00},
{0x40,0x40,0x40,0x43,0x40,0x7F,0x40,0x40,0x40,0x7F,0x42,0x41,0x40,0x40,0x40,0x00},/*"业",3*/

};
```

图 7-18 添加字模数据

5. 调用显示函数

在主函数中调用中文字符显示函数进行显示,如图 7-19 所示。

```
OLED_ShowCHinese(20,0,0);//爱
OLED_ShowCHinese(38,0,1);//国
OLED_ShowCHinese(56,0,2);//敬
OLED_ShowCHinese(74,0,3);//业
```

图 7-19 调用显示函数

五、源程序编写与调试

1. 创建新项目：Audible_学号.UVPROJ。

2. 对项目的属性进行设置：目标属性中，在"Output"选项卡勾选"Create HEX File"复选框。

3. 编写源程序，文件命名为"Audible_学号.c"，保存在项目文件夹中。

4. 编译生成 HEX 文件。

文本：声光报警器参考源程序

总结与反思

任务 5　声光报警器调试与运行

项目名称	声光报警器设计与实现	任务名称	声光报警器调试与运行
任务目标			
1. 能根据报警器电路原理分析并排除常见故障。 2. 能依据调试步骤完成功能调试和填写调试记录。			
任务要求			
1. 使用 Keil 软件与 Proteus 仿真连接完成联合仿真调试。 2. 使用开发板调试。			
任务实施			

一、联合仿真调试

1. 程序加载

打开 Proteus 仿真软件的仿真电路图，右击图中单片机元件，在弹出的对话框中，单击"Program File"选项中的打开按钮，打开 Keil 软件编译产生的 HEX 文件，将程序加载到单片机 AT89C52 芯片中。

2.仿真运行

单击仿真运行开始按钮,声光报警器工作,正常情况显示中文"监控中",如图 7 - 20 所示。将与 P3.2 引脚连接的 SB 按键按下,模拟有异常情况时,显示中文"有异常情况请及时处理",同时触发声光信号报警,如图 7 - 21 所示。

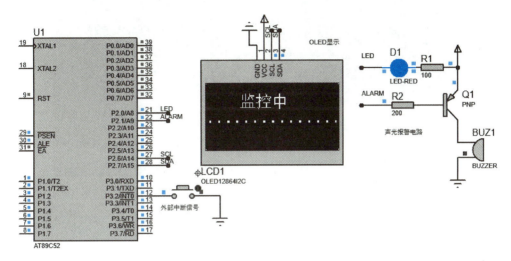

图 7 - 20　正常监控

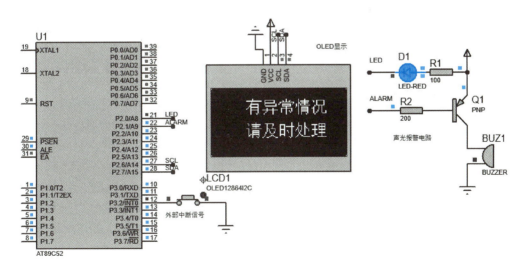

图 7 - 21　异常报警

二、使用开发板调试

1.将程序下载到开发板。

2.在 P3.2 引脚可接入开关量传感器信号,或用杜邦线短接引脚 P3.2 与 GND。声光报警器效果如图 7 - 22 所示。

视频:声光
报警器示
例效果

图 7 - 22　声光报警器效果

调试记录

总结与反思

项目考核

项目名称	声光报警器设计与实现				
考核方式	过程＋结果评价				
考核内容与评价标准					
序号	评分项目	评分细则	分值	得分	评分方式
1	职业素养	安全用电	2		过程评分
		环境清洁	2		
		操作规范	3		
		团队合作与职业岗位要求	3		
2	方案设计	方案设计准确	10		结果评分
3	电路图设计	电路图符合设计要求	10		
4	程序设计与开发	流程图绘制	5		
		OLED 显示正常	10		
		蜂鸣器能发出音频信号	10		
		实时监控与报警仿真效果正常	10		
		仿真联调与运行（调试记录）	5		
5	实物焊接与调试	元件摆放、焊点质量、焊接完成度	15		
6	任务与功能验证	功能完成度	10		
7	作品创意与创新	作品创意与创新度	5		
总结与反思					

项目拓展

项目名称	声光报警器设计与实现

拓展应用

设计一个校园多路红外报警系统,设计要求如下:

1. 以 51 单片机为核心,设计多路红外热释电报警装置;

2. 设置一键报警装置;

3. 系统实现实时监测,正常情况 OLED 滚动显示校训,异常时触发声光报警,并显示具体异常情况位置。

习题

单选题:

1. 当 CPU 响应 T1 溢出中断的中断请求后,程序计数器 PC 的内容是(   )。

A. 0003H   B. 000BH   C. 00013H   D. 001BH

2. 当 CPU 响应外部中断 0 中断的中断请求后,程序计数器 PC 的内容是(   )。

A. 0003H   B. 000BH   C. 00013H   D. 001BH

3. 51 单片机在同一级别里,除串行接口中断外,优先级最低的中断源是(   )。

A. 外部中断 1 中断   B. T0 溢出中断

C. T1 溢出中断   D. 外部中断 0 中断

4. 当外部中断 0 中断发出中断请求后,中断响应的条件是(   )。

A. ET0=1   B. EX0=1   C. IE=0x81   D. IE=0x61

5. 51 单片机 CPU 关中断语句是(   )。

A. EA=1   B. ES=1   C. EA=0   D. EX0=1

多选题:

1. 下列说法错误的是(   )。

A. 各中断发出的中断请求信号,都会标记在 51 单片机的 IE 寄存器中

B. 各中断发出的中断请求信号,都会标记在 51 单片机的 TMOD 寄存器中

C. 各中断发出的中断请求信号,都会标记在 51 单片机的 IP 寄存器中

D. 各中断发出的中断请求信号,都会标记在 51 单片机的 TCON 与 SCON 寄存器中

2. 下列说法正确的是(   )。

A. 同一级别的中断请求按时间的先后顺序响应

B. 同一时间同一级别的多中断请求,将形成阻塞,系统无法响应

C. 低优先级中断请求不能中断高优先级中断请求,但是高优先级中断请求能中断低优先级中断请求

D. 同级中断不能嵌套

简答题：

1. 简述中断处理过程。

2. 用表格总结归纳 51 单片机中 5 种中断源及其入口地址、中断类型号、中断优先级。

拓展视角

时栅角度测量传感器与"中国精度"

说到测量，大家都不陌生，日常生活中常见的测量工具有角尺、卷尺、直尺……这些工具可以用来测量肉眼可见的空间距离，常见的长度单位一般有 m、dm、cm、mm 等。对于肉眼无法看到的空间距离，如数控机床、量具量仪、3C 加工等高端精密制造领域，测量精度就需要精确到 μm，甚至是 nm（1 mm $= 10^6$ nm），简单的测量工具便不再能满足需求。工欲善其事，必先利其器。而工具的精细度，则体现出一个国家制造业基础工艺的水平。要知道，高水平的精密测量技术和精密仪器制造能力，是一个国家科学研究和整体工业领先程度的重要指标，更是发展高端制造业的必备条件。二十大报告指出，要"着力提升产业链供应链韧性和安全水平"，高端制造行业深有体会，要想真正实现这一点，核心技术自主研发，核心功能部件自主生产，推动国产替代方案落地才是根本。

没有精密的测量，就没有精密的产品。精密位移测量器件作为核心功能部件，靠化缘是要不来的，必须自力更生。我国科学家另辟蹊径，基于"时空转换"的思维方式提出了以"时间测量空间"这一重要学术思想，并由此诞生了原创的时栅技术，利用时间上的时刻比较来实现位移测量，从而达到高精度的测量目的。

时栅团队从 1996 年提出"时栅角度传感器"理念起，坚持自主研发道路，从第一代机械式时栅、第二代磁场式时栅到第三代电场式时栅（即"纳米时栅"），持续攻克产品可靠性、应用场景多样化、市场认可度等多只"拦路虎"，开发出高精度、高可靠性的时栅位移传感器，在国外位移传感器的产品垄断和技术封锁下走出一条自主可控之路。

2021 年 4 月，通用技术集团和重庆理工大学共同成立了通用技术集团国测时栅科技有限公司，标志着纳米时栅成果正式开启转化应用、服务市场用户的新阶段。目前，纳米时栅技术已广泛应用于数控机床、芯片制造、计量检测等领域，正在逐步填补国内高端精密位移测量领域空白，成为国内高端装备企业发展道路中的坚强后盾。细微处，见广大。从无到有、从小到大，每一步脚印，都在书写、见证着一次次伟大的跨越。无数的中国科研工作者和中国企业在方寸之间钻研、琢磨，淬炼着中国制造的含金量。

　　转速是做圆周运动的物体单位时间内沿圆周绕圆心转过的圈数。对转速的测量,在民用产品和工业控制中都有广泛的需求,如车辆的里程表、车速表,数控车床的电机转速检测和控制、水泵流量检测等。随着电子技术的发展,转速测量的方式由传统的机械指针式逐渐发展为数字式。数字式转速表因具有非接触、精度高、测量范围大、成本低等优势,已经广泛应用在各行各业中,其应用领域如图 8-1 所示。

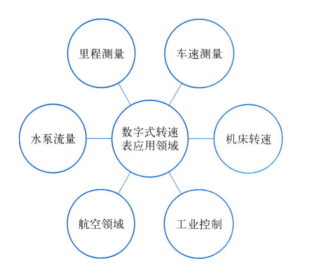

微课:转速
测量演示

图 8-1　数字式转速表应用领域

　　本项目具体任务是以 51 单片机为主控芯片,设计一款数字式转速表。采用 OLED 显示屏实时显示转盘的转速,测速范围为 0~9 999 r/min。

项目目标

素质目标

1. 通过学习定时器基础功能,培养正确的价值观,学会做出适当的选择。
2. 通过分析计数/定时的原理,培养艰苦奋斗的劳模精神。
3. 通过确定定时器定时周期参数,培养精益求精的工匠精神。
4. 在程序编写和调试过程中,培养坚持不懈、不怕困难、不辞辛劳、勇于创新的科学精神。

知识目标

1. 能解释单片机中定时器的基本原理,包括定时器的计数原理、工作模式和计时精度等知识点。
2. 能应用定时器的寄存器设置和定时器中断的基本操作方法。
3. 能总结中断服务程序配合定时器工作的原理和机制。

能力目标

1. 能正确使用霍尔传感器和反射式光电传感器。
2. 能熟练配置定时器/计数器,并将其应用于定时和计数编程项目中。
3. 能熟练运用51单片机的定时器/计数器,能编写定时中断处理程序。
4. 能使用51单片机编程实现对转速的测量及显示功能。

项目实施

任务 1　数字式转速表需求分析

项目名称	数字式转速表设计与实现	任务名称	数字式转速表需求分析
任务目标			
1.说明数字式转速表的常见应用场景。 2.归纳数字式转速表的产品特点,常见品牌、型号,市场情况。 3.运用所学知识,理解数字式转速表的基本工作原理。 4.提高自主学习的能力,增强团队协作的意识,并有效运用 Office 办公软件。 5.增强民族自信心,培养节约意识和科技创新意识,积极投身国家发展。			
任务要求			
1.研究并分析数字式转速表的基本原理及其所需的传感器、处理芯片、显示器件等硬件元器件,明确本项目所需要的基础知识和技能。 2.定义数字式转速表的用户需求,明确其应用场景、功能特性、性能指标等相关因素,包括测量范围、测量精度、显示方式、适应性等。 3.研究市场需求和潜在使用用户的需求,了解竞争产品的情况,确定数字式转速表在市场中应该具有的价值和优势。 4.确认数字式转速表所需的技术实现方案,包括传感器原理、信号采集、信号调理、速度计算、显示等技术环节,分析可行性和实现难度。 5.根据以上分析结果并综合考虑,确定数字式转速表的设计目标和主要技术指标,为后续的项目实施和评估奠定基础。 6.分组收集并整理数字式转速表应用资料,撰写调查报告,制作汇报 PPT。 7.查询或阅读资料,调研数字式转速表系列产品,填写调查表。			
知识链接			

知识点 1　转速概念

转速通常指的是旋转体的旋转速度,是旋转体转数与时间之比的物理量,用符号"n"表示,工程上通常表示为:

$$转速(n)=旋转次数/时间$$

转速是描述物体旋转运动的一个重要参数。转速的国际标准单位为 r/s(转/秒)或 r/min(转/分)。当单位为 r/s 时,数值上与频率相等,即:

$$n = f = \frac{1}{T}$$

其中，T 为做圆周运动的周期，f 为频率。圆周上某点对应的线速度为：$v = 2\pi \times R \times n$，$R$ 为该点对应的旋转半径。

知识点 2　数字式转速表

图 8-2　数字式转速表

转速表在国民经济的各个领域，都是必不可少的，常用于电机、电扇、造纸、塑料、化纤、洗衣机、汽车、飞机、轮船等制造业。转速表种类较多，便携式一般有机械离心式转速表和数字式转速表。数字式转速表常采用液晶屏或数码管作显示器件，内置高性能单片机作信号处理和控制单元，体积小，功能强，计量精确，显示效果精致华丽。图 8-2 为市面上通用的一款数字式转速表。

测一测

简答题：
1. 工程应用中，通常怎样描述转速大小？一般有哪些单位？
2. 转速表通常可以应用在哪些领域？请列举几个你在生活中见到的例子。

任务实施

一、查阅资料，填写调查表

通过市场或网络等渠道调查并统计数字式转速表市面上常见的品牌，分别具有哪些功能，试比较它们的优缺点。将调研结果填写到表 8-1 中。

表 8-1　数字式转速表市场调研记录表

品牌	主要功能描述	优缺点分析	资料来源

二、查阅资料，列出相关技术领域

通过查询相关资料，归纳数字式转速表中可能涉及的技术领域。

三、完成调研报告及汇报 PPT

分组收集并整理数字转速表应用资料，撰写调研报告，制作汇报 PPT。

总结与反思	

任务 2　数字式转速表系统方案设计

项目名称	数字式转速表设计与实现	任务名称	数字式转速表系统方案设计
任务目标			

1. 根据需求分析结果，制定数字式转速表的设计方案，包括硬件设计和软件设计方案，确立实现方案。

2. 通过对数字式转速表的整体系统方案设计，提高应用学科知识解决实际问题的意识和实践能力。

任务要求

1. 确定数字式转速表的硬件设计方案，选择合适的传感器、运算器、显示芯片等器件。

2. 确定数字式转速表的软件设计方案，包括软件设计思路、算法、数据结构、流程图等，制定软件基本框架和代码模板。

3. 多方面考虑数字式转速表的性能、效果、成本等因素，优化设计方案，确定最终实现方案，并将其制成可行的产品原型。

4. 总结设计过程中遇到的问题和经验，指导后续的电路设计、软件编写及调试等工作的进行。

知识链接

知识点 3　霍尔传感器

霍尔传感器是利用半导体材料的霍尔效应进行测量的一种磁敏式传感器。它可以直接测量磁场和微位移量,应用于电池测量、压力、加速度、振动等方面的测量领域。霍尔传感器已从分立元件发展到集成电路的阶段,正越来越受人们的重视,应用日益广泛。

霍尔传感器,如 A3144,是采用半导体集成技术制造的磁敏电路,由电压调整器、霍尔电压发生器、差分放大器、史密特触发器、温度补偿电路和集电极开路的输出级组成,其输入为磁感应强度,输出是数字电压信号。A3144 引脚排列如图 8-3 所示,工作电压范围为 4.5~24 V。A3144 属于单极性开关型霍尔集成电路,其输出极为集电极输出,需外接上拉电阻。在本项目中,将引脚 3 输出接入单片机的 T1(P3.5)引脚。引脚 1 接 V_{CC},引脚 2 接地。当磁场强度低于门限值时,输出高电平,超出门限值时输出低电平。

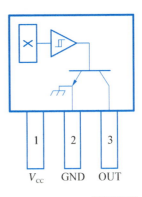

图 8-3   A3144 引脚排列

知识点 4   光电式传感器

光电式传感器是将光信号转换为电信号的一种器件。其基本原理是以光电效应为基础,把被测量的变化转换成光信号的变化,然后借助光电元件进一步将光信号转换成电信号。光电检测方法具有精度高、反应快、非接触等优点,而且可测参数多,传感器的结构简单,形式灵活多样,因此,光电式传感器在检测和控制中应用非常广泛。它可用于检测直接引起光量变化的非电物理量,如光强、光照度、辐射测温、气体成分分析等;也可用来检测能转换成光量变化的其他非电量,如零件直径、表面粗糙度、应变、位移、振动、速度、加速度,以及物体的形状、工作状态的识别等。光电式传感器具有非接触、响应快、性能可靠等特点,因此在工业自动化装置和机器人中获得广泛应用。

按照光路的差异,通常将光电传感器分为漫反射式光电传感器、对射式光电传感器、透射式光电传感器。用于转速测量时,可以选择漫反射式光电传感器或者对射式光电传感器。图 8-4 为漫反射式光电传感器。

图 8-4   漫反射式光电传感器

知识点 5   转速测量原理

如图 8-5 所示,首先将一颗小磁钢贴在测速的轮盘边缘,注意其 S 极靠外(由 A3144 的特性决定),霍尔传感器 A3144 固定安装在距离轮盘边缘 3~5 mm 位置,然后将 A3144 的输出信号传送给单片机。

单片机是整个测量系统的核心,担负对前端脉冲信号的处理、计算,以及信号的同步、计时等任务,转速检测时,霍尔传感器或者光电式传感器的输出接口电路输出一路矩形波信号,该矩形波的频率与转盘转速一致,因此,转速测量问题转换为脉冲频率测量问题。

脉冲频率的测量,可以采用 2 种方式来实现:一是直接测量脉冲的周期,捕获相邻脉冲的 2 个下降沿,计算其间隔的时间;二是固定一个时间长度(如 1 s),统计单片机收到的脉冲个数。

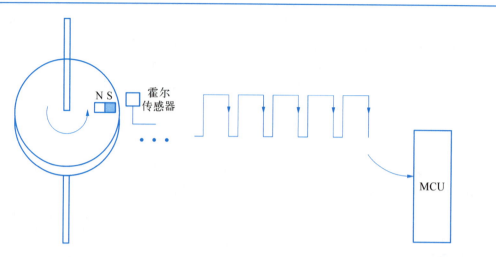

图 8-5 霍尔传感器测转速原理

知识点 6 51 单片机定时器/计数器

一、基本结构

单片机作为微控制器,除了给输出端口提供高低电平、检测端口输入状态和基本的运算外,还需要有时序的概念,引入时间维度的控制量,如某个电平状态的持续时长、各个状态的先后顺序。定时器/计数器就是解决这方面问题的主要功能单元,其逻辑结构如图 8-6 所示。

微课:51单片机定时器/计数器

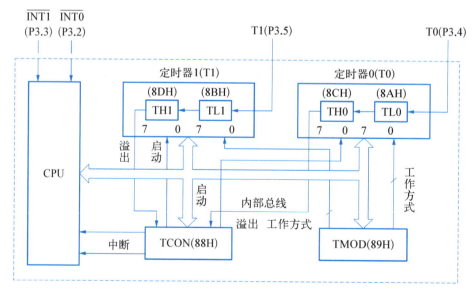

图 8-6 51 单片机定时器/计数器逻辑结构

由图可见,51 单片机有 2 个 16 位的定时器/计数器:定时器 0(T0)和定时器 1(T1)。它们都有定时或计数的功能,可用于定时控制、延时、对外部事件计数和检测等场合。

　　定时器/计数器是独立于 CPU 的工作单元,可以和 CPU 同时工作,通过内部总线交换信息。

　　"定时器/计数器"是对同一硬件对象,在不同功能(角色)状态下的一种称呼。定时器/计数器既可以工作在"定时"状态,也可以工作在"计数"状态,所以通常又说"定时器/计数器"有 2 种工作模式:一种是定时模式,一种是计数模式。作为定时器时,是以内部机器周期的脉冲作为基准脉冲,通过统计基准脉冲的数量来实现定时功能;作为计数器时,是对芯片引脚 T0(P3.4)或 T1(P3.5)上的输入脉冲进行计数,利用外部脉冲的下降沿触发计数,每输入一个脉冲,加法计数器加 1,且外部脉冲的最高频率不能超过时钟频率的 1/24。

　　每个定时器/计数器由 2 个特殊功能寄存器构成,如 T0 由 TH0 和 TL0 构成,它们用于存放定时计数初值,TH0 代表所存放数值的高 8 位,TL0 代表低 8 位。当作为计数器使用时,停止计数后,计数的终值也从这 2 个寄存器读出。

　　定时器/计数器的整个工作过程受到方式寄存器 TMOD 和控制寄存器 TCON 的控制,所以学会应用这 2 个寄存器各位的含义和设置方法至关重要。

二、方式寄存器 TMOD 和控制寄存器 TCON

1. 方式寄存器 TMOD

TMOD 是定时器/计数器的工作方式寄存器,其地址为 89H,结构如图 8-7 所示。

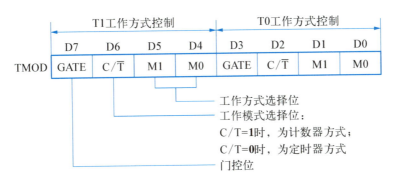

图 8-7　方式寄存器 TMOD 结构

　　该寄存器由一个字节构成,其中高 4 位用于 T1 工作方式的控制,低 4 位用于 T0 工作方式的控制,两者的控制方式完全一致。各位的功能说明如下:

　　① GATE:门控位,用于设置定时器启动的控制方式。当 GATE=0 时,为纯软件启动,即将 TCON 寄存器中的 TR0 或 TR1 置 1 即可启动相应定时器。当 GATE=1 时,为软硬件共同启动,即除将 TCON 寄存器中的 TR0 或 TR1 置 1 外,还需要 $\overline{INT0}$(P3.2)或 $\overline{INT1}$(P3.3)为高电平,才可启动相应定时器,这种方式用于通过外部中断 $\overline{INT0}$ 或 $\overline{INT1}$ 启动定时器。

　　② C/$\overline{T}$:工作模式选择位。C/$\overline{T}$=0 时,工作于定时器模式;C/$\overline{T}$=1 时,工作于计数器模式。

　　③ M1 和 M0:工作方式选择位。共有 4 种工作方式,其对应关系见表 8-2。

表 8-2 工作方式选择

M1	M0	工作方式	功 能 说 明
0	0	工作方式 0	13 位计数器
0	1	工作方式 1	16 位计数器
1	0	工作方式 2	初值自动重载 8 位计数器
1	1	工作方式 3	T0：分为 2 个 8 位计数器；T1：停止计数

注意，TMOD 不能位寻址，只能按字节寻址，即设置工作方式时，用如下形式的语句：

TMOD=0x01;//0000 0001

该语句表示 T1 为纯软件启动，工作于定时器模式，工作方式为工作方式 0；T0 为纯软件启动，工作于定时器模式，工作方式为工作方式 1。

2. 控制寄存器 TCON

TCON 用于控制定时器的启动、停止，标识定时器的溢出和中断情况，其结构如图 8-8 所示。

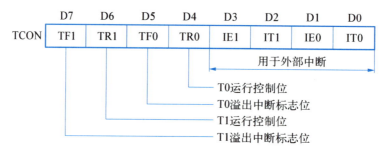

图 8-8 控制寄存器 TCON 结构

各位的功能说明见表 8-3。

表 8-3 控制寄存器 TCON 各位的功能说明

高 4 位		
控 制 位		功 能 说 明
TF1	T1 溢出中断标志位	T1 计数满，产生溢出时，由硬件自动置 TF1=1。如果中断允许，该位向 CPU 发出 T1 溢出中断的中断请求，进入中断服务程序，之后，该位由硬件自动清零；如果中断屏蔽，TF1 作查询测试用，此时只能在软件中手动清零（执行语句"TF1=0;"）

续　表

高 4 位	
控　制　位	功　能　说　明
TR1 ｜ T1 运行控制位	由软件置 **1** 或清零来启动或关闭 T1。当 GATE=**0** 时，TR1=**1** 则启动 T1，TR1=**0** 则关闭 T1；当 GATE=**1** 且 INT1 为高电平时，TR1=**1** 则启动 T1，TR1=**0** 则关闭 T1
TF0 ｜ T0 溢出中断标志位	与 TF1 同
TR0 ｜ T0 运行控制位	与 TR1 同
低 4 位	
控　制　位	说　　明
IE1 ｜ 外部中断 1(INT1)中断请求标志位	外部中断用，与定时器/计数器无关
IT1 ｜ 外部中断 1 中断触发方式控制位	
IE0 ｜ 外部中断 0(INT0)中断请求标志位	
IT0 ｜ 外部中断 0 中断触发方式控制位	

　　TCON 的字节地址为 88H，可位寻址，当系统复位时，TCON 的所有位均清零。

　　应用举例：

```
TR0=1;//启动 T0
TR1=0;//关闭 T1
TF0=0;//将 T0 溢出中断标志位清零
```

测一测

填空题：

1. 51 单片机内部提供_____个可编程的_____位加 1 定时器/计数器。

2. 51 单片机定时器/计数器有 2 种工作模式：一种是_____模式，另一种是_____模式。若将定时器/计数器用于计数方式，则外部事件脉冲必须从_____引脚输入，且外部事件脉冲的最高频率不能超过时钟频率的_____。

3. 51 单片机中，定时器/计数器有 4 种工作方式，通常称为工作方式 0、工作方式 1、工作方式 2、工作方式 3，它们对应的功能分别是_____、_____、_____、_____。

任务实施

一、根据产品设计要求,绘制硬件和软件系统设计框图

1. 硬件系统设计框图

2. 软件系统设计框图

二、填写系统资源 I/O 接口分配表

结合系统方案,完成系统资源 I/O 接口分配,填写到表 8－4 中。

表 8－4　系统资源 I/O 接口分配表

I/O 接口	引脚模式	使用功能	网络标号

总结与反思

任务 3　数字式转速表电路设计

项目名称	数字式转速表设计与实现	任务名称	数字式转速表电路设计
任务目标			

　　1. 根据系统方案设计,对数字式转速表的硬件电路进行详细设计,包括原理图设计、选型和参数设定,以及各模块之间的接口设计等。

　　2. 培养勇于创新的劳模精神和精益求精的工匠精神。

任务要求

1. 对数字式转速表的硬件电路进行设计,如电源、信号检测与调理电路等,确保数字式转速表的稳定性和可靠性。

2. 对数字式转速表的物理布局进行设计,考虑大小、形状、材质和外观等因素,以及使用者体验等方面,达到最佳使用效果。

3. 进行数字式转速表的电路仿真分析,测试电路的工作状态、性能和可靠性等指标,通过仿真分析找出潜在问题和瓶颈,进行优化调整和改进。

4. 绘制数字式转速表的 PCB 图,实现硬件电路的制作和样板的制作。

知识链接

知识点 7　**光电对管接口电路**

光电对管结合后端的信号处理电路才能构成一套完整的光电式传感器。因此,接下来介绍由光电对管结合电压比较电路构成的一套简易光电式传感器。红外反射式光电对管如图 8-9 所示,它由一只红外发射管和一只红外接收管构成。所以,可以看到,在元件外部有 4 只引脚。

图 8-10 为反射式光电对管接口电路,图中,ST188 为光电对管,其中,红外发射管经限流电阻 R_2 接入电路中,当光电对管前方 10 mm 范围内有强反光板时,大部分红外光反射回来,被红外接收管(光电三极管)接收,从而导通光电三极管。该信号传入后一级的电压比较器电路,用于信号调理,最后通过 OUT 端输出给单片机。

图 8-9　红外反射式
光电对管

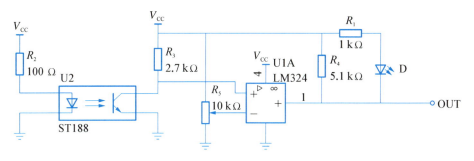

图 8-10　反射式光电对管接口电路

知识点 8　**Proteus 仿真软件中的信号源与示波器**

用 Proteus 仿真软件做仿真分析中,有时需要提供一些特殊信号源来模拟电路中的部分信号。例如,图 8-10 的 OUT 端一般为矩形波信号,在做单片机仿真时,可以直接模拟出这一信号。在 Proteus 仿真软件左侧的绘图工具栏中,单击"Generator Mode"按钮,如图 8-11 所示,相应的列表中会显示出 DC、SINE、PLUSE 等信号类型。PLUSE 可以模拟矩形波信号,选择该信号后,通过属性对话框设置其参数,可以调整矩形波的频率、幅度、占空比等属性。

另外,为了直观地观察波形,需要使用示波器。选取示波器时,首先单击左侧绘图工具栏上的"Virtual Instruments Mode"按钮,其中第一项"OSCILLOSCOPE"为示波器,如图 8 − 12 所示。

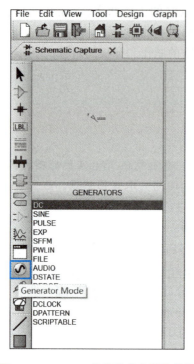

图 8 − 11　Proteus 仿真软件中的信号源

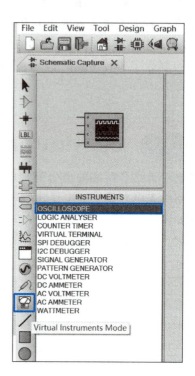

图 8 − 12　Proteus 仿真软件中的示波器

测一测

填空题:

通常红外反射式光电对管由一只_____管和一只_____管构成。

简答题:

1. 简述在 Proteus 仿真软件中选取信号源和示波器的方法。

2. 图 8 − 10 的反射式光电对管接口电路中,LM324 在电路中起什么作用?

任务实施

一、仿真电路设计

通过分析数字式转速表的工作原理,前端反射式光电对管接口电路的输出为矩形波信号,只要测量出该矩形波的频率,则等价于测量转速。因此,可以在 Proteus 仿真软件中利用频率计来仿真,其参考仿真电路图如图 8 − 13 所示。

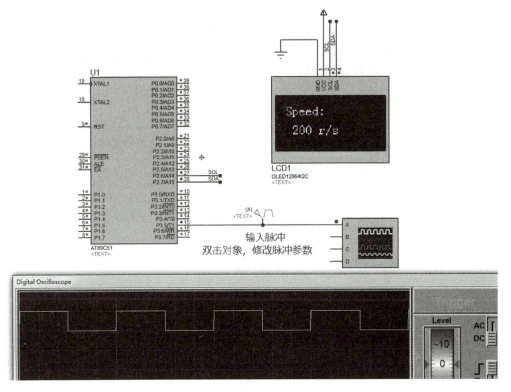

图 8-13　数字式转速表参考仿真电路图

图 8-13 中,单片机最小系统电源电路、时钟电路、复位电路因仿真系统默认自带,故仿真设计时省略。首先,将输入信号设置为 1 路幅度为 5 V、占空比为 50%、频率为 100 Hz 的矩形脉冲信号,将其与单片机的 P3.5 引脚相连。同时,在该引脚处外接示波器,用于观察波形。P2.6 和 P2.7 引脚与显示设备 OLED12864 相连,用于显示输入脉冲的频率,代表转盘的转速。在后续加入程序仿真分析过程中,通过多次改变输入的矩形脉冲频率,来观察 OLED 上显示的频率结果是否与设置值一致。参考仿真电路中用到的主要元件清单见表 8-5。

表 8-5　数字式转速表参考仿真电路元件清单

元件名称	元件位号	参　数	规　格	Proteus 库元件名	作　用
单片机	U1	AT89C52	DIP40	AT89C52	核心芯片
液晶显示屏	LCD1	OLED12864		OLED12864	显示信息

二、硬件接口电路制作与调试

1. 焊接接口电路

按照图 8-10 所示反射式光电对管接口电路,完成电路的焊接,然后,将接口电路的输出端与单片机的 P3.5 引脚相连。

2. 调试光电传感器

按照表8-6中3种测试条件,调整图8-10电路中可调电阻R_5阻值,测试光电传感器输出电压,填写到8-6表中。根据表中数据寻找规律,思考如何根据输出电压特征,调节可调电阻R_5,使得整个电路工作更加可靠。

表8-6   光电传感器输出电压测试记录表

序号	测 试 条 件	光电传感器输出电压/V
1	反光纸置于传感器前方1 cm	
2	反光纸置于传感器前方2 cm	
3	无反光纸	

总结与反思

任务4   数字式转速表软件设计

项目名称	数字式转速表设计与实现	任务名称	数字式转速表软件设计
任务目标			

1. 根据系统方案设计,进行数字式转速表的软件设计,包括软件编写与测试,确保软件的正确性和可行性。

2. 了解定时器/计数器的4种工作方式,能正确使用"工作方式1"。

3. 培养代码编写规范、精益求精的工匠精神。

任务要求

1. 编写数字式转速表的主程序,实现从传感器中获取速度脉冲信号,计算转速,然后将转速数据显示在OLED显示屏上的功能。

2. 实现数字式转速表的数据采集和处理功能,根据不同的传感器类型,采集和处理不同频率的速度脉冲信号,并进行合理的滤波和降噪。

3. 实现数字式转速表的数据显示和控制功能,涉及数据格式和数据输入/输出等方面的控制。

4. 针对软件设计过程中可能出现的问题和优化改进,进行必要的实验、测试和验证工作,确保数字式转速表的稳定性和准确性。

5. 初步实现数字式转速表实时捕获、处理和显示转速数据等基本功能。

知识链接

知识点 9　定时器/计数器的工作方式

微课:定时器/计数器的工作方式

51 单片机中的定时器/计数器有 4 种工作方式,见表 8-2,下面将具体介绍这 4 种工作方式的差异。

一、工作方式 0

工作方式 0 称为 13 位定时/计数方式。它由 TL0(或 TL1)的低 5 位和 TH0(或 TH1)的 8 位组成 13 位的计数器,此时 TL0(或 TL1)的高 3 位未用。其最大计数值为 $M=2^{13}=8\,192$。由于 T1 的工作方式与 T0 类似,所以后文均以 T0 为例进行介绍。工作方式 0 的逻辑电路结构如图 8-14 所示。

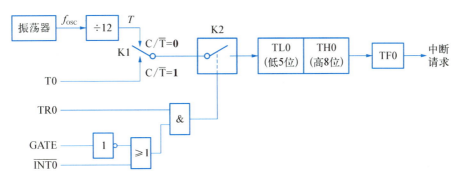

图 8-14　工作方式 0 的逻辑电路结构

图 8-14 中,前文所述 GATE、C/$\overline{\text{T}}$、TR0 等各位对定时器的控制关系,在此不赘述,关键是理解此时 13 位初值的设置。

作为 13 位定时器使用:定时的基准脉冲为机器周期脉冲,即脉冲频率为晶振频率的 12 分频。假设系统采用 12 MHz 晶振,则定时脉冲频率为 1 MHz,一个脉冲的持续时间(周期)$T=12/f_{osc}=1/1\text{ MHz}=1\,\mu s$。"定时"是从初值开始加 1 计数,直至溢出为止来实现的。溢出的终值由定时器的位数决定,例如,13 位定时器的溢出终值为 $M=2^{13}=8\,192$。所以设定不同的初值就有不同的计数值,也就产生不同的定时时长。例如,需要定时 1 ms,则计数值为 1 ms/1 μs=1 000。那么,T0 的初值应设为:

$$X=M-\text{计数值}=8\,192-1\,000=7\,192=1\text{C18H}=0001110000011000\text{B}$$

由于 13 位定时器中,TL0 的高 3 位未使用,固定为 **0**,TH0 占高 8 位,所以实际得到的初值为 $X=1110000000011000\text{B}=E018\text{H}$。

工作方式 0 的初值设定如图 8-15 所示。

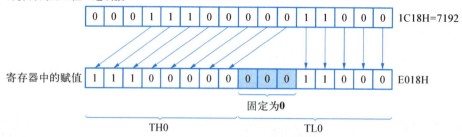

计算得到的16位二进制数

| 0 | 0 | 0 | 1 | 1 | 1 | 0 | 0 | 0 | 0 | 0 | 1 | 1 | 0 | 0 | 0 | 1C18H=7192 |

寄存器中的赋值

| 1 | 1 | 1 | 0 | 0 | 0 | 0 | 0 | 0 | 0 | 0 | 1 | 1 | 0 | 0 | 0 | E018H |

固定为0

TH0　　　　　　　TL0

图 8-15　工作方式 0 的初值设定

因此,1 ms 定时,采用 T0,工作于工作方式 0,采用查询溢出标志位的方法,则有如下程序段:

```
void delay1 ms()
{
    TMOD=0x00;      //T0 工作于工作方式 0
    TH0=0xe0;       //设置定时器初值
    TL0=0x18;
    while(!TF0);     //查询溢出标志位,即 1 ms 定时到,则 TF0=1,程序
                    //退出循环等待
}
```

二、工作方式 1

工作方式 1 为 16 位定时/计数方式,其逻辑电路结构如图 8-16 所示。

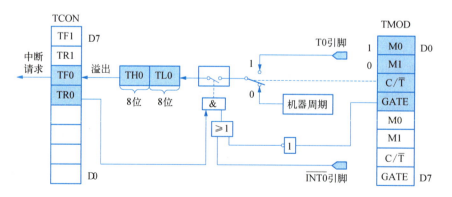

图 8-16　工作方式 1 的逻辑电路结构

与工作方式 0 相比,工作方式 1 的主要差别是定时器/计数器为 16 位,占用了 TH0 和 TL0 的所有位,所以可以推得此时最大计数值为 $M=2^{16}=65\,536$。

三、工作方式 2

工作方式 2 为 8 位自动重载初值方式。其特点是计数器的长度为 8 位,而初始值在计满数,发生溢出后,可以自动重载,其最大计数值为 $M=2^8=256$。其逻辑电路结构如图 8-17。

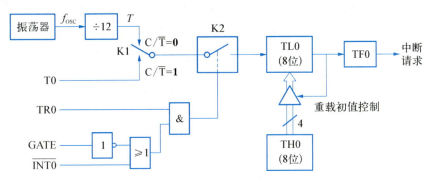

图 8-17　工作方式 2 逻辑电路结构

TL0 是 8 位计数器,TH0 是重载初值的 8 位缓存器,一旦 TL0 计数溢出,TF0 被置位,同时,TH0 中保存的初值自动载入 TL0,进入新一轮的计数。

四、工作方式 3

工作方式 3 下,只有 T0 可以工作,T1 则停止工作。T0 被拆成 2 个独立的定时器/计数器来用。其中,TL0 组成 8 位的定时器或计数器的工作方式,而 TH0 则只能作为定时器来用。其逻辑电路结构如图 8-18 所示。

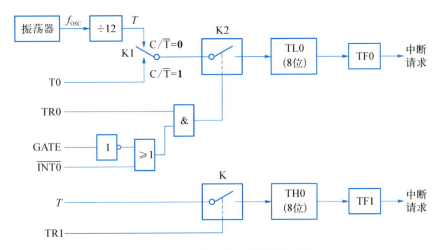

图 8-18　工作方式 3 逻辑电路结构

工作方式 3 的特点是 TL0 作为定时器/计数器时,所采用的控制信号和标志信号仍然采用 T0 所对应的系列标志位(TR0、TF0),而 TH0 作为定时器时,需要用到的控制信号和标志信号则借用 T1 所对应的系列标志位(TR1、TF1)。正因为这一点,也使得此时 T1 不可用。

知识点 10　定时器/计数器的初步应用举例

例 1　通过定时器实现时钟功能。

微课：定时
器的应用
——时钟

问题分析：程序设计时，在显示层，直接采用 6 位数码管显示当前时间，时、分、秒各占用数码管的 2 位。在数据处理层，使用 3 个变量分别保存时、分和秒的值（hour、min、sec）。以 1 s 的变化作为基准，每过 1 s，sec 的值加 1，当 sec 加到 60 后，min 加 1，min 加到 60 后，hour 加 1，当 hour 加到 24 后，归零，进入下一周期的循环。

问题的关键是如何实现 1 s 的精确定时。在 12 MHz 晶振频率下，采用定时模式工作方式 1，1 次的最大定时也只有 65 536 μs（65.536 ms），所以需要通过多次定时实现。为了计数方便，选择 1 次定时 50 ms，20 次则为 1 s。

采用工作方式 1，定时 50 ms，定时器初值＝65 536－50 000＝15 536＝3CB0H。为了在定时过程中，程序能执行其他语句，应结合中断功能，所以修改秒值在定时中断内完成。

选择 T0，则定时器初始化函数为：

```
void IntialTimer()
{
    TMOD=0x01;      //T0 工作于工作方式 1
    TH0=0x3c;       //设定定时器初值
    TL0=0xb0;
    EA=1;           //打开全局中断
    ET0=1;          //打开 T0 溢出中断
    TR0=1;          //启动 T0
}
```

T0 中断的默认级别为 1 级中断，所以其中断处理函数可写为：

```
void int1_Timer0()   interrupt 1
{
    TH0=0x3c;       //重载定时器初值
    TL0=0xb0;
    k++;            //k 为一全局变量，用于存放 50 ms 到了的次数
    if(k>=20)
    {
       sec++;       //秒值加 1
       k=0;         //变量清零
    }
}
```

主函数为：

```
void main()
{
    IntialTimer();        //调用定时器初始化函数
    hour=23;              //设置当前时间
    min=58;
    sec=40;
    while(1)
    {
//**********显示当前时间,调用6位数码管动态扫描函数*******************/
    display(hour/10,hour%10,min/10,min%10,sec/10,sec%10);
//**********数据处理层,处理时、分、秒的关系*******************/
        if(sec>59)
        {
            min++;
            sec=0;
        }
        if(min>59)
        {
            hour++;
            min=0;
        }
        if(hour>23)
        {
            hour=0;
        }
    }
}
```

其中的显示子函数需要自行补充完整。另外,此处的 1 s 定时,是在认为中断响应和处理其中的语句不耗费指令周期的情况下,计算得到的理论初值,实际上因为中断响应和中断子程序的执行都需要耗费时间,所以实际上定时器初值应该要比理论值大,以抵消掉语句执行时消耗的时间。

例 2　通过 P3.4(T0 外部输入)引脚,接入一按钮,实现每按一次按钮计数加 1 的功能,采用对外部脉冲计数方式实现。

问题分析：此时,T0 工作于计数模式,可以采用工作方式 1,最大计数值为 65 535,

上电设置计数初值为 0,每按一次按钮就会有一个下降沿出现,计数一次,只需用数码管实时显示计数值即可。主函数如下:

```
void main()
{
    unsigned int n;          //定义存放当前计数值的变量
    TMOD=0x05;               //设置 T0 为计数模式,工作方式 1
    TH0=0x00;                //设置计数初值
    TL0=0x00;
    TR0=1;                   //启动计数器
    while(1)
    {
      n=TH0*256+TL0;         //取出计数器的高低字节值,存入变量 n 中
      display(n);            //调用 4 位数码管动态扫描子函数
    }
}
```

测一测

填空题:

1. 51 单片机,如果所用晶振频率为 12 MHz,T1 工作于定时模式工作方式 1,并且 TH1=0x3c,TL1=0xb0,则 1 次定时时长为 _____ μs。

2. 用 T1 工作于计数模式工作方式 1,要求每计满 100 次产生溢出标志,则设置初值时,TH1=_____,TL1=_____。

选择题:

1. 51 单片机定时器 T0 在工作方式 0 下,计数器长度是(　　)位。

A. 13　　　　　　B. 8　　　　　　C. 16　　　　　　D. 32

2. 51 单片机定时器 T0 在工作方式 1 下,计数器长度是(　　)位。

A. 13　　　　　　B. 8　　　　　　C. 16　　　　　　D. 32

任务实施

一、算法分析

这里可以采用固定时长,数脉冲个数的方法来测量脉冲频率,从而等价为转速。例如:将外部脉冲接入到 T1(P3.5)引脚,用 T0 定时 100 ms,在固定的 100 ms 时间内,T1 计外部脉冲的数量为 X,即可算得该脉冲的频率为:

$$f = X \times \frac{1\ \text{s}}{100\ \text{ms}} = 10X$$

那么,单片机就需要完成定时和计数2项任务。可以将 T0 用来定时,T1 用来对外部脉冲计数。

二、程序设计与流程图绘制

主程序主要完成3项工作:

1. 读取计数结果,并计数转速。

2. 将转速实时显示到 OLED 液晶屏幕上。

3. 由于采用固定时长数脉冲个数的方案。显然,还需要定时中断服务程序。

分别绘制出主程序流程图和中断服务程序流程图。

三、项目创建及源程序编写

1. 启动 Keil 软件,创建项目:Tachometer_学号.UVPROJ。

2. 对项目的属性进行设置:目标属性中,在"Output"选项卡勾选"Create HEX File"复选框。

3. 编写源程序,文件命名为"Tachometer_学号",保存在项目文件夹中。

4. 编译,生成 HEX 文件。

文本:数字
转速表参
考源程序

总结与反思

任务 5　数字式转速表调试与运行

项目名称	数字式转速表设计与实现	任务名称	数字式转速表调试与运行
任务目标			

1. 进行数字式转速表的全面调试和测试,包括电路测量、参数调整和功能测试等环节。

2. 培养遵循标准程序、严格遵循操作规程的能力和习惯,提高对安全的意识。

任务要求

1. 采用光电检测的方式,实时测量转盘转速;使用开发板调试和软件仿真调试。

2. 对数字式转速表进行集成测试,并进行实测验证。

3. 对数字式转速表的实际应用进行测试,验证数字式转速表在实际工作环境下的适用性和稳定性,检验实际效果并对数字式转速表进行最终评估。

任务实施

数字式转速表的系统调试可以分为以下几个方面:

1. 电路原理图验证:在进行系统调试之前,需要验证电路原理图中的每个元件是否正确连接,特别是检查元件的正负极是否连接正确,以免出现损坏的情况。

2. 电源电压测量:对数字式转速表的电源电压进行测量,检查是否满足电路的工作要求。

3. 根据系统结构框图,将其分为"单片机脉冲测试模块"和"光电检测模块",总体思路是分模块调试成功后,再将两部分联调。

4. 对"单片机脉冲测试模块"功能的测试。仿真通过后,硬件上按照仿真电路图连接,可以先用"信号源"产生 20～8 000 Hz 的矩形脉冲信号接入 P3.5(T1)引脚,测试测量脉冲频率的效果和精度。

5. 对"光电检测模块"功能的测试。首先在电机转盘上贴好反光纸,将光电检测模块固定在距离转盘 2～5 cm 位置,将光电检测模块的输出直接接到示波器上,观察转盘转动时的输出波形,同时可以用标准仪表测量转速,用于校验光电检测的有效性。

6. 当 2 个模块都到达预设的理想效果过后。再将光电检测模块的输入,连接到单片机检测模块的 P3.5(T1)引脚,进入联调阶段。

7. 系统稳定性检查:在转速稳定的状态下,连续检查数字式转速表的读数是否稳定。

调试记录

总结与反思

项目考核

项目名称	数字式转速表设计与实现				
考核方式	过程＋结果评价				
考核内容与评价标准					
序号	评分项目	评 分 细 则	分值	得分	评分方式
1	职业素养	安全用电	2		过程评分
		环境清洁	2		
		操作规范	3		
		团队合作与职业岗位要求	3		
2	方案设计	方案设计准确	10		结果评分
3	电路图设计	电路图符合设计要求	10		
4	程序设计与开发	流程图绘制	5		
		OLED 显示字符	10		
		正确配置定时计数器	10		
		转速测量与实时显示结果	10		
		仿真联调与运行（调试记录）	5		
5	实物焊接与调试	元件摆放、焊点质量、焊接完成度	15		
6	任务与功能验证	功能完成度	10		
7	作品创意与创新	作品创意与创新度	5		
总结与反思					

项目拓展

项目名称	数字式转速表设计与制作

拓展应用

电机编码器是安装在电机上的旋转编码器，它通过跟踪电机轴的速度或位置来提供闭环反馈信号。图 8-19 是一台带编码器的电机。对电机监视的参数由应用的类型确定，可以包括速度、距离、RPM（每分钟转速）、位置等。利用编码器或其他传感器控制特定参数的应用称为闭环反馈或闭环控制系统。由于编码器的输出往往也是连续的矩形脉冲信号，直接反映了电机的转速，因此，要测量电机转速时，直接将编码器的信号连接到单片机上即可。

在 Proteus 仿真软件中，也可以加入带编码器的电机，其名称为"Motor-Encoder"，然后与单片机相连，测试电机的转速。其仿真电路图如图 8-20 所示。

图 8-19　带编码器的电机

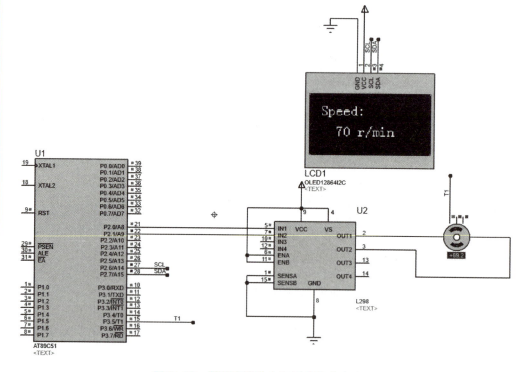

图 8-20　带编码器的电机测速仿真电路图

文本：带编码器的电机测速参考源程序

习题

选择题：

1. 51 单片机的 T1 作为"计数器"时，是以（　　　）作为基准脉冲，通过计基准脉冲的数量来实现定时功能的。

　　A. 内部机器周期的脉冲　　　　　　　　B. 内部时钟周期的脉冲

　　C. 由 T1(P3.5)输入的外部计数脉冲　　D. 由 T0(P3.4)输入的外部计数脉冲

2. 51 单片机的每个"定时器/计数器"由 2 个特殊功能寄存器构成，例如，T0 由 TH0 和 TL0 构成，它们用于存放定时/计数初值，（　　　）代表所存放数值的高 8 位。

　　A. TMOD　　　　　　B. TL1　　　　　　C. TH0　　　　　　D. TL0

3. 51 单片机的 T1，若只用软件启动定时/计数功能，如下设置中，正确的是（　　　）。

　　A. TMOD＝0x58；　　　　　　　　　　B. TMOD＝0x85；

　　C. TCON＝0x58；　　　　　　　　　　D. TCON＝0x85；

4. 对 T0 进行关中断操作，需要复位中断允许控制寄存器的（　　　）。

　　A. EA 和 ET0　　　　　　　　　　　　B. EA 和 EX0

　　C. EA 和 ET1　　　　　　　　　　　　D. EA 和 EX1

5. 在下列寄存器中，与定时器/计数器控制无关的是（　　　）。

　　A. TCON　　　　　　B. SCON　　　　　　C. IE　　　　　　D. TMOD

6. 与定时模式工作方式 0 和 1 相比较，定时模式工作方式 2 不具备的特点是（　　　）。

　　A. 计数溢出后能自动恢复计数初值　　B. 增加计数器的位数

　　C. 提高了定时的精度　　　　　　　　D. 适于循环定时和循环计数

7. 51 单片机定时器工作方式 0 是指的（　　　）工作方式。

　　A. 8 位　　　　　B. 8 位自动重载　　　C. 13 位　　　　　D. 16 位

填空题：

1. 假定定时器 1 工作在工作方式 2，单片机的振荡频率为 3 MHz，则最大的定时时间为_____。

2. 51 单片机的定时器用作定时时，其定时时间与时钟频率和计数初值有关。用作计数时，最高计数频率由_____来决定。

3. 当 TMOD 的最高位 GATE＝1 时，T1 由软硬件共同启动，即软件控制位 TR1 置 **1**，并且还需要 P3.3 为_____电平才可启动 T1，这种方式用于通过外部中断启动定时器。

4. 51 单片机，如果所用晶振频率为 12 MHz，T1 工作于定时模式工作方式 1，并且 TH1＝0x3c，TL1＝0xb0，则 1 次定时时长为_____μs。

5. 用 T1 工作于计数模式工作方式 1,要求每计满 100 次产生溢出标志,则设置初值时,TH1=＿＿＿＿＿,TL1=＿＿＿＿＿。

拓展视角

定时器与社会责任

在单片机中,定时器是一种非常重要的功能模块。它可以帮助单片机在特定时间间隔内执行特定的任务,从而实现定时控制、时间测量等功能。在单片机中,通过设置定时器的参数和功能,可以实现精确的时间测量和精密的任务调度。

随着科技的发展,定时器在许多领域都发挥着重要的作用,如交通系统、医疗设备、工业自动化等,几乎渗透到生产生活的方方面面。在工业领域,定时器可以实现对生产过程的精确控制,提高生产效率和产品质量;在家用电器中,定时器可以实现各种自动化功能,如洗衣机的自动洗涤、空调的自动温度调节等;在通信领域,定时器可以实现数据的同步传输,保证信息的准确无误。

对时间的精确测量和控制与社会运转息息相关,在程序设计和使用定时器时,需要保持严谨的态度,细致入微地进行计算和调整,在编程过程中遵循准确性和可靠性的要求,它关系到人们的生命安全、公共秩序和社会效益。因此,在设计和使用定时器时,必须时刻牢记社会责任,追求公正、安全和可持续的技术应用。

项目 9 烟雾报警器设计与实现

项目导入

烟雾报警器是一种用于检测和提醒人们存在烟雾或火灾等的设备,具有及时发现火灾、保护生命安全、阻止火灾蔓延,以及预防其他意外事故的重要作用。它是保障家庭、公共场所和工作环境安全的基本设备之一,对于消除火灾隐患、减少人员伤亡和财产损失具有不可替代的意义。烟雾报警器常用于智能家居、智能仓库、加油站、大型商场、楼宇系统、电力监控等领域,如图 9-1 所示。

图 9-1　烟雾报警器应用领域

本项目具体任务是完成烟雾报警器设计与实现,以 51 单片机为主控芯片,外接烟雾传感器和蜂鸣器,通过编程实现烟雾的浓度检测与报警。

项目目标

素质目标

1. 通过学习 A/D 转换特性,培养正确的人生观、价值观及科技价值观。
2. 通过项目拓展应用,提高将所学理论知识与具体工程实践相结合的能力,培养勇于开拓的创新精神。
3. 通过项目实践,培养崇尚劳动、热爱劳动、辛勤劳动、诚实劳动的劳模精神和精益求精的工匠精神。

知识目标

1. 能阐明烟雾报警器的实现原理。
2. 能概括 A/D 转换原理和作用。
3. 能应用 51 单片机 A/D 转换技术。
4. 能使用 51 单片机 A/D 转换结果换算方法。

能力目标

1. 能根据烟雾报警器设计要求,选择参数、性能合理的电子元器件,使用 Proteus 仿真软件进行硬件电路仿真设计。
2. 能按项目需求选择合适的 A/D 转换参数采集 I/O 接口电压信号。
3. 能将 51 单片机 A/D 转换采集到的信号转换为电压值。

项目实施

任务 1　烟雾报警器需求分析

项目名称	烟雾报警器设计与实现	任务名称	烟雾报警器需求分析

任务目标

1. 能概述烟雾报警器的原理和构成。
2. 能应用 A/D 转换的概念及 51 单片机 ADC 接口基本参数。
3. 培养自主学习能力、团队协作精神和探究精神。
4. 培养安全意识和科技创新意识。

任务要求

按小组调研烟雾报警器种类和实现方案,形成调研报告和汇报 PPT。

知识链接

知识点 1　烟雾报警器

烟雾报警器是一种最常见的消防预警装置,能够在火灾发生的初期阶段准确感应到起火所产生的烟雾,迅速向人们进行预警。常见的烟雾报警器外形如图 9-2 所示。

按照烟雾报警器所使用的烟雾传感器类型的不同,一般可以将其分为离子式烟雾报警器和光电式烟雾报警器 2 种,这 2 种烟雾报警器都是通过检测烟雾浓度,从而实现火灾预警的功能,它们各自有着不同的使用场景。

在实际使用中,往往可以通过单片机的 A/D 转换功能,对烟雾传感器输出的烟雾浓度电信号进行采集,从而判断是否有火灾的产生。本项目使用离子式烟雾传感器 MQ-2,搭配 51 单片机实现烟雾报警器的功能。

图 9-2　常见的烟雾
报警器外形

小提示

2 种类型的烟雾报警器虽然功能相同,但根据它们的性能差异,有着不同的使用场景。

① 离子式烟雾报警器:对微小的烟雾离子比较灵敏,烟雾探测的灵敏度高,一般在对烟雾探测要求比较高的场所使用,如实验室、高铁。

② 光电式烟雾报警器:对稍大的烟雾离子比较灵敏,对灰烟、黑烟响应差,在一般场所使用的基本上都是光电式的,如办公室、地铁站、商城。

知识点2　A/D转换

A/D转换,即模数转换。在电子电路中,通常将信号分为模拟信号和数字信号2种类型,如图9-3所示。

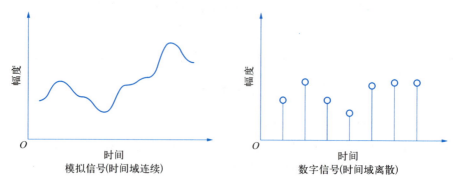

模拟信号(时间域连续)　　　　数字信号(时间域离散)

图9-3　模拟信号与数字信号

其中,模拟信号最大的特点是时间域上具有连续性;数字信号则相反,其在时间域上是离散的信号。

自然界中绝大多数信号都以模拟信号的方式存在,而单片机中却只能存储和处理离散信号,如何实现模拟信号和数字信号之间的相互转换就成了需要解决的问题。为了解决这个问题,A/D转换技术应运而生,其中,A指模拟(analog)信号,D指数字(digital)信号,A/D转换的作用就是将连续变化的模拟信号转换为离散的数字信号。

测一测

填空题:

烟雾报警器中使用的烟雾传感器一般有_____和_____2种类型。

单选题:

1. 烟雾报警器一般通过检测(　　)来判断是否有火灾发生。

A. 温度　　　　　　B. 火焰　　　　　　C. 烟雾浓度　　　　D. 亮度

2. 单片机一般直接存储和处理(　　)信号。

A. 模拟和数字　　　B. 数字　　　　　　C. 连续　　　　　　D. 模拟

任务实施

一、查阅资料,填写表9-1

表9-1　烟雾报警器产品调查表(国产产品不少于3个)

序号	产品系列名称	经典型号	传感器类型	是否国产
1	赛特威尔	GS524N	光电式	是
2				

续　表

序号	产品系列名称	经典型号	传感器类型	是否国产
3				
4				
5				

二、自选烟雾报警器型号,填写表 9-2

表 9-2　烟雾报警器(自选型号:_____)主要技术参数表

序号	参数名称	参　数　指　标	传感器类型
1			
2			
3			
4			
5			

三、完成调研报告及汇报 PPT

1. 调研内容:

① 烟雾报警器的概念和种类。

② 常见烟雾报警器厂商。

③ 烟雾报警器的主要技术参数。

④ A/D 转换的概念。

⑤ A/D 转换的常见用途。

2. 调研方法:

问卷调查法、资料搜索、访谈、统计分析等。

3. 实施方式:

分组完成调查内容,编写调查报告,制作汇报 PPT。

总结与反思

任务 2　烟雾报警器系统方案设计

项目名称	烟雾报警器设计与实现	任务名称	烟雾报警器系统方案设计

任务目标

1. 能阐明 MQ‑2 烟雾传感器的工作原理和引脚结构。
2. 能应用 MQ‑2 烟雾传感器的使用方法。
3. 培养自主学习及团队协作意识，提高合作探究、解决问题的能力。

任务要求

使用 MQ‑2 烟雾传感器，设计一款简单的烟雾报警器，该报警器主要功能如下：
1. 具有烟雾浓度检测功能。
2. 当烟雾浓度超标时进行声光报警。
3. 声光报警信号延迟关闭，并且可以手动按下消音键关闭声光报警动作。
4. 烟雾报警器电池电压过低时，发出报警提示。

知识链接

知识点 3　MQ‑2 烟雾传感器的工作原理和使用方法

一、MQ‑2 烟雾传感器的工作原理

微课：MQ‑2 烟雾传感器的工作原理和使用方法

MQ‑2 烟雾传感器（图 9‑4）使用的二氧化锡半导体气敏材料，属于表面离子式 N 型半导体。在 200～3 000 ℃时，二氧化锡表面吸附空气中的氧，形成氧的负离子吸附，使半导体中的电子密度减少，从而使其电阻值增加。当传感器与烟雾接触时，晶粒间界处的势垒感应到烟雾浓度的变化，就会引起表面导电率的变化。利用这一点就可以获得烟雾存在的信息，烟雾浓度越大，导电率越大，输出电阻越低，则输出的模拟信号就越大。

MQ‑2 烟雾传感器常用于家庭和工厂的气体泄漏监测装置，适宜于液化气、苯、烷、酒精、氢气、烟雾等的探测，它的探测范围极其广泛，具有灵敏度高、响应快、稳定性好、寿命长、驱动电路简单等优点。

二、MQ‑2 烟雾传感器的使用方法

图 9‑4　MQ‑2 烟雾传感器

MQ‑2 烟雾传感器具有双路信号输出的功能，分别是 DOUT（数字输出）和 AOUT（模拟输出），见表 9‑3。

这 2 种不同的输出方式对应 2 种不同的使用方法。MQ‑2 烟雾报警器的内部结构示意图如图 9‑5 所示。

表 9 – 3　MQ – 2 烟雾传感器引脚功能表

模 块 引 脚	引 脚 功 能
VCC	电源输入
GND	地
DOUT	数字输出
AOUT	模拟输出

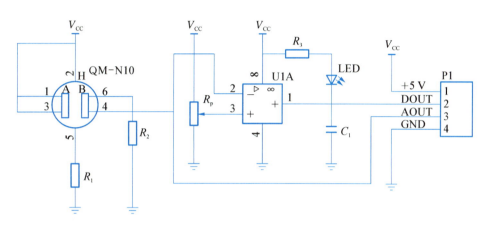

图 9 – 5　MQ – 2 烟雾传感器的内部结构示意图

1. 模拟输出方案

使用模拟输出方案时,传感器与电压比较器电路相连,MQ – 2 烟雾传感器输出随烟雾浓度变化的直流信号,该信号被传递到电压比较器 U1A 的引脚 2;同时,电压比较器 U1A 的引脚 3 与可调变阻器 R_p 相连,产生电压比较器的门限电压。

当烟雾浓度较高时,电压比较器 U1A 的引脚 2 输入电压高于门限电压,电压比较器输出低电平至 DOUT(数字输出)引脚;当烟雾浓度较低时,电压比较器 U1A 的引脚 2 输入电压低于门限电压,电压比较器输出高电平至 DOUT(数字输出)引脚。同时,可以通过调节可调变阻器 R_p 的电阻值来调整门限电压,从而调节烟雾传感器输出的灵敏度。

2. 数字输出方案

使用数字输出方案时,MQ – 2 烟雾传感器输出随烟雾浓度变化的电压信号到 AOUT(模拟输出)引脚,信号电压范围为 0~5 V,浓度越高,电压越高。此种方案下,将 MQ – 2 烟雾传感器的 AOUT(模拟输出)引脚接到处理器的 A/D 转换引脚进行模数转换,即可得到 MQ – 2 烟雾传感器输出的电压值。

MQ – 2 烟雾传感器采用数字输出方案时,单片机能通过 A/D 转换功能实时获取烟雾浓度状态,所以在本项目中,采用 MQ – 2 烟雾传感器的数字输出方案。

三、MQ – 2 烟雾传感器的稳态误差

MQ – 2 烟雾传感器作为一种测量器件,不同个体之间存在合理的稳态误差,即不同

MQ-2 烟雾传感器在相同测量环境下输出电压存在合理的差异；且从 MQ-2 烟雾传感器灵敏度特性曲线（图 9-6）可知，MQ-2 烟雾传感器在不同温湿度情况下，灵敏度也存在差异，如图 9-7 所示。

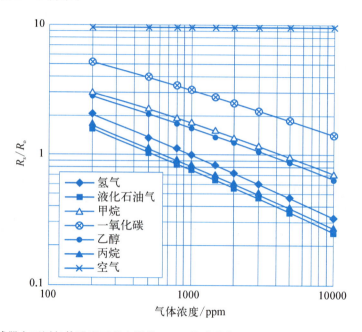

R_s—传感器在不同气体浓度下的电阻值；R_o—传感器在 1 000 ppm 氢气浓度下的电阻值。

图 9-6 MQ-2 烟雾传感器灵敏度特性曲线

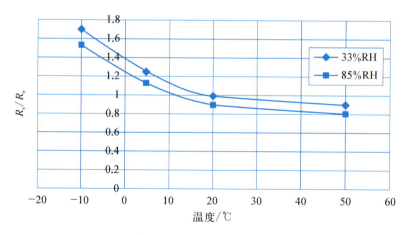

R_s—传感器在 1 000 ppm 丙烷浓度、不同温湿度环境条件下的电阻值；R_o—传感器在 1 000 ppm 丙烷浓度、20℃/65％RH 环境条件下的电阻值；RH—相对湿度。

图 9-7 MQ-2 烟雾传感器温湿度特性曲线

所以，现在烟雾报警器一般都具有环境校准功能，在本项目中，采用设计校准按键的方式，在烟雾报警器安装到位后，按下校准按键对当前环境进行校准。

测一测

填空题：

1. MQ-2 烟雾传感器有＿＿＿＿和＿＿＿＿两种使用方案。

2. 当使用数字输出方案时，应当选用 MQ-2 烟雾传感器的＿＿＿＿引脚。

选择题：

MQ-2 烟雾传感器的 AOUT（模拟输出）引脚，输出电压范围为（　　　）。

A. 0～10 V　　　　B. 3～5 V　　　　C. 0～5 V　　　　D. 0～3 V

任务实施

一、根据产品设计要求，绘制硬件和软件系统设计框图

1. 硬件系统设计框图

2. 软件系统设计框图

二、填写系统资源 I/O 接口分配表

结合系统方案，完成系统资源 I/O 接口分配，填写到表 9-4 中。

表 9-4　系统资源 I/O 接口分配表

I/O 接口	引脚模式	使用功能	网络标号

三、测试 MQ-2 烟雾传感器

小组协作，测试并统计不同 MQ-2 烟雾传感器在洁净空气和丁烷气体测试环境下，AOUT（模拟输出）引脚输出的具体电压值，填写到表 9-5 中。

表 9－5　MQ－2 烟雾传感器不同情况下输出电压值记录表

传感器	序　号	输出电压/V	
		洁净空气环境	丁烷气体测试环境
MQ－2	1 号传感器		
	2 号传感器		
	3 号传感器		
	4 号传感器		
	5 号传感器		

总结与反思

任务 3　烟雾报警器电路设计

项目名称	烟雾报警器设计与实现	任务名称	烟雾报警器电路设计

任务目标
1. 能概述 STC12C5A60S2 单片机 A/D 转换外设的硬件结构。 2. 能阐述烟雾报警器硬件设计思路与仿真分析过程。 3. 培养勇于创新的劳模精神和严谨细致的工匠精神。

任务要求
设计烟雾报警器电路并使用 Proteus 仿真软件绘制仿真电路图。

知识链接

知识点 4　STC12C5A60S2 单片机 A/D 转换接口

　　STC12C5A60S2 单片机作为新一代 51 单片机，其内部集成了 8 路 10 位高速 A/D

转换器,位于单片机的 P1 口(P1.0—P1.7),可用于温度检测、电池、电压检测、频谱检测等功能设计,其速度可达 25 万次/s,其引脚功能示意图如图 9 - 8 所示。单片机上电复位后,P1 口默认为弱上拉型 I/O 接口,用户可以通过软件设置将 8 路中的任何一路设置为 A/D 转换功能,其他接口可继续作为普通 I/O 接口使用。

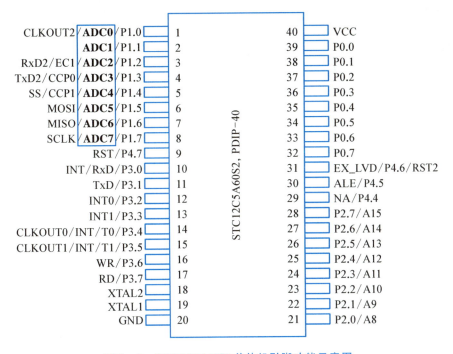

图 9 - 8　STC12C5A60S2 单片机引脚功能示意图

　　与传统 51 单片机相比,在进行 A/D 转换时,STC12C5A60S2 单片机无须在外部设计 A/D 转换电路,极大地提高了产品开发效率、降低了产品开发成本。同时,STC12C5A60S2 单片机的 A/D 转换器(ADC)采用逐次比较型 A/D 转换方式,这种A/D 转换器由一个比较器和 D/A 转换器(DAC)构成,通过逐次比较逻辑,从最高位(MSB)开始,顺序地对每个输入电压与内置 D/A 转换器输出进行比较,经过多次比较,使转换所得的数字量逐次逼近输入模拟量。逐次比较型 A/D 转换器具有速度高、功耗低等优点。

　　STC12C5A60S2 单片机 ADC 由多路选择开关、比较器、逐次比较寄存器、10 位DAC、A/D 转换结果寄存器(ADC_RES 和 ADC_RESL),以及 ADC_CONTR 寄存器构成,如图 9 - 9 所示,各个寄存器具体结构将在后续软件设计部分详细讲解。

　　从图 9 - 9 可以看出,通过多路选择开关,将通过 ADC0~ADC7 的模拟输入信号给比较器,然后再将 10 位 DAC 的模拟量与本次输入的模拟量通过逐次比较器进行比较,将比较结果保存到 A/D 转换结果寄存器中,同时,置位 A/D 转换结束标志位 ADC_FLAG,以供软件程序查询或发出中断请求。

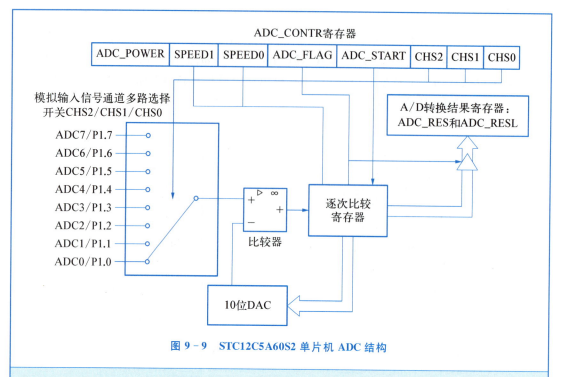

图 9-9　STC12C5A60S2 单片机 ADC 结构

测一测

单选题：

1. STC12C5A60S2 单片机 A/D 转换器位于（　　　）口。

A. P1　　　　　　　　B. P2　　　　　　　　C. P3　　　　　　　　D. P4

2. STC12C5A60S2 单片机内部自带（　　　）A/D 转换器。

A. 8 路 8 位　　　　　　　　　　　　　　B. 8 路 16 位

C. 16 路 10 位　　　　　　　　　　　　　D. 8 路 10 位

任务实施

一、烟雾报警器仿真电路设计

1. MQ-2 烟雾传感器接口仿真电路设计

MQ-2 烟雾传感器直接将随烟雾浓度变化的电压值输出至 AOUT（模拟输出）引脚。

在 Proteus 仿真软件中，MQ-2 烟雾传感器没有对应的硬件实体，所以在仿真中，往往使用滑动变阻器代替 MQ-2 烟雾传感器，当滑动变阻值发生变化时，变阻器电路输出电压值发生变化。

同时，在仿真测试中，为了更直观地观察 MQ-2 烟雾传感器输出电压值，在 Proteus 仿真电路中，添加直流电压表进行数据读取，在 Proteus 仿真软件左侧的绘图工具栏中，单击"Virtual Instruments Mode"按钮，在"INSTRUMENTS"列表框中，选择"DC VOLTMETER"，如图 9-10 所示。

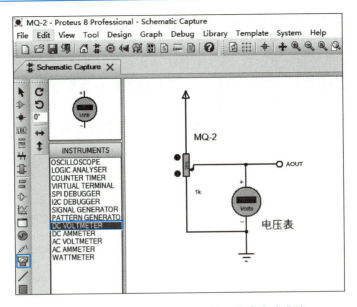

图 9－10　MQ－2 烟雾传感器接口仿真电路设计

2.烟雾报警器仿真电路设计

烟雾报警器参考仿真电路图如图 9－11 所示。

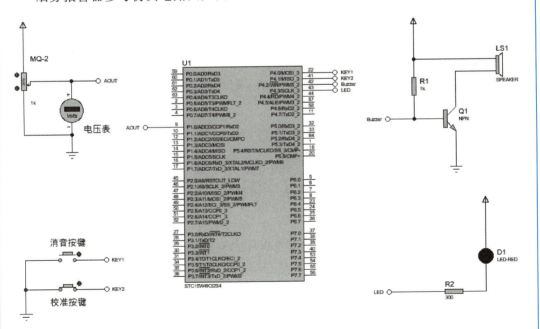

图 9－11　烟雾报警器参考仿真电路图

小提示 🔍

由于 Proteus 仿真软件中无 STC12C5A60S2 单片机仿真模型，只有 STC15W4K32S4

单片机仿真模型，同时 STC15W4K32S4 单片机与 STC12C5A60S2 单片机都是新一代 51 单片机，它们的 A/D 转换器具有相同的结构，所以在本项目仿真电路设计中使用 STC15W4K32S4 单片机代替 STC12C5A60S2 单片机进行硬件仿真测试。

烟雾报警器参考仿真电路由 MQ-2 烟雾传感器接口仿真电路、按键电路、蜂鸣器电路、LED 报警灯电路和主控单片机电路组成。图 9-11 中，单片机最小系统中的电源电路、时钟电路、复位电路因仿真系统默认自带，故仿真设计时省略。

烟雾报警器参考仿真电路图元件清单见表 9-6。

表 9-6 烟雾报警器参考仿真电路图元件清单

元件名称	元件位号	参　数	规　格	Proteus 库元件名	作　用
单片机	U1	STC15W4K32S4	DIP64	STC15W4K32S4	核心芯片
按钮	KEY1	BUTTON	6×6×8	BUTTON	消音按键
按钮	KEY2	BUTTON	6×6×8	BUTTON	校准按键
发光二极管	D1	LED-RED	红色高亮	LED-RED	报警提示灯
三极管	Q1	NPN	NPN	NPN	驱动
电阻器	R1	1 kΩ	1/4W,金属膜电阻器	RES	限流电阻
电阻器	R2	300 Ω	1/4W,金属膜电阻器	RES	限流电阻
滑动变阻器	MQ-2	POT-HG	1 kΩ	POT-HG	模拟 MQ-2 烟雾传感器
蜂鸣器	LS1	SPEAKER		SPEAKER	发出报警音

二、Proteus 仿真电路图绘制

参考图 9-11 及表 9-6，结合系统方案设计中的接口分配，完成烟雾报警器仿真电路设计及绘制。

三、烟雾报警器仿真电路测试

仿真电路绘制完成后，将 HEX 文件下载到仿真电路中进行功能测试。

测试步骤如下：

（1）将滑动变阻器调整到 1% 位置处，按下校准按键进行模拟校准，观察此时电压表显示值并记录。

（2）多次改变滑动变阻器阻值，观察电压表上的 MQ-2 烟雾传感器输出电压，观察 LED 报警灯和蜂鸣器的工作情况，并将测试结果记录到表 9-7 中。

表 9 - 7　MQ - 2 烟雾报警器校准及测试记录表

校　准　情　况		测　试　情　况			
滑动变阻器值	输出电压/V	序号	滑动变阻器值	输出电压/V	是否报警
1%					

总结与反思

任务 4　烟雾报警器软件设计

项目名称	烟雾报警器设计与实现	任务名称	烟雾报警器软件设计

任务目标

1. 能应用 STC12C5A60S2 单片机 A/D 转换功能。
2. 能应用 C 语言配置 STC12C5A60S2 单片机 A/D 转换器的寄存器的方法。
3. 能应用 A/D 采集值与实际电压转换的计算方法。
4. 完成 MQ - 2 烟雾报警器的软件设计,实现烟雾报警功能。
5. 培养代码编写规范、精益求精的工匠精神。

任务要求

根据系统方案,结合硬件电路,设计 MQ - 2 烟雾报警器单片机软件程序。

知识链接

知识点 5 STC12C5A60S2 单片机 A/D 转换器的寄存器

在 STC12C5A60S2 单片机中，A/D 转换功能受到相关寄存器的直接控制，下面逐个介绍这些寄存器的具体结构和含义。

一、P1 口模拟功能控制寄存器 P1ASF（地址：9DH）

STC12C5A60S2 单片机的 A/D 转换通道与 P1 口（P1.0—P1.7）复用，上电复位后，P1 口为弱上拉型 I/O 接口，用户可以通过 P1ASF 寄存器将 8 路中的任何一路 I/O 接口设置为 A/D 转换功能。

P1ASF 寄存器为 8 位寄存器，其结构见表 9-8。

表 9-8　P1 口模拟功能寄存器 P1ASF 结构表

寄存器名称	BIT7	BIT6	BIT5	BIT4	BIT3	BIT2	BIT1	BIT0
P1ASF	P17ASF	P16ASF	P15ASF	P14ASF	P13ASF	P12ASF	P11ASF	P10ASF

P1ASF 寄存器对应位置 1 时有效，即当 P1 口中的相应位作为 A/D 转换使用时，要将 P1ASF 寄存器中的相应位置 1。

例如：配置 P1.0 和 P1.1 引脚使能 A/D 转换功能，此时 P1ASF 寄存器第 0 位和第 1 位设置为 1，其他位设置为 0，即 P1ASF＝(0000 0011)$_2$，转换 16 进制为 0x03。程序代码如下：

```
P1ASF = 0x03;        //P1.0 和 P1.1 引脚启用 A/D 转换功能
```

值得注意的是，该寄存器为只写寄存器，对该寄存器进行读操作是无效的。

二、A/D 控制寄存器 ADC_CONTR（地址：BCH）

A/D 控制寄存器 ADC_CONTR 是 STC12C5A60S2 单片机 A/D 转换中最重要的寄存器，它同时包含了 A/D 转换器电源控制、A/D 转换速度控制、A/D 转换结束标志、A/D 转换器转换启动控制和模拟输入通道选择这 5 项重要功能。

ADC_CONTR 寄存器为 8 位寄存器，其结构见表 9-9。

表 9-9　ADC 控制寄存器 ADC_CONTR 结构表

寄存器名称	BIT7	BIT6	BIT5	BIT4	BIT3	BIT2	BIT1	BIT0
ADC_CONTR	ADC_POWER	SPEED1	SPEED0	ADC_FLAG	ADC_START	CHS2	CHS1	CHS0

① ADC_POWER：A/D 转换器电源控制位。该标志位置 0 时，表示关闭 A/D 转换器电源；置 1 时，表示打开 A/D 转换器电源。

② SPEED1 和 SPEED0：A/D 转换速度控制位，其取值见表 9-10。

表 9 - 10　A/D 转换速度控制位配置表

SPEED1	SPEED0	A/D 转换速度
1	**1**	90 个时钟周期转换 1 次
1	**0**	180 个时钟周期转换 1 次
0	**1**	360 个时钟周期转换 1 次
0	**0**	540 个时钟周期转换 1 次

③ ADC_FLAG：A/D 转换结束标志位。当 A/D 转换完成后，该标志位由硬件自动置位为 **1**，在进行第二次 A/D 转换前，需要软件配置值为 **0**，实现复位。

④ ADC_START：A/D 转换器转换启动控制位。当该标志位置 **1** 时，表示开始转换，转换结束后，该标志位变为 **0**。

⑤ CHS2/CHS1/CHS0：模拟输入通道选择标志位，其取值见表 9 - 11。

表 9 - 11　A/D 转换模拟输入通道选择标志位配置表

CHS2	CHS1	CHS0	通　道　选　择
0	**0**	**0**	选择 P1.0 引脚作为 A/D 转换输入通道
0	**0**	**1**	选择 P1.1 引脚作为 A/D 转换输入通道
0	**1**	**0**	选择 P1.2 引脚作为 A/D 转换输入通道
0	**1**	**1**	选择 P1.3 引脚作为 A/D 转换输入通道
1	**0**	**0**	选择 P1.4 引脚作为 A/D 转换输入通道
1	**0**	**1**	选择 P1.5 引脚作为 A/D 转换输入通道
1	**1**	**0**	选择 P1.6 引脚作为 A/D 转换输入通道
1	**1**	**1**	选择 P1.7 引脚作为 A/D 转换输入通道

例如：配置打开 A/D 转换器电源，以 540 个时钟周期为转换 1 次所需时间，开始进行 A/D 转换，并选择 P1.1 引脚作为 A/D 转换输入通道。

此时，ADC_POWER 标志位值为 **1**，SPEED 转换速度组合值为 **00**，ADC_START 标志位值为 **1**，CHS 通道选择组合值为 **001**，即 ADC_CONTR = $(1000\ 1001)_2$，转换为 16 进制为 0x89。程序代码如下：

```
ADC_CONTR = 0x89;      //打开 A/D 转换电源，从 P1.1 引脚启动 A/D 转换
```

三、A/D 转换结果相关寄存器

特殊功能寄存器 ADC_RES 和 ADC_RESL 用于保存 A/D 转换结果，这 2 个寄存器

均为 8 位寄存器,但 STC12C5A60S2 单片机的 A/D 转换输出精度只有 10 位,A/D 转换结果在 ADC_RES 和 ADC_RESL 寄存器中存储的格式,受辅助寄存器 AUXR1 的控制。

1. 辅助寄存器 1 AUXR1(地址：A2H)

AUXR1 寄存器是 STC12C5A60S2 单片机的辅助寄存器 1,用于控制定时器时钟选择、SPI 中断优先级设置、A/D 转换结果格式等功能,其为 8 位寄存器,具体结构见表 9-12。

表 9-12　辅助寄存器 1 AUXR1 结构表

寄存器名称	BIT7	BIT6	BIT5	BIT4	BIT3	BIT2	BIT1	BIT0
AUXR1	—	PCA_P4	SPI_P4	S2_P4	GF2	ADRJ	—	DPS

本项目中仅关注 AUXR1 寄存器用于控制 A/D 转换结果格式的标志位 ADRJ。当 ADRJ＝0 时,10 位 A/D 转换结果的高 8 位存放在 ADC_RES 中,低 2 位存放在 ADC_RESL 的低 2 位中;当 ADRJ＝1 时,10 位 A/D 转换结果的高 2 位存放在 ADC_RES 的低 2 位中,低 8 位存放在 ADC_RESL 中。

2. A/D 转换结果存储寄存器 ADC_RES、ADC_RESL(地址：BDH、BEH)

ADC_RES、ADC_RESL 寄存器用于存储 A/D 转换结果,存储格式由辅助寄存器 AUXR1 的 ADRJ 标志位控制。

(1) 当 ADRJ＝0 时,其结构见表 9-13。

表 9-13　A/D 转换结果寄存器 ADC_RES 和 ADC_RESL 结构表(ADRJ＝0)

寄存器名称	BIT7	BIT6	BIT5	BIT4	BIT3	BIT2	BIT1	BIT0
ADC_RES	AD_RES9	AD_RES8	AD_RES7	AD_RES6	AD_RES5	AD_RES4	AD_RES3	AD_RES2
ADC_RESL	—	—	—	—	—	—	AD_RES1	AD_RES0

(2) 当 ADRJ＝1 时,其结构见表 9-14。

表 9-14　A/D 转换结果寄存器 ADC_RES 和 ADC_RESL 结构表(ADRJ＝1)

寄存器名称	BIT7	BIT6	BIT5	BIT4	BIT3	BIT2	BIT1	BIT0
ADC_RES	—	—	—	—	—	—	AD_RES9	AD_RES8
ADC_RESL	AD_RES7	AD_RES6	AD_RES5	AD_RES4	AD_RES3	AD_RES2	AD_RES1	AD_RES0

知识点 6　STC12C5A60S2 单片机 A/D 转换结果换算

在 STC12C5A60S2 单片机中,ADC_RES 和 ADC_RESL 寄存器中存储的 A/D 转换值并不是真正的端口电压值,而是 A/D 采样后得到的采样值,还需要对采样值进行换算,才能得到实际的端口电压值。

A/D 转换结果换算方法与 A/D 采样精度和 AUXR1 寄存器的 ADRJ 标志位直接相关。

① 当 ADRJ＝**0** 时，10 位 A/D 转换结果的高 8 位存放在 ADC_RES 中，低 2 位存放在 ADC_RESL 的低 2 位中。

如果需要取完整 10 位结果，按如下公式进行计算：

$$V_{\mathrm{IN}(10)} = \frac{(\mathrm{ADC\_RES}[7:0], \mathrm{ADC\_RESL}[1:0])}{2^{10}} \times V_{\mathrm{CC}}$$

如果只需要取 8 位结果，按如下公式进行计算：

$$V_{\mathrm{IN}(8)} = \frac{\mathrm{ADC\_RES}[7:0]}{2^{8}} \times V_{\mathrm{CC}}$$

② 当 ADRJ＝**1** 时，10 位 A/D 转换结果的高 2 位存放在 ADC_RES 的低 2 位中，低 8 位存放在 ADC_RESL 中。

如果需要取完整 10 位结果，按如下公式进行计算：

$$V_{\mathrm{IN}(10)} = \frac{(\mathrm{ADC\_RES}[1:0], \mathrm{ADC\_RESL}[7:0])}{2^{10}} \times V_{\mathrm{CC}}$$

上述公式中，V_{IN} 表示计算出的模拟输入通道输入电压值，V_{CC} 为单片机实际工作电压。

知识点 7　**STC12C5A60S2 单片机 A/D 转换使用流程**

A/D 转换器作为 STC12C5A60S2 单片机基本外设之一，在使用上与其他外设相同，需要先进行初始化配置，再按照一定的流程配置，参考使用流程如图 9-12 所示。

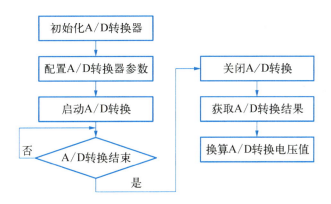

图 9-12　STC12C5A60S2 单片机 A/D 转换器参考使用流程

需要注意的是，由于 STC12C5A60S2 单片机 A/D 转换器使用内部 *RC* 振荡器所产生的时钟，并不使用时钟分频寄存器 CLK_DIV 对系统时钟分频后所产生的 CPU 时钟，所以在 ADC_CONTR 控制寄存器的语句执行后，需要经过 4 个 CPU 时钟的延时，其值才能够保证被设置进 ADC_CONTR 控制寄存器。

测一测

填空题：

1. A/D 控制寄存器 ADC_CONTR 是_____位寄存器。

2. A/D 转换结果被存储在_____和_____寄存器中，存储格式受_____寄存器的_____标志位控制。

3. 当 ADRJ＝**0** 时，取 8 位 A/D 转换结果的公式是_____。

任务实施

一、算法分析

在本项目仿真测试中，以 MQ－2 烟雾传感器在洁净空气状态下的稳态电压 作为基准电压，在监测过程中，当 AOUT 引脚实际输入电压比基准电压超出 60％及以上时，烟雾报警器触发声光报警；否则，烟雾报警器保持正常监测状态。

（1）校准功能算法

在进行正常烟雾报警监测前，需要对烟雾传感器进行校准。校准方式为：将滑动变阻器值设置为 1％（模拟此时为洁净空气状态），按下校准按键，此时单片机通过软件程序，保存稳态电压 V_{REF}。

（2）烟雾检测功能算法

根据图 9－11 可知，MQ－2 烟雾传感器 AOUT 引脚与 STC12C5A60S2 单片机 P1.0 引脚相连。烟雾检测过程中，STC12C5A60S2 单片机持续使用 A/D 转换功能采集并计算 MQ－2 烟雾传感器 AOUT 引脚实际输入电压 V_{IN}，并在每次转换结束后将实际输入电压 V_{IN} 与校准记录的基准电压 V_{REF} 进行比较，当 MQ－2 烟雾传感器 AOUT 引脚实际输入电压 V_{IN} 超出基准电压 60％及以上时，即 $V_{IN} \geqslant V_{REF} + V_{REF} \times 60\%$，烟雾报警器触发声光报警。

A/D 转换功能示例代码如下：

```
#define ADC_POWER      0x80
#define ADC_FLAG       0x10
#define ADC_START      0x08
#define ADC_SPEEDLL    0x00


/* A/D 转换初始化函数 */
void ADC_Init(void)
{
    P1ASF = 0x01;          //设置 P1.0 引脚启用 A/D 转换功能
    AUXR1 = 0x00;          //设置 ADRJ 标志位为 1
    ADC_RES = 0;           //清除 ADC_RES 寄存器中的数据
    ADC_RESL = 0;          //清除 ADC_RESL 寄存器中的数据
```

```
            ADC_CONTR = ADC_POWER|ADC_SPEEDLL;      //配置开启 A/D 转换
                                                    //器电源和转换周期

        delay(3);
    }


    /* 获取 A/D 转换结果函数 */
    unsigned int GetADCResult(unsigned char channel)
    {
        //在指定通道开始 A/D 转换
        ADC_CONTR = ADC_POWER|ADC_SPEEDLL|channel|ADC_START;
        _nop_();        //等待 4 个 CPU 周期
        _nop_();
        _nop_();
        _nop_();
        while(!(ADC_CONTR&ADC_FLAG));      //等待 A/D 转换结束
        ADC_CONTR&=~ADC_FLAG;              //1 次 A/D 转换完成,将
                                           //ADC_FLAG 标志位置 0
        return ADC_RES*4+ADC_RESL;         //返回 10 位 A/D 转换结果
                                           //(高 8 位+低 2 位)

    }


    /* A/D 转换结果换算函数 */
    float CalculateADCValue(unsigned char channel)
    {
        float ADC_Value;
        unsigned int i;
        for(i = 0; i < 10; i++)    //获取 10 次 A/D 转换结果,求平均值,提高
                                   //采样精度
        {
            ADC_Value += GetADCResult(channel);    //获取对应通道的A/D
                                                   //转换值并累加

        }
        ADC_Value /= 10;        //计算 A/D 转换平均值
        ADC_Value = (ADC_Value*5)/1024;    //按照公式换算 10 位 A/D 转
                                           //换结果对应的电压值

        return ADC_Value;
    }
```

二、程序设计与流程图绘制

根据烟雾报警器算法分析,讨论烟雾报警器的系统功能实现流程,包括校准功能和烟雾检测与报警功能,并绘制程序流程图。

三、项目创建及源程序编写

1. 启动 Keil 软件,创建新项目:SmokeAlarm_学号.UVPROJ。

2. 对项目的属性进行设置:目标属性中,在"Output"选项卡中勾选"Create HEX File"复选框。

3. 编写源程序,文件命名为"SmokeAlarm_学号.c",保存在工程文件夹中。

4. 编译,生成 HEX 文件。

文本:烟雾报警器参考源程序

总结与反思

任务 5　烟雾报警器调试与运行

项目名称	烟雾报警器设计与实现	任务名称	烟雾报警器调试与运行
任务目标			

1. 熟练使用常用电子制作仪器仪表,完成烟雾报警器焊接制作。
2. 能应用烟雾报警器的使用方法,在实验环境下进行烟雾状态检测。
3. 能依据调试步骤完成电路调试和填写调试记录。
4. 培养爱护设备、安全操作、遵守规程、执行工艺、认真严谨、忠于职守的职业操守。

任务要求

1. 完成烟雾报警器硬件电路焊接制作与硬件调试。
2. 完成烟雾报警器软硬件联合调试。

任务实施

一、烟雾报警器硬件电路焊接制作

本项目硬件使用烟雾报警器功能电路板和单片机最小系统板相互独立的制作方案,单片机最小系统板可参考之前项目设计制作。

烟雾报警器功能电路板建议焊接顺序如下:

1. 按键电路;

2. LED 报警灯电路;

3. 蜂鸣器电路;

4. MQ－2 烟雾传感器电路;

5. 功能板接口电路。

上述焊接顺序选择从小尺寸器件焊接到大尺寸器件,便于焊接过程中对器件的定位和固定,烟雾报警器功能电路板焊接完成后,将各功能电路引脚合并到接口电路,使用接插件的方式与单片机最小系统板相连接,保证系统的稳定性。

烟雾报警器功能电路板参考布局图如图 9－13 所示。

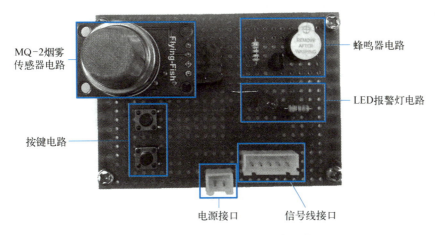

图 9－13　烟雾报警器功能电路板参考布局图

二、烟雾报警器硬件电路调试

进行软硬件联调前,需要对硬件电路板进行硬件检测调试,确保各硬件功能电路正常并记录到表 9－15 中。

表 9－15　烟雾报警器功能电路板硬件检测调试记录表

检测调试项目	是否正常	检测调试项目	是否正常
各功能线之间		蜂鸣器电路	
按键电路		MQ－2 烟雾传感器电路	
LED 报警灯电路			

三、烟雾报警器软硬件联合调试

1. 编译设计的烟雾报警器软件程序代码，生成 HEX 文件。

2. 将烟雾报警器功能电路板与 STC12C5A60S2 单片机最小系统板连接，并进行电路检测。

3. 使用 STC - ISP 软件将生成的 HEX 文件下载到单片机中。

4. 系统上电，在洁净空气环境中，按下校准按键进行基准电压校准。

5. 在不同的实验环境下进行烟雾报警器功能测试并记录测试结果到表 9 - 16 中。

表 9 - 16   烟雾报警器功能测试记录表

校 准 情 况	测 试 情 况		
是否完成基础电压校准	序号	实验环境状态	是否报警
	1		
	2		
	3		
	4		
	5		

视频：烟雾报警器仿真效果

视频：烟雾报警器示例效果

调试记录

总结与反思

项目考核

项目名称	烟雾报警器设计与实现			
考核方式	过程＋结果评价			
考核内容与评价标准				
序号	评分项目	评 分 细 则	分值	得分	评分方式

序号	评分项目	评 分 细 则	分值	得分	评分方式
1	职业素养	安全用电	2		过程评分
		环境清洁	2		
		操作规范	3		
		团队合作与职业岗位要求	3		
2	硬件电路设计	绘制仿真电路图符合设计要求	15		结果评分
		硬件调试记录	5		
3	程序设计与开发	开发环境搭建	5		过程评分
		项目创建	10		
		源代码编写	20		
		程序编译与下载	5		
		仿真联调与运行	10		
		程序流程图绘制符合流程要求	5		
4	任务与功能验证	烟雾报警器功能完成度	10		结果评分
		软硬件联调测试记录	5		
总结与反思					

项目拓展

项目名称	烟雾报警器设计与实现

拓展应用

拓展应用 1：8 位 A/D 转换结果换算

任务要求：若 A/D 转换结果取 8 位长度数据，并使用 P2.0 引脚作为模拟输入通道，修改程序并进行烟雾报警功能调试。

拓展应用 2：烟雾报警器电池电压监控

拓展背景：在实际烟雾报警器产品设计中，为了保证烟雾报警器工作可靠性，往往会对烟雾报警器电池电压进行监控，当电池电压低于烟雾报警器稳定工作的最低门限电压时，会发出报警音，提示用户更换烟雾报警器电池。

任务要求：在烟雾报警器硬件实物上进行修改，任选 STC12C5A60S2 单片机其他未使用的 A/D 转换接口检测输入电源电压，当电压低于 2.9 V 时，控制蜂鸣器发出与烟雾报警音不同的提示音。

习题

填空题：

1. MQ-2 烟雾传感器属于_____类型的烟雾传感器。

2. MQ-2 烟雾传感器的 AOUT 引脚输出_____类型的信号。

3. 若需要设置 STC12C5A60S2 单片机使用 P1.3 引脚作为 A/D 转换模拟输入引脚，同时要求每 180 个时钟周期进行 1 次 A/D 转换，此时 P1ASF 寄存器和 ADC_CONTR 寄存器的值应为_____和_____。

单选题：

1. 单片机可以使用 A/D 转换功能将（　　）信号转换为（　　）信号。

A. 模拟和数字 　　　　　　　　　　B. 数字

C. 连续 　　　　　　　　　　　　　D. 模拟

2. 如果要选择 STC12C5A60S2 单片机的 P1.6 引脚作为 A/D 输入通道，则模拟输入通道选择标志位 CHS2/CHS1/CHS0 应该配置为（　　）。

A. 111 　　　　B. 110 　　　　C. 010 　　　　D. 100

3. A/D 转换控制寄存器 ADC_CONTR 中，ADC_FLAG 标志位的作用是（　　）。

A. A/D 转换启动标志位 　　　　　　B. A/D 转换结束标志位

C. A/D 转换电源标志位 　　　　　　D. A/D 转换使能标志位

4. STC12C5A60S2 单片机 A/D 转换器的转换结果可以直接输出存储到（　　）。

A. SBUF 寄存器 　　　　　　　　　B. 辅助寄存器

C. ACC 寄存器 　　　　　　　　　　D. ADC_CONTR 寄存器

5. STC12C5A60S2 单片机 A/D 转换器最大精度是(　　)。

A. 8 位　　　　　　B. 10 位　　　　　　C. 12 位　　　　　　D. 16 位

6. STC12C5A60S2 单片机 A/D 转换器的输入电压范围是(　　)。

A. 0～1 V　　　　　B. 0～2.5 V　　　　C. 0～3.3 V　　　　D. 0～5 V

多选题:

以下型号的单片机具备 A/D 转换器功能的是(　　)。

A. STC12C5A60S2　　　　　　　　B. STC15W4K32S4

C. AT89C52　　　　　　　　　　　D. STM32F103C8T6

拓展视角

A/D 转换与规则意识

A/D 转换,即模拟信号到数字信号的转换,是将连续的模拟信号转换为离散的数字信号的过程。A/D 转换在各个领域应用广泛,如数字音频、数字信号处理、科学仪器、通信设备等。A/D 转换也是单片机的重要功能之一。

A/D 转换并不是一个简单的任务。它需要遵循一定的规则,以确保转换的准确性、可靠性和效率。这些规则有些与硬件设计相关,如 A/D 转换器的类型、采样率、分辨率、参考电压、输入范围等。有些与软件设计相关,如编程语言、算法、数据格式、错误处理等。

为什么 A/D 转换需要遵循这些规则呢? 因为 A/D 转换是一种信息转换的过程,而信息是有价值和意义的。如果不遵循一定的规则,可能会丢失、扭曲或损坏信息,从而导致不良的后果。例如,在 A/D 转换过程中,如果使用低采样率,可能会错过模拟信号的一些重要特征,从而影响数字信号的质量;如果使用低分辨率,可能会引入量化误差,从而降低数字信号的精度;如果使用错误的参考电压,可能会造成溢出或欠流,从而损坏 A/D 转换器或单片机;如果使用错误的编程语言,可能会遇到语法错误、逻辑错误或运行错误,从而导致 A/D 转换失败或出现故障。

因此,在应用 A/D 转换的过程中,需要有规则意识。规则意识是理解规则、遵守规则、尊重规则的品质。规则意识有助于提高 A/D 转换应用的正确性、有效性、安全性,也有助于提高 A/D 转换应用的技能、知识和创造力。

规则意识是一种宝贵的品质,在应用 A/D 转换的过程中,乃至日常生活、学习和工作的方方面面,都应该有意识地培养和实践。

项目 10 信号发生器设计与实现

项目导入

　　信号发生器在科学、生活、生产等各个领域都占有不可或缺的地位。什么是信号发生器呢？其实，信号发生器一般是指能够通过自身电路和程序，产生不同波形模拟量信号的设备，如锯齿波、三角波、方波、正弦波等，其具体应用领域如图10-1所示。

图 10-1　信号发生器应用领域

　　信号发生器能够产生较为精确的波形型号，用于误差矫正、电路测量等重要用途，随着电子设备开发和制造业的飞速发展，各个科技生产企业、科研工作者们对信号发生器的要求也越来越高，因此信号发生器的设计和研发具有极其重要的科技意义。

　　本项目具体任务是使用DAC0832芯片与51单片机，设计并制作一款简单的信号发生器，在设计与制作过程中，将探究简单信号发生器的工作原理和设计思路。

项目目标

素质目标

1. 通过转换芯片的调查选型,培养环保和节约意识。
2. 通过项目任务实施及过程,培养自主学习能力、团队协作精神和探究精神。

知识目标

1. 能描述信号发生器实现原理。
2. 能概述 D/A 转换原理和作用。
3. 能使用 DAC0832 芯片完成数据转换。

能力目标

1. 能熟练运用 DAC0832 芯片实现 D/A 转换。
2. 能熟练地编程实现数字信号的模拟化,根据任务要求选择适合的芯片及工作方式。

项目实施

任务 1　信号发生器需求分析

项目名称	信号发生器设计与实现	任务名称	信号发生器需求分析
任务目标			
1. 能概述信号发生器的概念和原理。 2. 能应用 D/A 转换的概念和典型 D/A 转换器。 3. 能说明 DAC0832 芯片的基本结构和特性。 4. 培养自主学习能力、团队协作精神和探究精神。			
任务要求			
按小组调研信号发生器的实现方案，形成调研报告和汇报 PPT。			
知识链接			

知识点 1　信号发生器

信号发生器一般是指能够通过自身电路和程序自动产生锯齿波、三角波、方波、正弦波等模拟量电压信号波形的电路。常见的信号发生器外形如图 10 – 2 所示。

图 10 – 2　常见的信号发生器外形

信号发生器可以由硬件电路制作而成，但纯硬件电路设计信号发生器难度较大，且电路相对复杂；在实际应用中，往往也可以使用 D/A 转换芯片设计制作，使用单片机驱动 D/A 转换芯片制作信号发生器往往更为简洁。

本项目使用典型 D/A 转换器——DAC0832 芯片，搭配 STC12C5A60S2 单片机实现信号发生器的功能。

知识点 2 **D/A 转换的概念和典型 D/A 转换器**

与 A/D 转换相反,D/A 转换是指数模转换。实现 D/A 转换功能的器件被称为 D/A 转换器,是一种把数字信号转换成模拟信号的器件。D/A 转换器被广泛用于计算机函数发生器、计算机图形显示,以及与 A/D 转换器相配合的控制系统等应用中。

D/A 转换器种类繁多,按照二进制数字量的位数划分,有 8 位、10 位、12 位、16 位 D/A 转换器;按照数字量的数码形式划分,有二进制码和 BCD 码 D/A 转换器;按照 D/A 转换器输出方式划分,有电流输出型和电压输出型 D/A 转换器。

本项目使用的典型 D/A 转换器 DAC0832 芯片是 8 位 D/A 转换器,它的 D/A 转换结果采用电流形式输出。其芯片内部集成 2 级输入寄存器,使得 DAC0832 芯片具备双缓冲、单缓冲和直通 3 种输入方式,以便适用于各种不同的电路需要。所以,DAC0832 芯片的应用范围非常广泛,其外形如图 10 - 3 所示。

图 10 - 3   DAC0832 芯片外形

知识点 3 **DAC0832 芯片的硬件结构和特点**

一、DAC0832 芯片的硬件结构

DAC0832 芯片由 2 个数据锁存器、1 个 8 位 D/A 转换器和相关控制电路组成,其内部结构示意图如图 10 - 4 所示。

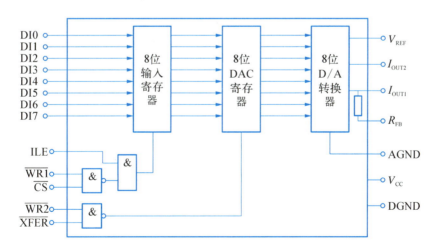

图 10 - 4   DAC0832 芯片内部结构示意图

该芯片是采用 CMOS 工艺制成的单片直流输出型 8 位 D/A 转换器,采用 20 引脚双列直插封装,其引脚功能说明见表 10 - 1。

表 10 - 1　DAC0832 芯片引脚功能说明表

序号	引脚标识	引脚名称	引脚功能
1	$\overline{CS}$	片选信号	和允许锁存信号 ILE 组合来决定 $\overline{WR1}$ 是否起作用，低电平有效
2	$\overline{WR1}$	写信号 1	作为第一级锁存信号，将输入数据锁存到输入寄存器（此时，$\overline{WR1}$ 必须和 $\overline{CS}$、ILE 同时有效），低电平有效
3	AGND	模拟地	模拟电路接地端
4	DI3	数据输入端	第 3 位
5	DI2	数据输入端	第 2 位
6	DI1	数据输入端	第 1 位
7	DI0	数据输入端	第 0 位
8	V_{REF}	参考电压输入端	可接电压范围为 $-10 \sim +10$ V。外部标准电压通过 V_{REF} 与 T 型电阻网络相连
9	R_{FB}	反馈电阻引出端	DAC0832 芯片内部已经有反馈电阻，所以，R_{FB} 端可以直接接到外部运算放大器的输出端，相当于将反馈电阻接在运算放大器的输入端和输出端之间
10	DGND	数字地	数字电路接地端
11	I_{OUT1}	模拟电流输出端 1	它是数字量输入为"1"的模拟电流输出端。当 DAC 寄存器中全为 1 时，输出电流最大，当 DAC 寄存器中全为 0 时，输出电流为 0
12	I_{OUT2}	模拟电流输出端 2	它是数字量输入为"0"的模拟电流输出端，采用单极性输出时，I_{OUT2} 常常接地。$I_{OUT1} + I_{OUT2} =$ 常数
13	DI7	数据输入端	第 7 位
14	DI6	数据输入端	第 6 位
15	DI5	数据输入端	第 5 位
16	DI4	数据输入端	第 4 位
17	$\overline{XFER}$	传输控制信号	用来控制 $\overline{WR2}$，低电平有效
18	$\overline{WR2}$	写信号 2	将锁存在输入寄存器中的数据送到 DAC 寄存器中进行锁存（此时，传输控制信号 $\overline{XFER}$ 必须有效），低电平有效
19	ILE	允许锁存信号	当 ILE＝0 时，输入数据被锁存；当 ILE＝1 时，数据不锁存，锁存器的输出跟随输入变化
20	V_{CC}	芯片供电电压端	范围为 $+5 \sim +15$ V，最佳工作状态是 $+15$ V

二、DAC0832 芯片的特点

DAC0832 芯片是一种典型的 T 型电阻网络电流输出型 D/A 转换器,其内部功能原理图如图 10-5 所示。

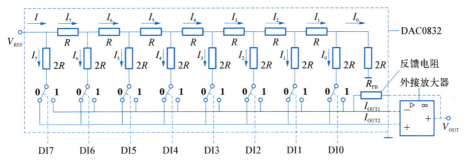

图 10-5　DAC0832 芯片内部功能原理图

由图 10-5 可知:

$$V_{OUT} = -I_{OUT1} \cdot R_{FB} = -(DI7 \cdot 2^7 + DI6 \cdot 2^6 + \cdots + DI0 \cdot 2^0) \cdot \frac{V_{REF}}{256R} \cdot R_{FB}$$

$$= -(DI7 \cdot 2^7 + DI6 \cdot 2^6 + \cdots + DI0 \cdot 2^0) \cdot \frac{V_{REF}}{256} = -B \cdot \frac{V_{REF}}{256}$$

上式中,B 表示 8 位数字量输入值。

简单来说,通过内部功能原理图可知,DAC0832 芯片输出的模拟量 V_{OUT} 与输入的数字量 B 之间成正比关系,输入信号强度越强,输出信号强度越强。

测一测

单选题:

1. DAC0832 芯片是一种典型的(　　)型 D/A 转换器。

A. 模拟　　　　　　　B. 数字　　　　　　　C. 电压　　　　　　　D. 电流

2. DAC0832 芯片的输出模拟量和输入数字量之间呈(　　)关系。

A. 正比　　　　　　　B. 反比　　　　　　　C. 线性　　　　　　　D. 对称性

3. DAC0832 芯片内部有(　　)级输入存储器。

A. 2　　　　　　　　　B. 3　　　　　　　　　C. 1　　　　　　　　　D. 4

任务实施

一、查阅资料,填写表 10-2 和表 10-3

表 10-2　信号发生器产品调查表

序号	产 品 名 称	类　　型	是否国产
1			
2			

续　表

序号	产　品　名　称	类　型	是否国产
3			
4			
5			

表 10 - 3　D/A 转换器的主要技术指标

序号	参　数　名　称	参　数　指　标
1		
2		
3		
4		

二、完成调研报告及汇报 PPT

1. 调研内容：

① 信号发生器的种类。

② 常见信号发生器型号及生产厂商。

③ D/A 转换器的主要技术参数。

④ D/A 转换的概念。

2. 调研方法：

问卷调查法、资料搜索、访谈、统计分析等。

3. 实施方式：

分组完成调查内容，编写调查报告，制作汇报 PPT。

总结与反思

任务 2　信号发生器系统方案设计

项目名称	信号发生器设计与实现	任务名称	信号发生器系统方案设计

任务目标

1. 掌握 DAC0832 芯片的工作方式和基于 D/A 转换的信号发生器原理。

2. 设计并绘制基于 DAC0832 芯片的信号发生器的系统设计框图并完成 STC12C5A60S2 单片机引脚分配。

3. 培养自主学习及团队协作意识，提高合作探究、解决问题的能力。

任务要求

使用 DAC0832 芯片，设计信号发生器系统结构，该信号发生器主要功能如下：

1. 能通过 STC12C5A60S2 单片机控制 DAC0832 芯片输出不同波形的模拟信号。

2. 能通过波形切换按键切换输出不同的模拟信号波形。

3. 能通过频率设置按键调节输出模拟信号的频率。

知识链接

知识点 4　基于 DAC0832 芯片的信号发生器原理

一、DAC0832 芯片的工作方式

DAC0832 芯片在进行 D/A 转换时，可以采用 2 种方法对数据进行锁存：

（1）第一种方法是使输入寄存器工作在锁存状态，而 DAC 寄存器工作在直通状态。具体地说，就是使 $\overline{WR2}$ 和 $\overline{XFER}$ 都为低电平，DAC 寄存器的锁存选通端得不到有效电平而直通；此外，使输入寄存器的控制信号 ILE 处于高电平，$\overline{CS}$ 处于低电平，这样，当 $\overline{WR1}$ 端收到 1 个负脉冲时，就可以完成 1 次转换。

（2）第二种方法是使输入寄存器工作在直通状态，而 DAC 寄存器工作在锁存状态。具体地说，就是使 $\overline{WR1}$ 和 $\overline{CS}$ 为低电平，ILE 为高电平，这样，输入寄存器的锁存选通信号处于无效状态而直通；当 $\overline{WR2}$ 和 $\overline{XFER}$ 输入 1 个负脉冲时，使得 DAC 寄存器工作在锁存状态，提供锁存数据进行转换。

根据上述对 DAC0832 芯片的输入寄存器和 DAC 寄存器不同的控制方法，DAC0832 形成了如下 3 种工作方式：

1. 单缓冲方式

通过连接 ILE、$\overline{WR1}$、$\overline{WR2}$、$\overline{CS}$ 和 $\overline{XFER}$ 引脚，使得 2 个锁存器之一的输入寄存器处于导通状态，或者 2 个寄存器同时处于导通状态，DAC0832 就工作于单缓冲方式。

此种方式适用于只有一路模拟量输出或几路模拟量异步输出的情形，连接示意图如图 10 - 6 所示。

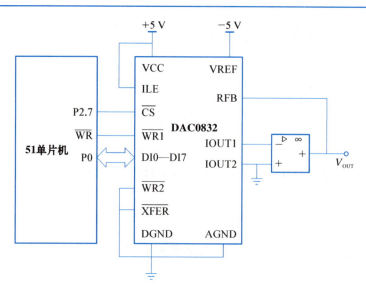

图 10 - 6 单缓冲方式 DAC0832 芯片与单片机连接示意图

2. 双缓冲方式

双缓冲方式下,DAC0832 芯片的操作分为两步:第一步,使输入寄存器处于导通状态,接收输入数据;第二步,使 DAC 寄存器导通,DAC 寄存器从输入寄存器的输出端接收数据。在第二步中,输入寄存器锁存,只有 DAC 寄存器导通,此时在 DAC0832 芯片数据输入端写入数据无意义。

此种方式适用于多个 D/A 转换器同步输出的情况,连接示意图如图 10 - 7 所示。

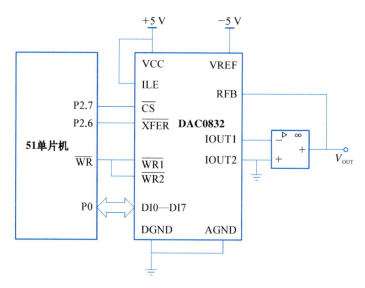

图 10 - 7 双缓冲方式 DAC0832 芯片与单片机连接示意图

3. 直通方式

直通方式下,$\overline{WR1}$、$\overline{WR2}$、$\overline{CS}$ 和 $\overline{XFER}$ 均为低电平,ILE 为高电平。此时,数据不

经过 2 级锁存器锁存,当 8 位数字量抵达 DI0—DI7 时,就立即进行 D/A 转换,从输出端输出转换的模拟量。

此种方式适用于连续反馈控制电路。

二、D/A 转换器输出波形信号原理

DAC0832 芯片 D/A 转换器输出的模拟量与输入的数字量之间成正比关系,利用这一特点,通过程序控制 STC12C5A60S2 单片机向 DAC0832 芯片输出随时间呈一定规律变化的数字量,DAC0832 芯片就可以输出随时间按一定规律变化的波形,如方波信号、三角波信号、锯齿波信号、正弦波信号等。

在本项目中,只输出一路模拟量信号,选择使用 DAC0832 芯片的单缓冲方式进行设计。

测一测

单选题:

1. DAC0832 芯片利用(　　)控制信号可以构成(　　)种不同的工作方式。

A. $\overline{\text{WR1}}$、$\overline{\text{WR2}}$、$\overline{\text{XFER}}$　　3

B. $\overline{\text{WR1}}$、$\overline{\text{WR2}}$、$\overline{\text{XFER}}$、$\overline{\text{CS}}$、ILE　　3

C. $\overline{\text{WR1}}$、$\overline{\text{WR2}}$、$\overline{\text{XFER}}$、$\overline{\text{CS}}$、ILE　　4

D. $\overline{\text{WR1}}$、$\overline{\text{WR2}}$、$\overline{\text{XFER}}$、$\overline{\text{CS}}$　　3

2. 对于多路 D/A 转换接口,要求同步进行 D/A 转换输出时,必须采用(　　)方式。

A. 直通方式

B. 单缓冲方式

C. 双缓冲方式

D. 都可以

任务实施

一、根据产品设计要求,绘制硬件和软件系统设计框图

1. 硬件系统设计框图

2. 软件系统设计框图

二、填写系统资源 I/O 接口分配表

结合系统方案,完成系统资源 I/O 接口分配,填写到表 10 - 4 中。

表 10 – 4　系统资源 I/O 接口分配表

I/O 接口	引脚模式	使用功能	网络标号

总结与反思

任务 3　信号发生器电路设计

项目名称	信号发生器设计与实现	任务名称	信号发生器电路设计

任务目标

1. 能设计 DAC0832 的外接电路。
2. 掌握信号发生器硬件设计思路与仿真分析过程。
3. 培养勇于创新的劳模精神和严谨细致的工匠精神。

任务要求

设计信号发生器电路并使用 Proteus 仿真软件绘制仿真电路图。

知识链接

知识点 5　**DAC0832 芯片的外接电路**

一、DAC0832 芯片的输入电路

D/A 转换器的输入电路主要是 D/A 转换器与单片机的数据总线间的连接，主要存在两方面的问题：

1. D/A 转换器有无输入锁存器

当 D/A 转换器内部没有输入锁存器时，必须在单片机与 D/A 转换器之间扩展锁存器或连接单片机 I/O 接口。而 DAC0832 芯片内部具有 2 个 8 位锁存器，这种情况下，只需要将单片机的数据总线与 DAC0832 芯片的数据输入端一一对应连接即可。

2. D/A 转换器的转换位数

当高于 8 位的 D/A 转换器与仅 8 位数据输入端的 STC12C5A60S2 单片机接口相连时，STC12C5A60S2 单片机的数据必须分时连接，还必须考虑数据分时输出的格式和输出电压的"毛刺"问题。而 DAC0832 芯片是 8 位 D/A 转换器，其数据宽度与 STC12C5A60S2 单片机接口宽度一致，此种情况下，无需考虑数据分时连接的问题。

所以，本项目中，DAC0832 芯片的输入电路示意图如图 10-8 所示。

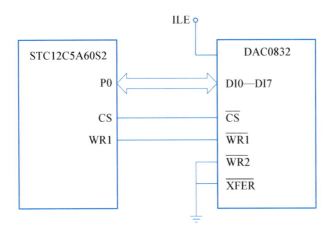

图 10-8　DAC0832 芯片的输入电路示意图

二、DAC0832 芯片的输出电路

目前大部分 D/A 转换器内部电路构成无太大差异，一般按输出是电流还是电压、能否做乘法运算等分为电流输出型 D/A 转换器和电压输出型 D/A 转换器。由于电流开关的切换误差小，大多数 D/A 转换器采用电流开关型电路，所以大多数 D/A 转换器由电阻阵列和 n 个电流开关构成，一般来说，电流开关型电路如果直接输出生成的电流。

DAC0832 芯片即为电流输出型的 8 位 D/A 转换器，而信号波形需要展示出不同信号的电压幅值变化，所以要将 DAC0832 芯片输出的模拟电流信号转换为相应的模拟电压信号，因此 DAC0832 芯片在本项目中需要外接高输入阻抗的线性运算放大器。需要注意的是，运放的反馈电阻可以通过 R_{FB} 端引用片内固有电阻，也可以外接反馈电阻。

所以，本项目中，DAC0832 芯片的输出电路示意图如图 10-9 所示。

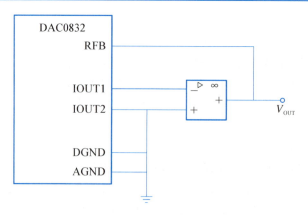

图 10-9　DAC0832 芯片的输出电路示意图

测一测

单选题：

DAC0832 芯片是(　　)输出型 D/A 转换器。

A. 电流　　　　　　　B. 电压　　　　　　　C. 电流和电压　　　　D. 电容

判断题：

(　　)DAC0832 芯片输出运放参考电阻只能使用 DAC0832 芯片的 R_{FB} 端提供。

任务实施

一、信号发生器仿真电路设计

1. DAC0832 接口仿真电路设计

根据系统设计任务可知，本项目使用单缓冲方式控制，在该方式下，$\overline{WR2}$、$\overline{XFER}$ 接低电平，ILE 接高电平，DI0—DI7 直接连接到 STC12C5A60S2 单片机 P2 口，$\overline{WR1}$ 和 $\overline{CS}$ 接 STC12C5A60S2 单片机 P3.0 口，实现单片机对 DAC0832 芯片 D/A 转换的控制功能，如图 10-10 所示。

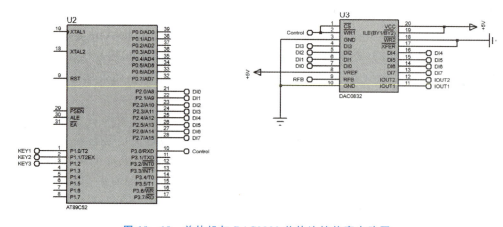

图 10-10　单片机与 DAC0832 芯片连接仿真电路图

同时,在仿真测试中,为了更直观地观察输出信号波形,在 Proteus 仿真电路中添加示波器对输出波形进行监控,在 Proteus 仿真软件左侧的绘图工具栏中,单击"Virtual Instruments Mode"按钮,在"INSTRUMENTS"列表框中,选择"OSCILLOSCOPE",如图 10 - 11 所示。

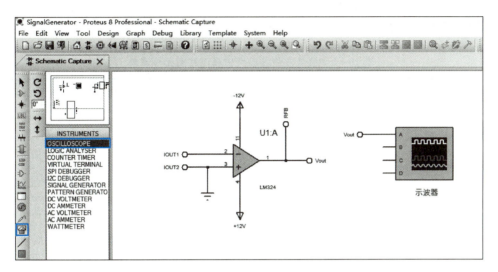

图 10 - 11　DAC0832 芯片输出仿真电路图

2. 信号发生器仿真电路设计

信号发生器参考仿真电路图如图 10 - 12 所示。

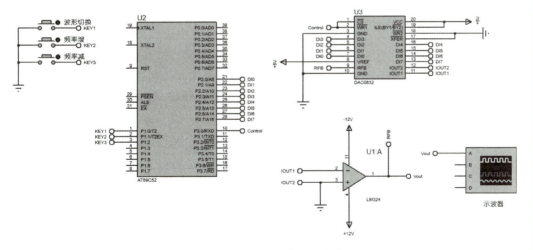

图 10 - 12　信号发生器参考仿真电路图

小提示🔍

由于 Proteus 仿真软件中无 STC12C5A60S2 单片机仿真模型,同时 AT89C52 单片机与 STC12C5A60S2 单片机具有相同的内核构架,且软件指令集兼容,所以在本项目仿真电路设计中使用 AT89C52 单片机代替 STC12C5A60S2 单片机进行硬件仿真测试。

信号发生器参考仿真电路由 DAC0832 转换电路、运放电路、按键电路和主控单片机电路组成。图 10-12 中,单片机最小系统中的电源电路、时钟电路、复位电路因仿真系统默认自带,故仿真设计时省略。

信号发生器参考仿真电路图元件清单见表 10-5。

表 10-5　信号发生器参考仿真电路图元件清单

元件名称	元件位号	参　数	规　格	Proteus 库元件名	作　用
单片机	U2	AT89C52	DIP40	AT89C52	核心芯片
按键	KEY1	BUTTON	6×6×8	BUTTON	波形切换按键
按键	KEY2	BUTTON	6×6×8	BUTTON	频率增加按键
按键	KEY3	BUTTON	6×6×8	BUTTON	频率降低按键
运放	U1	LM324		LM324	I/V 转换
D/A 转换器	U3	DAC0832	DIP20	DAC0832	D/A 转换

二、Proteus 仿真电路图绘制

参考图 10-12 及表 10-5,结合系统方案设计中的接口分配,完成信号发生器仿真电路设计及绘制。

三、信号发生器仿真电路测试

仿真电路绘制完成后,将 HEX 文件下载到仿真电路中进行功能测试。

测试步骤如下:

(1) 按下波形切换按键,观察示波器上波形种类是否发生切换。

(2) 使用频率增加和频率降低按键对信号进行频率调节,观察示波器上波形状态是否发生变化,并记录在表 10-6 中。

表 10-6　信号发生器测试记录表

测　试　情　况					
序　号	波形种类	最大电压	最小电压	频率增加情况	频率降低情况
1 号波形					
2 号波形					
3 号波形					
4 号波形					

总结与反思

任务 4 信号发生器软件设计

项目名称	信号发生器设计与实现	任务名称	信号发生器软件设计

任务目标

1. 掌握 D/A 转换输出特定种类信号波形的方法。
2. 完成信号发生器的软件设计,实现信号发生器功能。
3. 培养代码编写规范、精益求精的工匠精神。

任务要求

根据系统方案,结合硬件电路,设计信号发生器单片机软件程序,至少包含如下信号类型:① 锯齿波信号;② 三角波信号;③ 方波信号;④ 正弦波信号。

知识链接

知识点 6 D/A 转换器模拟量波形生成方法

由 DAC0832 芯片的硬件结构可知,DAC0832 芯片是 8 位 D/A 转换器,其输出模拟量信号强度与输入数字量信号强度成正比,利用这一特点,就可以使用 STC12C5A60S2 单片机控制 DAC0832 芯片输出特定波形的模拟量信号,下面以锯齿波信号为例进行分析。

图 10 – 13 锯齿波信号波形

锯齿波信号波形如图 10 – 13 所示。

从图 10 – 13 可以看出,锯齿波信号就是电压从最小值开始逐步上升到最大值,再回落到最小值,逐步再上升到最大值,如此往复的周期信号。需要使用单片机控制 DAC0832

芯片输出从最小值逐步上升到最大值,再回落到最小值,逐步再上升到最大值,如此往复的周期模拟量信号。

根据 DAC0832 芯片输出模拟量信号强度与输入数字量信号强度成正比的特点,通过程序控制单片机输出逐步变大的数字量信号,当输出达到最大值后,复位为最小值,往复执行此过程,就能使 DAC0832 芯片输出锯齿波信号。

以 STC12C5A60S2 单片机 P2 口为例,P2 口寄存器长度为 8 位,也就是说 P2 口可以输出 $2^8 = 256$ 个不同的数字量,范围为 0~255,将这些不同的数字量输入 DAC0832 芯片,就可以使 DAC0832 芯片输出不同强度幅值的模拟量信号,值得注意的是,每个不同数字量输入 DAC0832 芯片的时间间隔,会使输出模拟量信号产生不同的频率。根据这个原理,总结锯齿波信号生成算法流程图如图 10-14。

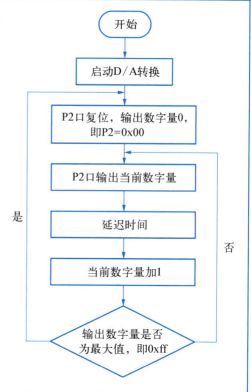

图 10-14 锯齿波信号生成算法流程图

测一测

填空题:

如果要使 DAC0832 芯片输出 50 Hz 的锯齿波信号,则 STC12C5A60S2 单片机端口每次数字量增加时,需要等待的时间延迟为_____。

单选题:

DAC0832 芯片输出模拟量信号强度与输入数字量信号强度的关系为( )。

A. 反比   B. 正比

C. 无关   D. 根据芯片设置确定

任务实施

一、算法分析

由于 STC12C5A60S2 单片机 P2 口寄存器为 8 位寄存器,最大值为 255,根据锯齿波信号生成算法流程,在锯齿波信号生成时,波形的周期即为数字量从 0 叠加到 255 的时间,假设忽略 D/A 转换所需要的时间,即

$$T_{锯齿波} = 255 \times 每一次数字量的持续时间$$

例如:使用 P2 口驱动 DAC0832 芯片,输出频率为 10 Hz 的锯齿波信号。

首先,计算锯齿波周期,由 $\dfrac{1}{T_{锯齿波}}=10\ \text{Hz}$ 可知,$T_{锯齿波}=100\ \text{ms}$,则每一次数字量的持续时间(delay)为 $\dfrac{100\ \text{ms}}{255}\approx 0.39\ \text{ms}\approx 400\ \mu\text{s}$。

程序代码如下:

```
unsigned int i = 0;
unsigned int freqN = 8;
for(i = 0; i < 256; i++)
{
    P2＝i;                 //P2 口数字量设置为 i
    delay_50us(freqN);    //delay_50us 函数每单位延时 50 μs,
                          //此处 50 μs×freqN＝400 μs
}
```

上述示例程序在信号发生器 Proteus 仿真电路中运行结果如图 10-15 所示。

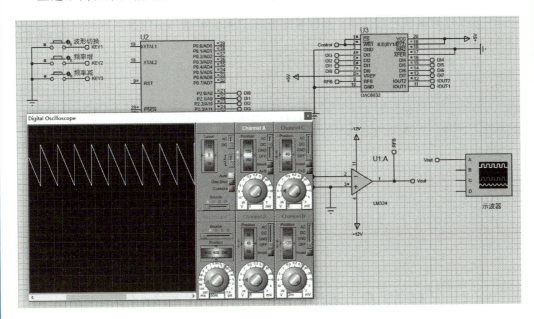

图 10-15 锯齿波示例程序运行结果

从图 10-15 可以看出,DAC0832 芯片此时输出的锯齿波信号周期约为 100 ms,与算法计算结果 10 Hz 相符合。

请根据锯齿波信号生成流程和算法,讨论方波、三角波、正弦波 3 种信号的生成流程,并绘制算法流程图、设计算法。

二、程序设计与流程图设计

信号发生器输出的信号和频率受到信号发生器按键的控制,具体工作逻辑如下:

1. 信号发生器上电时,系统启动且无波形输出。

2. 波形切换按键按下时,信号发生器产生不同类型的模拟量信号波形,初始信号频率为 1 Hz,包括但不限于锯齿波、方波、三角波和正弦波。

3. 选定输出波形后,通过频率增加和频率降低按键,可以实现输出信号波形频率调节,调节频率为 10 Hz。

请根据波形生成算法和信号发生器工作逻辑,讨论信号发生器的系统功能实现流程,并绘制软件程序流程图。

三、项目创建及源程序编写

1. 启动 Keil 软件,创建新项目:SignalGen_学号.UVPROJ。

2. 对项目的属性进行设置:目标属性中,在"Output"选项卡勾选"Create HEX File"复选框。

文本:信号发生器参考源程序

3. 编写源程序,文件命名为"SignalGen_学号.c",保存在工程文件夹中。

4. 编译,生成 HEX 文件。

总结与反思

任务 5　信号发生器调试与运行

项目名称	信号发生器设计与实现	任务名称	信号发生器调试与运行
任务目标			

1. 能应用信号发生器的使用方法,在 Proteus 仿真软件中进行功能测试。

2. 能依据调试步骤完成调试和填写调试记录。

3. 培养爱护设备、安全操作、遵守规程、执行工艺、认真严谨、忠于职守的职业操守。

任务要求
完成信号发生器虚拟仿真调试。

任务实施

1. 在 Keil 软件中编译项目程序,生成 HEX 文件。

2. 将 HEX 文件导入到 Proteus 仿真电路图中进行功能测试。

测试流程如下:

(1) 按下波形切换按键,观察示波器中波形是否发生变化。

(2) 选择 2 个波形进行频率调整测试,先进行频率增加测试,观察示波器上波形变化情况,同时读取示波器上的信号周期。

(3) 进行频率降低测试,观察示波器上波形变化情况,同时读取示波器上的信号周期。

表 10-7 信号发生器虚拟仿真调试记录表

仿真电路是否绘制完成	波形切换是否正常	输出波形种类数	波 形 观 察			
			序号	波形类型	频率增加情况	频率降低情况
			波形 1			
			波形 2			

视频:信号发生器仿真效果　　　　　　视频:信号发生器示例效果

调试记录

总结与反思

项目考核

项目名称	信号发生器设计与实现				
考核方式	过程＋结果评价				
考核内容与评价标准					
序号	评分项目	评 分 细 则	分值	得分	评分方式
1	职业素养	安全用电	2		过程评分
		环境清洁	2		
		操作规范	3		
		团队合作与职业岗位要求	3		
2	硬件电路设计	绘制仿真电路图符合设计要求	15		结果评分
		硬件仿真调试记录	5		
3	程序设计与开发	开发环境搭建	5		过程评分
		项目创建	5		
		源代码编写	20		
		程序编译与下载	5		
		仿真调试与运行	10		
		算法流程图绘制符合要求	5		
		程序流程图绘制符合流程要求	5		
4	任务与功能验证	信号发生器功能完成度	10		结果评分
		虚拟仿真调试测试记录	5		
总结与反思					

项目拓展

项目名称	信号发生器设计与实现

拓展应用

拓展应用 1：焊接制作信号发生器实物并进行功能测试

任务要求： 使用 STC12C5A60S2 单片机核心板为主控，焊接制作 DAC0832 芯片功能电路板，确保电路功能正常，焊接美观，并进行软硬件联合测试，测试中使用数字示波器检测 DAC0832 芯片功能电路输出波形是否满足要求。

拓展应用 2：对信号发生器产品进行优化

拓展背景： 为提高信号发生器性能，可以从多个途径对产品进行优化，例如：

（1）使用 STC12C5A60S2 单片机定时器设计延时函数，实现更精确的时间延时量，提升产品性能。

（2）将各波形的输入参数提前计算，并存放在波形数组中，程序直接调用对应数字对应位置的数据赋值给 P2 口，减少程序中的计算量，提升产品性能。

任务要求： 根据上述 2 条优化建议，对信号发生器程序进行修改优化，并完成功能测试。

习题

单选题：

1. DAC0832 芯片的输入数据是（　　）类型，输出数据是（　　）类型。

A. 模拟　　　　　　B. 数字　　　　　　　C. 单极性　　　　　D. 双极性

2. DAC0832 芯片的引脚中，V_{REF} 起（　　）作用。

A. 输出参考电压　　　　　　　　B. 输入参考电压

C. 供电电压　　　　　　　　　　D. 地线

3. DAC0832 芯片单缓冲方式一般适用于（　　）的应用场景。

A. 需要同步输出多路模拟量数据　　B. 需要连续转换 D/A 数据

C. 只需要输出一路模拟量　　　　　D. 需要连续反馈控制

4. DAC0832 芯片输出（　　）类型模拟量信号，需要使用功放电路转换为（　　）类型模拟量信号。

A. 数字　模拟　　B. 电压　电流　　C. 模拟　电压　　D. 电流　电压

5. DAC0832 芯片输入寄存器的位宽是（　　）。

A. 8 位　　　　　　B. 10 位　　　　　　C. 12 位　　　　　　D. 16 位

6. 假设现在需要控制 DAC0832 芯片输出 5 Hz 的方波信号，在使用 255 个数字量转换时，每次数字量的持续时间大约是（　　）。

A. 0.8 ms　　　　　B. 2 ms　　　　　　C. 1 μs　　　　　　D. 20 ms

7. STC12C5A60S2 单片机(　　)D/A 转换功能。

A. 具备　　　　　　　B. 不具备　　　　　　　C. 不确定是否具备

8. DAC0832 芯片具有(　　)种工作方式。

A. 2　　　　　　　　B. 3　　　　　　　　C. 1　　　　　　　　D. 5

多选题：

DAC0832 芯片是(　　)类型的 D/A 转换器件。

A. T 型网络　　　　B. R 型网络　　　　C. 电压输出　　　　D. 电流输出

判断题：

(　　)DAC0832 芯片输出运放参考电阻只能使用 DAC0832 的 R_{FB} 引脚提供。

拓展视角

信号发生器与尖端科技

信号发生器是一种电子测试仪器，它可以产生各种波形或电子信号，如正弦波、方波、脉冲波、调制波等。信号发生器在电子电路、电子设备、通信系统等的设计、测试和调试中有着广泛的应用。信号发生器不仅是一种实用的工具，也是一种创新的平台，对探索尖端科技的原理和应用起到了很大的帮助。

信号发生器在尖端科技中的应用很多，如 5G 通信、量子计算、雷达系统等。

（1）5G 通信

5G 通信是一种高速、低延迟、大容量的无线通信技术，将为物联网、智能城市、自动驾驶等领域带来革命性的变化。信号发生器在 5G 通信的研发和测试中起着重要的作用，可以产生符合 5G 标准的复杂的矢量调制信号，模拟真实的通信场景，以此检测和评估 5G 设备和系统的性能和兼容性。信号发生器也可以与其他仪器，如频谱分析仪、网络分析仪等，配合使用，进行更深入的信号分析和处理。

（2）量子计算

量子计算是一种利用量子力学原理进行信息处理的新型计算技术，有望在人工智能、密码学、材料科学等领域实现超越传统计算机的能力。信号发生器在量子计算的实验和验证中发挥着关键的作用，它可以产生精确的微波信号，用于操控和测量量子比特，实现量子逻辑门和量子算法。信号发生器也可以与其他仪器，如示波器、数字化仪等，配合使用，进行更高效的量子信号采集和分析。

（3）雷达系统

雷达系统是一种利用电磁波进行探测和定位的技术，它在军事、航空、航天、气象、交通等领域有着广泛的应用。信号发生器在雷达系统的设计和测试中扮演着重要的角色，可以产生各种类型的雷达信号，如连续波、脉冲波、线性调频波、相位编码波等，模拟真实的雷达目标和干扰，以此评估雷达系统的性能和鲁棒性。信号发生器也可以与其他仪器，如信号分析仪、示波器等，配合使用，进行更精确的雷达信号分析和处理。

以上只是信号发生器在尖端科技中的应用的一部分，信号发生器还可以在其他领域，如生物医学、纳米技术、光电子技术等,发挥其作用。信号发生器不仅可以满足测试需求,也可以激发创造力,帮助探索更多的科技可能性。

　　信号发生器在尖端科技中的应用,体现了科技的重要性。我们应该以科技报国为己任,以科技强国为目标,以科技创新为动力,以科技服务为宗旨,为国家和民族的科技事业贡献自己的力量,在日常生活、学习和工作中,养成科技报国的意识和科学精神,不断学习,掌握技能,提高科技素养,积极参与科技活动,为科技进步和发展作出自己的贡献。

项目11 远程灯光控制器设计与实现

项目导入

在工业控制和民用场景中,经常需要远程集中采集设备现场信息并远程控制设备工作。随着信息技术的发展,这种远程信息采集与控制已从初期的有线通信,两点相距几十米,发展到基于互联网技术的远程通信。随着无线技术的发展,终端的接入方式由有线演变为无线,控制方式也由单一的计算机端控制转变为包含移动终端的多种终端融合控制,例如,手机等多终端相互融合控制。现如今,"智慧教室控制系统""智慧农业大棚监测与控制系统"等都具备上述特性。虽然这些系统的功能和技术都在不断发展和迭代,但其底层控制器的基本通信方式——串口通信——仍然具有不可替代的地位,串口通信的一些常见应用场景如图11-1所示。基于单片机的串口通信是搭建这些先进控制系统的基础。因此,本项目旨在通过完成一个抽象、简化后的任务,来探究学习单片机串口通信的使用方法,为今后构建各类智能监测与控制系统打下坚实基础。

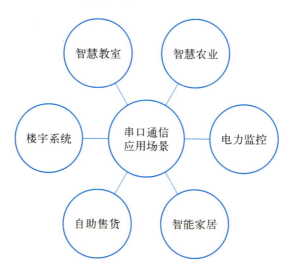

图 11-1 串口通信应用场景

本项目具体任务是以51单片机为主控芯片,设计一款远程灯光控制器,要求该控制器能获取当前 LED 的开关状态信息,并通过串口将开关状态传送给远程计算机端显示,另一方面,计算机端也可以下发指令控制外部 5 个 LED 的亮灭。

项目目标

素质目标

1. 通过串口通信原理学习,学会践行社会主义核心价值观,敬畏规则,遵守规则。
2. 培养自主学习及团队协作意识,提高合作探究、解决问题的能力。
3. 培养代码编写规范、勇于创新的劳模精神和精益求精的工匠精神。
4. 学会关注信息伦理,培养社会责任。

知识目标

1. 能总结数据通信的基本类型和特征。
2. 能总结同步串行通信与异步串行通信的区别。
3. 能说出单片机异步串口的工作原理。
4. 能应用单片机异步串口的几种工作方式。
5. 能应用单片机异步串口波特率的计算方法。

能力目标

1. 能编写单片机异步串口初始化程序。
2. 能编写单片机异步串口发送与接收数据程序。
3. 能通过数组操作实现报文生成与解析。

项目实施

任务1 远程灯光控制器需求分析

项目名称	远程灯光控制器设计与实现	任务名称	远程灯光控制器需求分析

任务目标

1. 进行需求分析,确立远程灯光控制器的功能和特性,为后续的方案设计和软件开发提供依据。

2. 增强民族自信,培养节约意识和科技创新意识。

任务要求

1. 查阅资料,调研远程灯光控制器系列产品,填写调查表。

2. 分析远程灯光控制器的使用场景和应用需求。

3. 确定远程灯光控制器的输入和输出接口是否需要远程控制。

4. 确定远程灯光控制器的性能需求,如控制精度和响应速度等。

5. 撰写需求分析报告,详细说明远程灯光控制器的功能需求和性能需求。

知识链接

知识点1 远程数据采集系统

在进行数据采集时,由于许多被测对象距离较远或现场危险,只能在远距离的地方进行测量,然后传输出去,这便产生了远程数据采集系统。远程数据采集系统有着自身的特点:首先,为了精确和全方位获取环境信息,系统一般要提供多个采集通道进行高速采样;其次,为方便用户随时了解系统的运行状况,系统在高速采样的同时,必须能异步接收和处理控制站的命令、传输用户所需数据;另外,远程数据采集系统一般仅靠电池供电,于是低功耗成为衡量系统性能的重要指标之一。

知识点2 智能远程照明集中控制系统

智能远程照明集中控制系统,是由先进的蜂窝无线通信网络、计算机信息管理及智能灯光控制设备等组成的分布式无线"三遥"(遥测、遥控、遥信)系统。该系统可以对全市范围内的照明设备进行远程的遥控开关、状态获取、电流电压采集、用电功率分析,还可以根据对所测数据的分析来判断照明配电设备运行有无故障,对线路缺相、回路接地、白天亮灯、夜晚熄灯等多种异常情况进行报警处理,并能通过短信及时通知相关管理人员。

测一测

简答题：

1. 请列举 2 例日常生活中见到的远程数据采集的应用场景。

2. 如果让你设计一个智慧教室的远程控制系统，你希望该系统具备哪些功能？

任务实施

一、查阅资料，填写调查表

通过市场或网络等渠道调查并统计市面上常见的远程灯光控制器的品牌、具有的功能等，试比较它们的优缺点。请将调研数据填写到表 11 − 1 中。

表 11 − 1　远程灯光控制器市场调查表

品　牌	主要功能描述	优缺点分析	资　料　来　源

二、查阅资料，列出相关技术领域

通过查询相关资料，列出远程灯光控制器中可能涉及的技术领域。

三、撰写需求分析报告

撰写需求分析报告，详细说明灯光控制器的功能需求和性能需求。

总结与反思

任务 2　远程灯光控制器系统方案设计

项目名称	远程灯光控制器设计与实现	任务名称	远程灯光控制器系统方案设计

任务目标

1. 在需求分析的基础上,对远程灯光控制器进行方案设计,确定硬件和软件的整体架构,为电路和程序的具体实现提供蓝图和指导。

2. 能阐述远程灯光控制器的工作原理。

3. 培养自主学习及团队协作意识,提高合作探究、解决问题的能力。

任务要求

1. 基于需求分析,进行系统设计,包括通信、数据传输等关键模块的设计。

2. 确定软件架构与编程环境,包括编写主程序和辅助程序、选择编程语言和开发工具等。

3. 编写方案设计报告,总结方案设计的思路和方法,为电路和程序的具体实现提供指导和论据。

4. 结合需求调查分析,设计远程灯光控制器的系统设计框图,提出可行解决方案。对比各方案特点,选出合适的方案用于后续项目实施。

知识链接

知识点 3　数据通信基础

数据通信是按一定协议对数据进行统一传输和处理的一种通信方式。

按照同时传输数据的位数分类,有并行通信和串行通信,其逻辑示意图如图 11-2 所示。

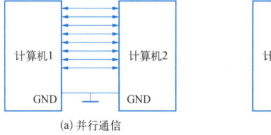

(a) 并行通信　　　　　　　　(b) 串行通信

图 11-2　2 种通信方式逻辑示意图

（1）并行通信：使用多条数据线,将一组数据的各位在上面同时传输,其特点是传输速度快,但在距离远、位数多时,通信线路复杂且成本高。

（2）串行通信：使用一条数据线，将一组数据一位一位地依次传输，每一位数据的传输占据一个固定的时间长度。其特点是通信线路简单，只要一对传输线就可实现通信（如电话线），成本低，特别适用于远距离通信，缺点是传输速度慢。

按照数据传输的方向，又可将数据通信分为 3 种类型：

（1）单工通信：是单向信道，发送端（transmitter）和接收端（receiver）的身份是固定的，发送端只能发送信息，不能接收信息；接收端只能接收信息，不能发送信息，数据信号仅从一端传输到另一端，即信息流是单方向的，如电视机的遥控器。

（2）半双工通信：可以实现双向的通信，但不能在两个方向上同时进行，必须轮流交替地进行，也就是说，通信信道的每一端都可以是发送端，也可以是接收端，但同一时刻里，信息只能有一个传输方向，如对讲机的通信。

（3）全双工通信：指在发送数据的同时也能够接收数据，两者同步进行，这好比平时打电话，说话的同时也能够听到对方的声音。目前的网卡一般都支持全双工通信方式。

3 种通信方式逻辑示意图如图 11-3 所示。

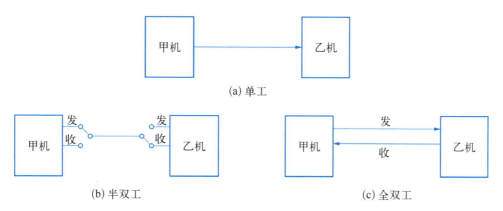

(a) 单工

(b) 半双工　　　　　　　　　　　(c) 全双工

图 11-3　3 种通信方式逻辑示意图

知识点 4　串行通信分类

微课：串行
通信分类

在数据通信中，要保证发送的信号在接收端能被正确地接收，必须解决收发之间的协调问题。按照串行数据的时钟控制方式，可将串行通信分为同步通信（同步字符同步）和异步通信（起止同步）。

（1）同步通信是将一大批数据分成几个数据块，数据块之间用同步字符予以隔开，而块内传输的各位二进制码之间没有间隔。由于数据块传输开始要用同步字符来指示，同时要求由时钟来实现发送端与接收端之间的同步，发送与接收时钟始终要保持严格同步，故硬件较复杂。常用的同步通信方式有 SPI 串行总线、I^2C 串行总线。SPI（serial peripheral interface，串行外设接口）总线系统是一种同步串行外设接口，它可以使 MCU 与各种外围设备以串行方式进行通信以交换信息。而 I^2C 串行总线一般有 2 根信号线，一根是双向的数据线 SDA，另一根是时钟线 SCL，所有接到 I^2C 串行总线设备上的数据线 SDA 都接到总线的 SDA 上，各设备的时钟线 SCL 接到总线的 SCL 上。

（2）异步通信是以字符为单位进行数据传输，每个字符都用起始位、停止位包装起来（起始位和停止位作为字符的开始和结束标志），这样的一个字符信息又称一帧信息。在字符间允许有长短不一的间隙。其特点是以字符（帧）为单位一个个地发送和接收，数据在线路上的传输不连续。通常把异步通信中涉及的设备（接口）称为通用异步收发器（universal asynchronous receiver/transmitter），即 UART。其中存在多套接口标准，如 RS-232、RS-485、RS-422 等。RS-232-C 是美国电子工业协会 EIA（Electronic Industries Association）制定的一种串行物理接口标准。RS（recommended standand）表示"推荐标准"，232 为标识号，C 表示修改次数。RS-232-C 总线标准设有 25 条信号线，包括一个主通道和一个辅助通道，在多数情况下主要使用主通道，对于一般双工通信，仅需几条信号线就可实现，如一条发送线、一条接收线及一条地线。

本项目的单片机通信主要是在 RS-232 标准下使用。

异步传送中，通信双方必须事先约定：

（1）字符格式。字符格式包括字符的编码形式、奇偶校验形式及起始位和停止位的规定。

（2）波特率（Baud rate）。波特率是对信号传输速率的一种度量，通常以"波特"（baud）为单位。波特率有时候会同比特率混淆，实际上，后者是对信息传输速率（传信率）的度量。波特率可以被理解为单位时间内传输码元符号的个数，通过不同的调制方法可以在一个码元上承载多个比特信息。

测一测

填空题：

1. 数据通信是按一定协议对数据进行统一传输和处理的一种通信方式。按照同时传输数据的位数分类，有＿＿＿＿＿通信和＿＿＿＿＿通信。＿＿＿＿＿＿通信使用一条数据线，将一组数据一位一位地依次传输，每一位数据占据一个固定的时间长度。按照数据传输的方向，又可将数据通信分为 3 种类型，分别是＿＿＿＿＿、＿＿＿＿＿＿和＿＿＿＿＿＿。

2. 按照串行数据的时钟控制方式，可将串行通信分为同步通信和＿＿＿＿＿通信。

3. 波特率可以被理解为单位时间内传输＿＿＿＿＿的个数，通过不同的调制方法可以在一个码元上承载多个比特信息。

任务实施

一、根据产品设计要求，绘制硬件和软件系统设计框图

1. 硬件系统设计框图

2. 软件系统设计框图

二、填写系统资源 I/O 接口分配表

结合系统方案,完成系统资源 I/O 接口分配,填写到表 11-2 中。

表 11-2　系统资源 I/O 接口分配表

I/O 接口	引脚模式	使用功能	网络标号

总结与反思

任务 3　远程灯光控制器电路设计

项目名称	远程灯光控制器设计与实现	任务名称	远程灯光控制器电路设计
任务目标			

1. 基于系统方案设计,设计电路原理图,并进行电路测试和调试工作。

2. 能绘制单片机串口通信的接口电路图。

3. 掌握远程灯光控制器的硬件电路设计方法及仿真分析方法。

4. 培养勇于实践的劳动精神和精益求精的工匠精神。

任务要求

1. 根据系统方案设计,绘制电路原理图。
2. 设计远程灯光控制器的硬件电路,并使用 Proteus 仿真软件绘制仿真电路图。
3. 制作电路板并进行焊接,保证电路的稳定性和可靠性。

知识链接

知识点 5　单片机的异步串行接口

微课:串行
接口结构

51 单片机内部具备采用通用异步收发器(UART)工作的全双工异步串行接口,可同时发送和接收数据。它有 4 种工作方式,可供不同场景使用。串行接口的波特率用软件设置,由片内的定时器/计数器产生,其接收和发送既可采用查询方式,也可采用中断方式,使用灵活。

该串行接口主要由发送缓冲寄存器、发送控制器、输出控制门、接收缓冲寄存器、接收控制器、输入移位寄存器等组成。其结构如图 11-4 所示。

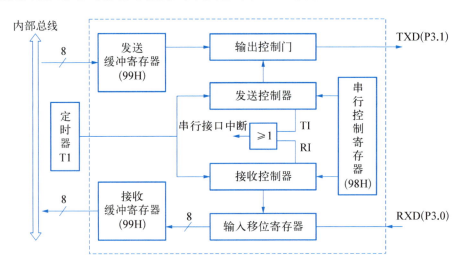

图 11-4　串行接口结构

一、串行数据缓冲寄存器 SBUF(地址:99H)

串行数据缓冲寄存器 SBUF 在物理上对应着 2 个独立的寄存器:发送缓冲寄存器、接收缓冲寄存器。接收缓冲寄存器只可读,所以,两者虽共用一个地址,但不会有误操作。

接收缓冲寄存器前级的输入移位寄存器构成了串行接收的双缓冲结构,可避免在接收下一帧数据之前,CPU 没能及时响应接收缓冲寄存器的中断,把上一帧数据读走而产生两帧数据重叠的问题。

二、串行接口控制寄存器 SCON(地址:98H)

SCON 用于设定串行通信工作方式、控制接收和指示串行接口的中断状态。其各位功能如图 11-5 所示。

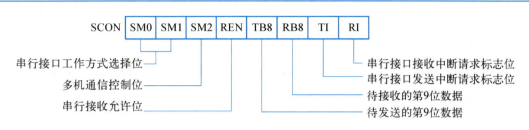

图 11 - 5　SCON 的各位功能

1. SM0、SM1：串行接口工作方式选择位。共有 4 种工作方式,见表 11 - 3。

表 11 - 3　51 单片机串行接口工作方式

SM0	SM1	工作方式	功　能　说　明	波　特　率
0	**0**	工作方式 0	8 位移位寄存器方式,用于并行 I/O 扩展	$f_{osc}/12$
0	**1**	工作方式 1	8 位 UART	可变
1	**0**	工作方式 2	9 位 UART	$f_{osc}/32$ 或 $f_{osc}/64$
1	**1**	工作方式 3	9 位 UART	可变

2. SM2：多机通信控制位。SM2 主要用于工作方式 2 和工作方式 3,工作方式 2 和工作方式 3 具有多机通信功能。工作在工作方式 2 和工作方式 3 时,若 SM2＝1 且接收到的第 9 位数据(RB8)为 **1**,才将接收到的前 8 位数据送入接收缓冲寄存器中,并置位 RI 产生中断请求,否则丢弃前 8 位数据;若 SM2＝0,则不论第 9 位数据(RB8)为 **1** 还是为 **0**,都将前 8 位送入接收缓冲寄存器中,并产生中断请求。工作在工作方式 0 时,SM2 必须为 **0**。

3. REN：串行接收允许位。REN＝0,禁止接收数据;REN＝1,允许接收数据。

4. TB8：待发送的第 9 位数据。工作在工作方式 2 和工作方式 3 时,TB8 的内容是待发送的第 9 位数据,其值由用户通过软件来设置。在多机通信中,同样亦要传输这一位,并且它代表传输的地址还是数据,TB8＝**0** 时为数据,TB8＝**1** 时为地址。

5. RB8：待接收的第 9 位数据。工作在工作方式 2 和工作方式 3 时,RB8 是待接收的第 9 位数据,用以识别接收到的数据特征;在工作方式 1 时,RB8 是接收的停止位;在工作方式 0 时,不使用 RB8。

6. TI：串行接口发送中断请求标志位。工作在工作方式 0 时,发送完第 8 位数据后,由硬件置位,其他工作方式下,在发送或停止位之前由硬件置位,因此,TI＝**1** 表示帧发送结束,TI 可由软件清零。

7. RI：串行接口接收中断请求标志位。接收完第 8 位数据后,该位由硬件置位,在其他工作方式下,该位由硬件置位,RI＝**1** 表示帧接收完成。

三、51 单片机串行接口工作方式

51 单片机串行接口工作方式由 SCON 中的 SM0、SM1 共同选择决定,见表 11 - 3。

微课:51 单片机串行接口工作方式

1. 工作方式 0

工作方式 0 为同步移位寄存器输入输出方式,主要用于扩展并行输入或输出接口,具有固定的波特率,为 $\frac{f_{osc}}{12}$。数据由 RXD(P3.0)引脚输入或输出,同步移位脉冲由 TXD(P3.1)引脚输出。发送和接收均为 8 位数据,低位在先,高位在后。SM2 必为 **0**。

2. 工作方式 1

串行接口工作在工作方式 1 时,为一个 8 位 UART 接口,其帧结构为 10 位,包括 1 位起始位(为 **0**)、8 位数据位、1 位停止位。波特率由指令设定,由 T1 的溢出率决定。工作方式 1 的帧格式如图 11-6 所示。

图 11-6 工作方式 1 的帧格式

接收时,用软件置 REN 为 **1**,接收器以所选择波特率的 16 倍速率采样 RXD 引脚电平,检测到 RXD 引脚输入电平发生负跳变时,则说明起始位有效,将其移入输入移位寄存器,并开始接收这一帧信息的其余位。接收过程中,数据从输入移位寄存器右边移入,起始位移至输入移位寄存器最左边时,控制电路进行最后一次移位。当 RI=**0**,且 SM2=**0**(或接收到的停止位为 **1**)时,将接收到的 9 位数据的前 8 位数据装入接收缓冲寄存器,第 9 位(停止位)进入 RB8,并置 RI=**1**,向 CPU 请求中断。

3. 工作方式 2 和工作方式 3

工作方式 2 和工作方式 3 具有多机通信功能,这 2 种方式除了波特率不同以外,其余完全相同。其帧格式如图 11-7 所示。

图 11-7 工作方式 2 和工作方式 3 的帧格式

串行接口工作在工作方式 2 和工作方式 3 时,为 9 位 UART 接口,其帧结构为 11 位,包括 1 位起始位(为 **0**)、8 位数据位、1 位可编程位 RB8/TB8 和 1 位停止位(为 **1**)。波特率在工作方式 2 时,为固定 $\frac{f_{osc}}{32}$ 或 $\frac{f_{osc}}{64}$,由 SMOD 位决定,当 SMOD=**1** 时,波特率为 $\frac{f_{osc}}{32}$;当 SMOD=**0** 时,波特率为 $\frac{f_{osc}}{64}$。工作方式 3 的溢出率由 T1 的溢出率决定。

在发送过程中,首先由 TXD 引脚发送起始位,接着通过 TXD 引脚发送 8 位数据位(按照从低位到高位的顺序进行发送),最后由 TXD 引脚发送第 9 位,这一位是可以进行编程控制的,可以被设置为 **0** 或 **1**。

在接收过程中,RXD 引脚负责接收数据。当接收到起始位后,就开始接收后续的 8 位数据位及第 9 位。整个接收过程与发送过程相似。

四、波特率

波特率可以被理解为单位时间内传输码元符号的个数(传符号率),通过不同的调制方法可以在一个码元上承载多个比特信息。在串行通信中,收发双方对发送或接收的数据速率要有一定的约定。通常用"波特率"来表示传输的速率。很多文献资料中,将"波特率"和"比特率"混用,比特率指单位时间内通过信道传输的信息量(也称为位传输速率),即单位时间内传送的二进制位数,用来表示有效数据的传输速率,单位为 b/s、bit/s。比特率在数值上和波特率有如下关系:

$$I = S \log_2 N$$

其中,I 为比特率,S 为波特率,N 为每个符号承载的信息量,而 $\log_2 N$ 以 bit 为单位。在串口通信中,由于 $N=2$,因此 $I=S$,数值大小上,波特率与比特率一致,所以,在串口通信场景,经常将这两个概念混用。

串行接口的 4 种工作方式对应着 3 种波特率。由于输入的移位时钟的来源不同,所以,各种工作方式的波特率计算公式也不同。

1. 工作方式 0 和工作方式 2 的波特率计算

工作方式 0:波特率固定为时钟频率的 $\dfrac{1}{12}$,即 $\dfrac{f_{osc}}{12}$。

工作方式 2:波特率取决于 PCON 中的 SMOD 值。

SMOD=**0** 时,波特率 $= \dfrac{f_{osc}}{64}$。

SMOD=**1** 时,波特率 $= \dfrac{f_{osc}}{32}$。

可以统一用公式表示为

$$波特率 = 2^{SMOD} \times \frac{f_{osc}}{64}$$

2. 工作方式 1 和工作方式 3 的波特率计算

工作方式 1 和工作方式 3 的移位时钟脉冲由定时器 1(T1)的溢出率决定,故波特率由 T1 溢出率与 SMOD 值同时决定,即

$$波特率 = \frac{2^{SMOD}}{32} \times T1 溢出率$$

其中,T1 溢出率取决于计数速率和定时器的预置值。计数速率与 TMOD 寄存器中 C/$\overline{T}$ 的状态有关。当 C/$\overline{T}$=**0** 时,计数速率 $= \dfrac{f_{osc}}{2}$;当 C/$\overline{T}$=**1** 时,计数速率取决于外部输入时钟频率。

当 T1 作波特率发生器使用时,通常选用可自动装入初值模式(工作方式 2),在工作方式 2 中,TL1 作为计数用,而自动装入的初值放在 TH1 中,设计数初值为 x,则每过 $256-x$ 个机器周期,T1 就会产生一次溢出。为了避免因溢出而引起中断,此时应禁止 T1 中断。这时,溢出周期为 $12 \times \dfrac{256-x}{f_{osc}}$,溢出率为溢出周期的倒数,因此有

$$\text{波特率} = \frac{2^{SMOD}}{32} \times \frac{f_{osc}}{12 \times (256-x)}$$

表 11-4 列出了各种常用的波特率及其设置。

表 11-4　常用的波特率及其设置

波特率/(bit/s)	f_{osc}/MHz	SMOD	定时器 1(T1)		
			$C/\overline{T}$	工作方式	初始值
工作方式 0:1M	12	—	—	—	—
工作方式 2:375 000	12	1	—	—	—
工作方式 1、3:62 500	12	1	0	2	FFH
19 200	11.059 2	1	0	2	FDH
9 600	11.059 2	0	0	2	FDH
4 800	11.059 2	0	0	2	FAH
2 400	11.059 2	0	0	2	F4H
1 200	11.059 2	0	0	2	E8H
137 500	11.059 2	0	0	2	1DH
110	6	0	0	2	72H
110	12	0	0	1	FEEBH

知识点 6　RS-485 接口和 RS-232 接口比较

RS-485 接口和 RS-232 接口都属于实现串口通信的一种物理信号传输接口,都遵循串行数据接口标准。但是,在物理接口形态和电气特性上有较大差异,因此,性能和应用场景都不同。不过,目前 TTL 电平的串口和 RS-232、RS-485 接口之间都可以相互转换,有现成的电路模块可用。如图 11-8 所示,分别为 RS-232 接口和 RS-485 接口实例。

1. 接口的物理结构

RS-232 接口是传统计算机通信接口之一,通常以 9 个引脚(DB-9)或 25 个引脚(DB-25)的形态出现。随着技术的进步,个人计算机上逐渐取消了这个物理接口,现在还能在一些工程机和专用设备上看到该接口。

(a) RS-232接口(DB-9公头)

(b) RS-485接口

图 11 - 8　RS - 232 接口和 RS - 485 接口实例

RS-485 无具体的物理结构,是根据工程的实际情况而采用的接口,最常用的是两线制。

2. 接口的电气特性

RS-232 接口传输电平信号时,接口的信号电平值较高(信号"1"为−15～−3 V,信号"0"为 3～15 V),易损坏接口电路的芯片,又因为与 TTL 电平不兼容,故需使用电平转换电路才能与 TTL 电路连接。此外,RS-232 接口的抗干扰能力差。

RS-485 接口传输差分信号,逻辑"1"两线间的电压差为 2～6 V;逻辑"0"两线间的电压差为−6～−2 V。接口信号电平比 RS-232 低,不易损坏接口电路芯片,且该电平与 TTL 电平兼容,可方便与 TTL 电路连接。

3. 通信距离

RS-232 传输距离有限,最大传输距离标准值为 15 m,且只能点对点通信,最大传输速率为 20 kbit/s。

RS-485 最大传输距离为 1 200 m,最大传输速率为 10 Mbit/s,在 100 kbit/s 的传输速率下,才可以达到最大的通信距离。如果采用阻抗匹配、低衰减的专用电缆,可以达到 1 800 m。

4. 多点通信

RS-232 接口在总线上只允许连接 1 个收发器,不能支持多站收发,所以,只能点对点通信,不支持多点通信。

RS-485 接口在总线上允许连接多达 128 个收发器,即具有多点通信能力。

知识点 7　串口转 USB 控制器

串口转 USB 控制器是一种用来连接计算机和串口设备的硬件设备,通过将传统的串口信号转换成 USB 信号来实现计算机与串口设备之间的通信。串口转 USB 控制器在单片机中有广泛的应用,特别是在微控制器和嵌入式系统的开发中,它可以有效地将单片机的串口信号转换成 USB 信号,让单片机可以与计算机进行数据的传输和通信。

在单片机中,串口转 USB 控制器的应用非常广泛。例如,通过串口转 USB 控制器,单片机可以方便地与计算机进行通信,实现对单片机的控制和监测;在嵌入式系统中,串口转 USB 控制器可以用来连接各种设备,实现设备之间的数据传输和通信。此外,在工业自动化、医疗仪器等领域，通过串口转 USB 控制器可以实现设备的高效连接和控制，提高系统的稳定性和可靠性。

在串口转 USB 控制器芯片中，较为常见的有 CH340 和 PL2303 芯片。CH340 芯片是一种 USB 转串口控制器，主要特点是具有成本低、性能稳定等特性，适用于低成本应用场景。而 PL2303 芯片则是一种高速 USB 转串口控制器，支持高速传输，具有高效性能和广泛的兼容性。

测一测

填空题：

1. 51 单片机实现波特率为 9 600 bit/s 的串口通信，通常选择单片机的晶振频率为_____MHz，T1 定时器工作方式为_____，设置其初值 TH1＝_____，TL1＝_____。

2. 51 单片机的串行接口有_____种工作方式。其中，工作方式_____为多机通信方式。

3. 异步串行数据通信的桢格式由_____位、_____位、_____位和_____位组成。

任务实施

一、仿真电路设计

在 Proteus 仿真软件中，使用虚拟终端（virtual terminal）模拟计算机端与单片机通信。虚拟终端的选取过程如图 11－9 所示。第 1 步，单击左侧绘图工具条中的"虚拟设

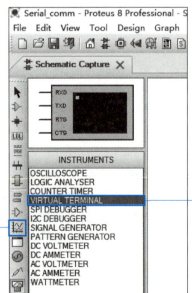

图 11－9　虚拟终端的选取过程

备"按钮;第 2 步,选择设备列表中的"VIRTUAL TERMINAL";最后,放置设备到电路编辑区。

其他元器件的选取在前面的项目中已经反复使用过,在此不再赘述。

远程灯光控制器参考仿真电路图如图 11 - 10 所示。

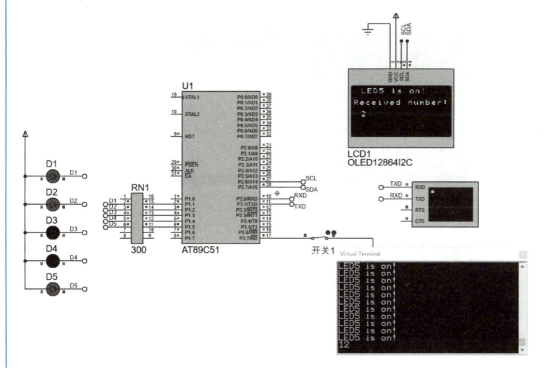

图 11 - 10　远程灯光控制器参考仿真电路图

其中,LED1—LED4(对应仿真电路图中的 D1—D4)模拟的是教室的 4 盏灯,它们受远程的虚拟终端(上位机)控制,当在虚拟终端界面中输入数字 1~4,对应点亮 LED1~LED4,输入数字 5~8,则对应关闭各个 LED。仿真电路图中,单片机与虚拟终端之间用了两根线直接相连,在实际应用中,则采用 RS - 485 接口等连接。

LED5 由开关 1 控制,当开关闭合时,LED5(对应仿真电路图中的 D5)点亮,断开则熄灭。同时,单片机将 LED5 的亮灭状态通过串口传递给虚拟终端(上位机),在上位机上可看到其状态。

OLED 显示屏用于显示当前的系统状态信息,其连接方法和之前的项目一致,SDL 和 SDA 两根数据线分别连接到单片机引脚 P2.6 和 P2.7。

使用虚拟终端的过程中,有 2 点功能需要注意:一是字符回显,默认情况下,虚拟终端中输入的字符没有回显功能,需要通过右键菜单中的"Echo Typed Characters"选项开启,如图 11 - 11 所示;二是在虚拟终端连续接收单片机发送过来的信息时,终端的窗口信息在不断地连续刷新,如果此时想通过窗口输入命令,将指令下发给单片机,则需要先暂停屏幕刷新,同样是在右键菜单中操作,如图 11 - 11 所示。

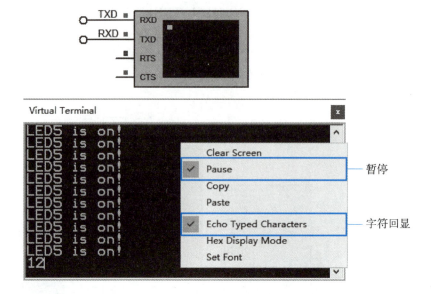

图 11 - 11   虚拟终端窗口右键菜单设置项

二、Proteus 仿真电路图绘制

参考图 11 - 10,结合系统方案设计中的接口分配,完成远程灯光控制器仿真电路设计及绘制。

总结与反思

任务 4   远程灯光控制器软件设计

项目名称	远程灯光控制器设计与实现	任务名称	远程灯光控制器软件设计
任务目标			

1. 根据系统方案设计,进行远程灯光控制器的软件设计,包括软件编写与测试,确保软件的正确性和可行性。

2. 培养代码编写规范、精益求精的工匠精神。

知识点 8　串行接口通信的基本程序模块

微课：串行
接口的双
机通信

一、串行接口初始化

初始化是设置串行接口工作方式，选择合适波特率，为后续的通信提供保障的必备过程。只有正确的初始化设置，才能保证后续发送与接收的顺利完成。例如，选择串行接口工作方式 1，波特率为 9 600 bit/s，则初始化子程序如下：

```
void Init_UART()
{
    TMOD=0x20;      //设置定时器 1 工作于"工作方式 2"
    TH1=0xfd;       //设置串行接口波特率为 9 600 bit/s,
                    //晶振频率为 11.059 2 MHz
    TL1=0xfd;
    SCON=0x50;      //设置串行接口的工作方式为"工作方式 1"
    TR1=1;          //启动定时器 1
    IE| = 0x90;     //开启总中断和串行接口中断
}
```

二、发送一个字符

发送一个字符的基本思路是将欲发送的字符放入发送缓冲寄存器，之后串行接口自动去执行发送的操作，等待发送完成后，单片机会自动将 TI 标志位置 1，程序中对该标志位反复查询。发送字符完成后，需要手动清零 TI 标志位，为下一次的发送做准备。其子程序如下：

```
void Send_UART(unsigned char ch)
{
    SBUF = ch;      //将一个字节的变量值送入发送缓冲寄存器
    while(!TI );    //"查询"的方式判断是否发送出去
    TI = 0;         //软件清零发送标志位
}
```

三、接收字符

接收字符一般在串行接口中断子程序中完成，这是因为什么时候收到信息，对单片机而言是未知的,是一个随机事件。在开启中断的前提下,一旦收到信息,会自动进入串行接口中断处理函数,此时只需将接收缓冲寄存器的字符存入事先定义好的存储区即可,当然这之后需要手动清零接收中断请求标志位 RI,为下次的接收做准备。如下程序段,定义了一个长度为 14 的一维数组 UARTBuf[],用于暂存接收到的信息。

```
void Rev_InterruptUART() interrupt 4          //串行接口中断处理程序
{
    EA=0;
    if(RI)
    {
        UARTBuf[UARTBufn++] = SBUF;       //存接收到的字符到接收
                                           //缓存数组中
    }
    RI = 0;
    if(UARTBufn > 13)                      //防止数组溢出
    {
        UARTBufn = 13;
    }
    EA=1;
}
```

知识点 9 　**字符串与字符数组**

由于串行接口通信中,发送与接收的对象往往是字符串,对信息的灵活处理更需要能应用字符串的存取与处理方法。根据前面学习的内容,字符数组的定义和初始化一般采用如下形式:

```
char str[]={'h','e','l','l','o'};
```

这里为数组变量分配 5 个单位的存储空间。

对字符串的认识,首先从字符串常量开始,它由一对双引号将一串字符括起来,如"abcd"。对字符串的存储一般是由字符数组完成的,例如:

```
char str[]={'h','e','l','l','o','\0'};
```

在普通字符数组的末尾加上'\0'作为结束符,则构成一个字符串,所以结束符'\0'是字符串的标志。对于一个字符串的定义与初始化可以采用如下方式:

```
char str[] = { 'h' , 'e' , 'l' , 'l' , 'o' , '/0' };
```

或者

```
char str[] = "hello";
```

或者

```
char * str = "hello";
```

特别注意前两种方式都是采用字符数组来存储字符串,而第三种方式采用字符指针,此时的 str 作为指针是指向字符串"hello"的首地址,而不是存放"hello"的存储空间本身。

在对字符数组变量和字符指针变量赋值时,也应该注意,字符数组变量只能单独对每个元素赋值,不能整体操作,而对字符指针变量赋值则可以整体操作,例如:

```
char str1[] = "hello";      //字符数组初始化为字符串"hello"
str1 = "good";              //错误,不能整体赋值
str1[0] = 'g';              //正确,修改某一元素值
char * str2 = "hello";
str2 = "good";              //正确,字符指针可以整体操作,指针指向一新的字符串
```

指针变量在字符串处理的过程中显得非常灵活,最基本的是通过加减操作指向不同的地址单元。例如,str 指向字符串"hello"的首地址,即字符 'h' 所在地址单元,那么str++后的结果就指向存储'e'的单元。另外,还有 2 种常用运算符,一个是取地址,一个是取内容。取地址采用符号"&",取内容采用符号" * "。例如, * str 的结果是 str 指针所指存储单元的内容'h',而 &str 的结果就是 str 所指向的地址值,也即存放'h'的地址。

前文已经有了串行接口发送一个字符的子程序,在此基础上,加入字符指针 data_at,则可完成字符串发送的功能。程序如下:

```
void UartSends(char * data_at)
{
    while( * data_at ! = '\0')        //判断字符串是否发送完毕
    {
      Send_UART( * data_at++);    //调用发送单个字符子函数
    }
}
```

测一测

单选题：

1. 已有定义：

> char a[]="are",b[]={'a','r','e'};

下列说法中正确的是(　　)。

A. 数组 a[]和 b[]的长度相同　　　　　　B. 数组 a[]长度小于数组 b[]长度

C. 数组 a[]长度大于数组 b[]长度　　　　D. 上述说法都不对

2. 51 单片机的串行接口发送缓冲寄存器和接收缓冲寄存器共用地址 99H，其名称是(　　)。

A. TOMD　　　　　B. SCON　　　　　C. SBUF　　　　　D. TCON

3. 单片机串行接口控制寄存器 SCON 中，REN 位的作用是(　　)。

A. 接收中断请求标志位　　　　　　　　B. 发送中断请求标志位

C. 允许接收位　　　　　　　　　　　　D. 地址/数据位

多选题：

1. 下列说法正确的是(　　)。

A. 51 单片机的串行接口支持单工、半双工和全双工 3 种工作方式

B. 定时器 0 的工作方式 2 可以用于串行接口通信中波特率的设定

C. 定时器 1 的工作方式 2 可以用于串行接口通信中波特率的设定

D. 定时器 2 的自动重载工作方式可以用于串行接口通信中波特率的设定

2. 根据数据的传输方向，51 单片机串行接口传输方式有(　　)。

A. 半双工　　　　　B. 全双工　　　　　C. 半单工　　　　　D.单工

任务实施

一、算法分析

从功能要求看，本项目主要有两大功能：一是单片机向上位机发送"开关 1"的状态，以表明 LED5 的亮灭状态；二是实时接收上位机下发的指令，从而控制 LED1～LED4 的亮灭。因此，根据功能需求，以串行接口初始化、串行接口发送和串行接口接收子函数作为基本的程序模块，以顺序结构的方式，便可实现程序功能。

二、程序设计与流程图绘制

根据算法分析，完成程序设计，并绘制程序流程图。

三、项目创建及源程序编写

1. 启动 Keil 软件,创建项目:LightCtrl_学号.UVPROJ。

2. 对项目的属性进行设置:目标属性中,在"Output"选项卡勾选"Create HEX File"复选框。

3. 编写源程序,文件命名为"LightCtrl_学号",保存在项目文件夹中。

4. 编译,生成 HEX 文件。

文本:远程
灯光控制器
参考源程序

总结与反思

任务 5　远程灯光控制器调试与运行

项目名称	远程灯光控制器设计与实现	任务名称	远程灯光控制器调试与运行

任务目标

1. 在电路和程序设计完成之后,进行调试与运行,确保远程灯光控制器的功能正常,性能满足设计要求。

2. 能应用"串口调试助手"调试串行接口通信程序。

3. 掌握串行接口通信程序的通用调试方法。

任务要求

1. 连接好远程灯光控制器与外围设计,并配置好相关软件,对系统进行调试和测试,验证控制器的各项功能和性能。

2. 在上位机上能看到 LED1 的亮灭状态信息。

3. 通过"串口调试助手"发送不同数字,能点亮或者熄灭对应的 LED。

4. 撰写测试报告,描述调试和测试的过程和结果。

任务实施

软件仿真的调试过程在此不赘述。下面介绍硬件连接后的调试过程。

1. 按照电路图连接好硬件。通过 USB 线将单片机与计算机相连。

2. 在 STC 官方下载 STC-ISP 软件。

3. 将 STC-ISP 软件作为"串口调试助手",用于上位机与单片机通信。如图 11-12 所示,按以下步骤操作:

① 选择"串口助手"选项卡；

② 通过下拉列表框，选择正确的串口号，即识别到的 USB 转串口对应的串口号；

③ 通过下拉列表框，设置与单片机一致的波特率；

④ 通过单选按钮，选择"接收缓冲区"和"发送缓冲区"中的"文本模式"；

⑤ 最后，单击"打开串口"按钮，完成操作。

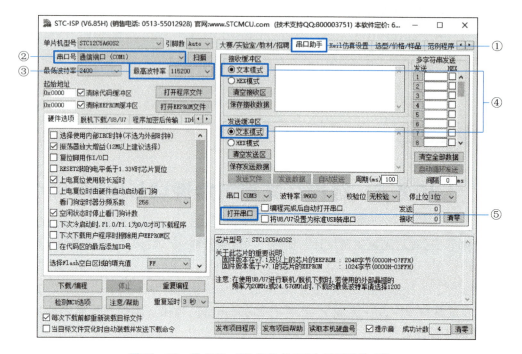

图 11-12　将 STC-ISP 软件作为"串口调试助手"

4. 打开串口后，单片机则开始与上位机的串口助手通信，在接收区实时显示 LED5 的亮灭状态。同时，当在发送区输入数字 1~4 时，则开启相应的 LED。

注意：实际硬件的端口连接与仿真电路图可能有出入，需要根据情况修改。

微课：远程
灯光控制器
调试与运行

调试记录

总结与反思

项目考核

项目名称	远程灯光控制器设计与实现				
考核方式	过程＋结果评价				
考核内容与评价标准					
序号	评分项目	评 分 细 则	分值	得分	评分方式
1	职业素养	安全用电	2		过程评分
		环境清洁	2		
		操作规范	3		
		团队合作与职业岗位要求	3		
2	方案设计	方案设计准确	10		结果评分
3	电路设计	电路图符合设计要求	10		
4	程序设计与开发	流程图绘制	5		
		OLED 显示字符	10		
		单片机通过串口接收终端开关通断信息	10		
		上位机向单片机发送开关 LED 的指令	10		
		仿真联调与运行（调试记录）	5		
5	实物焊接与调试	元件摆放、焊点质量、焊接完成度	15		
6	任务与功能验证	功能完成度	10		
7	作品创意与创新	作品创意与创新度	5		
总结与反思					

项目拓展

项目名称	远程灯光控制器设计与实现

拓展应用

在串口通信中，报文协议是用于组织数据和确定数据传输格式的一种方法。使用报文协议可以确保发送端和接收端正确地交换信息，并且在传输过程中不会丢失或损坏数据。

报文协议通常包含如下内容：

（1）报文开头和结尾标识：用于标识报文的开始和结束位置。

（2）报文长度：表示报文中数据的长度，可以帮助接收端确定报文的结束位置。

（3）校验和：用于校验数据的完整性，确保数据在传输过程中没有损坏。

使用报文协议的好处是，它可以使串口通信更稳定和可靠，并且更容易维护和调试。

在单片机串口通信中，常用的报文协议包括：

（1）帧式协议：帧式协议每次只传输一个完整的帧，帧中包含源地址、目标地址、数据、校验和等信息。常用的帧式协议包括 Modbus 协议和 CAN 协议。

（2）字符式协议：字符式协议每次传输一个字符，通常使用特殊字符来标识数据的开始和结束。常用的字符式协议包括 ASCII 协议和 EIA－232 协议。

（3）包式协议：包式协议每次传输一个包，包中包含数据和控制信息。常用的包式协议包括 TCP/IP 协议和 UDP 协议。

不同的报文协议适用于不同的应用场景，在选择报文协议时需要考虑应用的特点和需求。

设计一套"帧式协议"，进一步修改完善远程信灯光控制器的程序，以提高串口通信的可靠性。

小提示 🔍

1. STC12C5A60S2 单片机的串口

STC12C5A60S2 单片机包含 2 个独立串口。串口 1 和普通 51 单片机一致，位于 P3.0 和 P3.1 引脚；串口 2 位于 P1.2 和 P1.3 引脚，其引脚排列如图 11－13 所示。这 2 个串口都可以用于通信，但各自有一些不同的特性，可以根据不同的应用需求选择合适的串口。

2. 通过 STC－ISP 软件下载范例程序

STC－ISP 软件是指 STC 单片机的官方编程软件。通过该软件可以自动生成一些典型的模板程序，以提高编程的规范性和效率。例如，下载 STC12C5A60S2 单片机串口 1 的范例程序。如图 11－14 所示，第 1 步，选择"范例程序"选项卡；第 2 步，找到"STC12C5A 系列"；第 3 步选择"串口 1"，其中有"ASM"和"C"语言 2 种选择，选择"C"

语言。最后,有"复制代码""保持文件""直接下载 HEX"和"保存为 Keil 项目"几个按钮,根据实际需要选择其中之一即可。

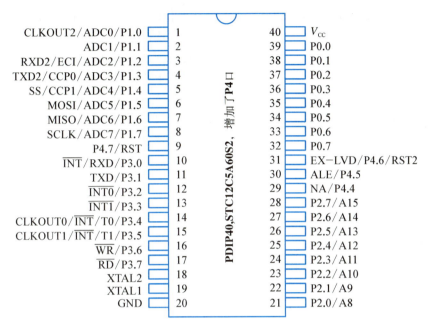

图 11-13 STC12C5A60S2 系列 DIP40 封装单片机引脚排列

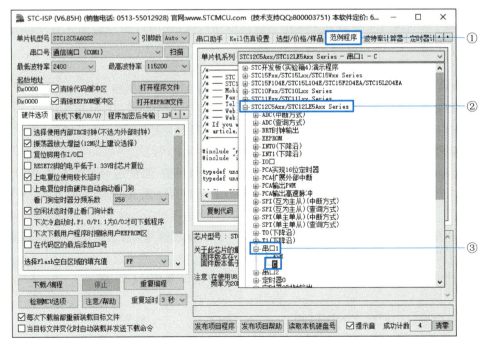

图 11-14 通过 STC-ISP 软件下载范例程序

习题

单选题：

1. 串行通信的通信方式和特点有（　　　）；并行通信的通信方式和特点有（　　　）。

　A. 各位同时传送　　　　　　　　　B. 各位依次逐位传送

　C. 传送速度相对慢　　　　　　　　D. 传送速度相对快

　E. 便于长距离传送　　　　　　　　F. 不便于长距离传送

2. 异步通信的通信方式和特点有（　　　）；同步通信的通信方式和特点有（　　　）。

　A. 依靠同步字符保持通信同步　　　B. 依靠起始位、停止位保持通信同步

　C. 传送速度相对慢　　　　　　　　D. 传送速度相对快

　E. 对硬件要求较低　　　　　　　　F. 对硬件要求较高

3. 串行接口的移位寄存器方式为（　　　）。

　A. 工作方式 0　　　　B. 工作方式 1　　　　C. 工作方式 2　　　　D. 工作方式 3

4. 51 单片机用串行接口扩展并行 I/O 接口时，串行接口工作方式选择（　　　）。

　A. 工作方式 0　　　　B. 工作方式 1　　　　C. 工作方式 2　　　　D. 工作方式 3

5. 控制串行接口工作方式的寄存器是（　　　）。

　A. TCON　　　　　　B. PCON　　　　　　C. SCON　　　　　　D. TMOD

6. 51 单片机，若设置 SCON＝0x50，则串行接口通信工作于（　　　）。

　A. 工作方式 0　　　　B. 工作方式 1　　　　C. 工作方式 2　　　　D. 工作方式 3

7. 51 单片机，串行接口通信时，接收中断标志位是（　　　）。

　A. TI　　　　　　　　B. RI　　　　　　　　C. TF1　　　　　　　D. TR1

8. 单片机若通过中断方式完成串行接口数据接收，在串行接口初始化程序部分，除了打开总中断允许外，还应该允许（　　　）。

　A. 定时器 0 中断　　　　　　　　　B. 定时器 1 中断

　C. 串行接口中断　　　　　　　　　D. 外部中断 0 中断

9. 若寄存器 IE 当前值为 01H，则执行语句"IE｜＝0x90;"后，IE 的值为（　　　）。

　A. 90H　　　　　　　B. 81H　　　　　　　C. 91H　　　　　　　D. 19H

填空题：

1. 51 单片机实现波特率为 9 600 bit/s 的串行接口通信，通常选择单片机的晶振频率为＿＿＿＿ MHz，T1 定时器工作于工作方式＿＿＿＿，设置其初值 TH1＝＿＿＿＿，TL1＝＿＿＿＿。

2. 单片机完成串行接口通信，一般包含 3 个子程序模块，它们是串行接口初始化、串行接口发送子程序和＿＿＿＿子程序。

3. 51 单片机的串行接口有＿＿＿＿种工作方式。其中，工作方式＿＿＿＿为多机通信方式。

4. 串行接口中断标志 RI/TI 由＿＿＿＿置位，＿＿＿＿清零。

5. 51 单片机串行接口有 4 种工作方式，这可在初始化程序中用软件填写＿＿＿＿特殊功能寄存器加以选择。

拓展视角

北斗卫星导航系统与通信

北斗卫星导航系统是中国着眼于国家安全和经济社会发展需要，自主研发建设、独立运行的全球卫星导航系统，作为联合国认可的全球四大核心卫星导航系统之一，卫星导航与通信融合的特点尤为突出。北斗的发展经历三代，北斗一号系统于 2000 年年底建成，是一个试验系统，向中国提供服务。2007 年至 2012 年，北斗二号系统建成，向亚太地区提供服务。2017 年到 2020 年，30 颗卫星组成的北斗三号系统建成，也就是全球导航系统，可以服务全球。

北斗卫星导航系统由空间段、地面段和用户段三部分组成，可在全球范围内全天候、全天时为各类用户提供高精度、高可靠定位、导航、授时服务，并且具备短报文通信能力，已经初步具备区域导航、定位和授时能力，定位精度为分米、厘米级别，测速精度为 0.2 m/s，授时精度为 10 ns。

北斗卫星导航系统提供服务以来，已在交通运输、农林渔业、水文监测、气象测报、通信系统、电力调度、救灾减灾、公共安全等领域得到广泛应用，融入国家核心基础设施，产生了显著的经济效益和社会效益。

北斗卫星导航系统的成功建设和应用是走中国道路、彰显中国智慧、弘扬中国精神、凝聚中国力量的具体体现，是坚持道路自信、制度自信、理论自信、文化自信的重大成果，是中华民族的伟大骄傲，是中国梦的伟大实践。

主要参考文献

[1] 王静霞.单片机应用技术:C语言版[M].4 版.北京:电子工业出版社,2019.
[2] 刘小平,冉涌,钟其明.单片机应用技术[M].2 版.重庆:重庆大学出版社,2023.
[3] 谭浩强.C语言程序设计[M].3 版.北京:清华大学出版社,2014.
[4] 周润景,张文霞,赵晓宇.基于 PROTEUS 的电路及单片机设计与仿真[M].3 版.北京:北京航空航天大学出版社,2016.